초등 부모 성교육 대백과

난감한 순간부터 민감한 질문까지,

초등 부모 성교육 대백과

푸른아우성 지음

50만 상담 사례에서 뽑아낸
초등 성교육 결정판!

메가스터디BOOKS

PART 2 내 아이의 몸

2장 몸에 대한 호기심, 자연스럽게 풀어주세요

 5장　성적 호기심, 건강하게 반응해주세요

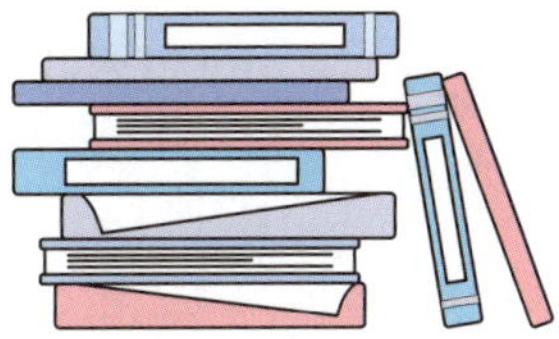

10장　성 정체성, 다양성을 알려주세요

PART 1
부모의 마음가짐

성교육, 이렇게 시작하세요

우리 아이 성교육,
언제 시작하는 게 좋을까요?

Q "엄마, 아기는 어떻게 생겨?" 아이와 성교육 그림책을 읽던 어느 날, 갑작스러운 질문에 순간 말문이 막혔습니다. 웃으며 넘기려다 설명을 이어가 보지만, 마음 한편엔 걱정이 남습니다. 아직 어린데 이런 내용을 벌써 알아도 괜찮은 걸까요? 성교육에도 '적절한 시기'가 있는 걸까요?

A 부모는 아이의 성적 호기심을 마주할 때마다 성교육을 언제 시작해야 할지 고민하게 됩니다. "아직 어린데 성교육을 시작해도 괜찮을까?", "괜히 너무 일찍 알려줘서 성에 대한 호기심만 더 커지는 건 아닐까?", "성교육에도 꼭 맞는 시기가 따로 있는 건 아닐까?" 이런 질문은 자연스럽지만, 성교육의 시작 시점을 단순히 나이로만 판단할 수는 없습니다.

성교육에도 '정해진 시기'가 있을까?

유네스코는 만 4세부터 성교육을 권장하고 있으며, 스웨덴을 비롯한 북유럽 국가들은 이미 1950년대부터 5세 아동에게 성교육을 의무화해 매년 50시간 이상 교육하고 있습니다. 이는 아이들이 이 시기에 가장 효과적으로 배우고 흡수할 수 있기 때문입니다. 우리나라 역시 최근 어린이집과 유치원에서 만 4~5세 아동을 대상으로 본격적인 성교육을 시작하고 있습니다.

하지만 진정한 '적기'는 아이가 자신의 몸에 호기심을 갖거나, 남녀의 차이를 인식하고, 생명의 탄생에 대해 궁금해하는 바로 그 순간입니다. 즉, 정해진 연령이 아니라 아이의 질문이 시작되는 때가 성교육을 시작하기에 가장 적절한 시점입니다. 이때 아이의 질문을 회피하거나 "나중에 알게 될 거야"라고 넘기면, 아이는 호기심을 부끄러운 것으로 받아들일 수 있습니다. 반면, 아이의 눈높이에 맞춰 차분하게 응답하면 성에 대해 건강하고 긍정적인 태도를 갖추는 데 도움이 됩니다.

물론 연령별 발달 특성은 반드시 고려해야 합니다. 아이의 호기심에 맞춰 대답하더라도, 나이에 따라 꼭 알려줘야 할 성교육의 내용과 접근 방식은 달라지기 때문입니다.

연령별 성교육 접근법

연령대	주요 특징	성교육 핵심 방향	예시 대화
유아~ 초등 저학년	몸에 대한 탐색 활발	호기심 인정 + 경계와 존중 가르치기	"우리 몸은 소중해. 다른 사람의 몸도 존중해야 해."
초등 고학년	또래·인터넷 통해 정보 접함	정확한 정보 제공 + 왜곡된 지식 바로잡기	"사춘기에는 몸이 달라져. 궁금한 게 있으면 언제든 물어봐."

유아~초등 저학년: 호기심을 인정하며 경계 가르치기

이 시기의 아이들은 몸에 대한 탐색이 활발합니다. 중요한 것은 호기심 자체를 억제하기보다, 그 호기심을 존중하면서 적절한 경계와 타인에 대한 존중의 개념을 함께 알려주는 것입니다. 이 시기 성교육은 지식을 일방적으로 전달하기보다, 아이가 오감을 통해 느끼고 체험할 수 있도록 돕는 방식이 효과적입니다. 아이들은 책이나 강의보다 놀이와 대화를 통해 배울 때 더 깊이 이해합니다.

예를 들어, 부모와 목욕을 하면서 몸을 유심히 보거나 동생의 몸을 만지려 할 수 있습니다. 이는 발달 단계에 따라 자연스럽게 나타나는 관찰 욕구이므로 당황할 필요는 없습니다. 대신 아이가 이해할 수 있도록 차분하게 기준을 제시해주세요.

"우리 몸은 정말 소중한 거야. 다른 사람의 몸도 똑같이 존중해야 해."

"여기는 옷으로 가려야 하는 곳이야. 네가 만지고 싶더라도 먼저 물어보고 허락을 받아야 해."

이런 대화를 통해 아이는 '내 몸에 대한 이해'와 '타인에 대한 존중'을 자연스럽게 익히게 됩니다.

초등 고학년: 정확한 정보로 왜곡된 지식 바로잡기

사춘기를 앞둔 아이들은 또래 친구나 인터넷을 통해 성에 대한 정보를 접할 가능성이 높아집니다. 이 시기에는 부모가 먼저 정확하고 신뢰할 수 있는 정보를 제공하는 것이 중요합니다. 다룰 수 있는 주제로는 사춘기 신체 변화, 생리와 몽정, 임신과 출산의 과정, 성적 자기 결정권과 동의의 개념, 온라인상에서의 성적 위험 요소 등이 있습니다. 핵심은 모든 내용을 한 번에 전달하려 하지 말고, 아이의 관심사와 질문에 맞춰 단계적으로 대화를 이어가는 것입니다.

개방적인 태도만이 좋은 성교육일까?

성교육을 '정보를 많이 알려줄수록 좋다'거나 '개방적인 태도가 진보적이다'라고 생각하는 부모도 있습니다. 특히 북유럽처럼 성교육이 발달한 나라들의 사례를 접하면서, 일부 가정에서는 아이 앞에서 알몸을 자연스럽게 보여주거나 신체에 대해 매우 개방적으로 대하는 방식을 '선진적인' 성교육으로 받아들이기도 합니다.

하지만 성교육은 문화적 배경이나 가정 분위기를 고려하지 않은 채 따라 하기식으로 진행되어서는 안 됩니다. 북유럽 국가들은 오랜 시간 동안 신체와 성에 대해 자연스럽고 개방적인 사회 분위기 속에서 성교육을 발전시켜왔습니다. 반면 우리 사회는 신체 노출이나 성에 관한 대화에 상대적으로 조심스러운 문화적 맥락이 있으며, 이러한 상황에서 부모가 갑자기 알몸을 보여주는 방식은 아이에게 혼란이나 부담을 줄 수 있습니다.

성교육은 부모가 지닌 가치관과 기준을 아이에게 전달하는 과정입니다. 말뿐 아니라 일상에서의 행동, 일관된 태도, 성에 대한 반응까지 모두 아이에게는 강력한 교육이 됩니다. 부모가 차분하고 존중하는 자세로 일관되게 성관련 주제를 다룰 때, 아이는 성에 대해 건강하고 존중하는 태도를 익히게 됩니다. 결국 아이는 부모의 반응과 태도를 거울삼아 성에 대한 자신의 태도를 만들어갑니다.

아이 질문에 당황하지 말고 이렇게 반응하세요

아이의 성에 관한 질문을 "어머, 쪼그만 게 벌써 그런 걸 물어봐?" 하며 웃어 넘기지 마세요. 대신 "정말 좋은 질문이네. 엄마가 차근차근 설명해줄게"라고 반응해주세요. 부모의 반응은 아이가 성을 바라보는 관점에 결정적인 영향을 줍니다. 부모가 회피하거나 부끄러워하면 아이는 성을 감춰야 할 금기로 인식하게 됩니다. 반면 부모가 자연스럽고 진솔하게 응답하면, 아이는 성을 삶의 자연스러운 일부로 받아들이게 됩니다.

성교육의 적기? 지금입니다

성교육은 정해진 날짜에 끝내는 숙제가 아니라, 아이의 성장과 함께 숨 쉬며 지속되는 여정입니다. 마치 씨앗에 물을 주고 햇볕을 쬐어주듯, 아이의 발달 단계에 맞춰 끊임없이 돌봐야 합니다. 유아기에는 몸의 소중함을 배우는 즐거운 놀이로 알려주고, 저학년에는 쏟아지는 호기심을 진심으로 존중하며, 고학년에는 책임감과 더불어 체계적인 지식을 전달하여 그 깊이와 내용을 넓혀가야 합니다.

가장 중요한 것은 아이가 질문의 눈빛을 보낼 때, 그 호기심을 무시하지 않고 정성껏 대화에 응하는 부모의 태도입니다. 그리고 성교육을 통해 우리 가정이 소중히 여기는 가치관을 아이의 마음에 심어주는 것입니다.

혹시 "너무 늦은 건 아닐까?" 하고 걱정되나요? 늦지 않았습니다. 성교육에 있어 '가장 완벽한 시작 시점'은 따로 없습니다. 연령마다 중요한 시점들이 있을 테니까요. 부모가 그 중요성을 깨닫고 "우리 아이에게 올바른 정보를 알려줘야겠다"라고 다짐하는 바로 그 순간이 가장 좋은 때입니다. 우리 아이 성교육의 '적기'는 아이의 눈이 호기심으로 반짝이는 지금 이 순간이며, 부모의 따뜻한 마음이 움직이는 바로 '오늘'입니다.

> **Tip**
> **일상 속 자연스러운 성교육 놀이법**
>
> 일상의 작은 순간이 모두 성교육의 기회가 됩니다. 특히 성교육을 놀이처럼 알려줄 때 좋은 교육 효과를 가져옵니다.
>
> **낱말놀이**: 성과 관련된 단어 카드를 준비해 아이가 뽑은 단어에 대해 자연스럽게 대화를 나눠보세요. 부모도 미리 답을 준비하며 부끄러움을 줄이고, 아이도 호기심을 충족할 수 있습니다.
>
> **몸의 규칙 세우기**: 집에서 목욕할 때, 옷을 갈아입을 때 "이 부분은 옷으로 가리는 거야"라고 알려주는 것만으로도 아이는 '개인적 영역'을 배웁니다.
>
> **책과 그림 활용**: 직접 설명하기 어렵다면 그림책이나 교육용 그림 카드를 활용하세요. 그림이 매개가 되어 부모와 아이가 편하게 대화할 수 있습니다.

아이의 질문이 시작될 때, 성교육도 시작됩니다.

아이의 낯 뜨거운 질문이 너무 당황스러워요

Q "아빠 섹스해봤어?" 초등학생 아들이 갑작스럽게 던진 질문에 저는 생각할 틈도 없이 "아니! 아직 안 해봤어!"라고 대답했습니다. 아이는 이해하지 못한 얼굴로 자기 방으로 들어갔고, 저는 머릿속이 하얘진 채 '아이가 이런 단어를 어떻게 알았을까?'라는 생각부터 떠올랐습니다. 너무 당황한 나머지 회피하게 된 것 같습니다. 이런 상황에서 부모는 어떻게 반응해야 할까요?

A 아이의 갑작스러운 질문은 부모를 당황하게 만들지만, 바로 그 순간이 성교육을 시작할 수 있는 가장 좋은 기회입니다. 많은 아이가 이런 질문조차 하지 않는다는 점을 생각하면, 질문했다는 사실 자체를 긍정적으로 바라보는 관점의 전환이 필요합니다.

부모의 첫 반응이 아이의 성 가치관을 만듭니다

초등 시기의 성적 호기심은 지극히 자연스러운 발달 과정입니다. 아이는 자신의 몸과 친구의 몸이 어떻게 다른지, 아기는 어떻게 태어나는지 궁금해합니다. 또래와의 대화, 온라인 콘텐츠, 미디어 등을 통해 '성'이라는 단어와 상황을 접하면서 질문이 생기기도 하지요.

이 호기심은 단순히 신체 구조에 대한 궁금증을 넘어 관계, 감정, 자아 정체성까지 연결되며 아이의 삶 전반을 이루는 기초가 됩니다. 그렇기 때문에 부모의 반응은 아이가 성을 바라보는 태도의 방향을 결정짓는 중요한 요소가 됩니다.

예를 들어, 아이가 코를 파는 행동에는 웃으며 넘어가면서 성기를 만지는 행동에는 과도하게 혼내는 모습을 보인다면, 아이는 "이건 위험한 주제구나, 말하면 안 되겠다"라는 메시지를 학습하게 됩니다. 성적 호기심을 부정하거나 억압하기보다, 자연스러운 성장 과정으로 인정하고 건강하게 다루도록 안내하는 태도가 필요합니다.

정답보다 중요한 것은 '함께 고민하는 마음'

많은 부모가 성교육을 어려워하는 이유는 '정확한 답을 제시해야 한다'는 부담감 때문입니다. 하지만 성교육은 시험 문제 풀이가 아닙니다. 가장 먼저 점검해야 할 것은 부모 자신이 성을 어떤 시각으로 바라보는가입니다.

'모든 것을 말해줘야 한다'는 압박감에서 벗어나세요. 아이에게 필요한 것은 백과사전 같은 지식이 아니라, 성을 삶의 자연스러운 일부로 받아들이는 부모의 태도입니다. 어떤 주제든 함께 이야기할 수 있다는 열린 마음을 보여주는 것이 중요합니다. "엄마도 잘 모르겠어. 우리 같이 알아볼까?"라는 솔직한 말이 오히려 아이에게 더 큰 신뢰를 줍니다.

당황해서 한 말이 아이 마음에 깊이 새겨집니다

"너는 다리 밑에서 주워 왔어"라는 식의 농담은 순간적인 당황함을 모면할 수는 있지만, 장기적으로는 부모와 자녀 사이의 신뢰를 해칠 수 있습니다. 언젠가 아이는 진실을 알게 되고, 부모가 자신을 속였다는 배신감을 느낄 수 있습니다.

반면 "갑자기 물어봐서 어떻게 설명해야 할지 생각이 필요해. 조금 있다가 함께 이야기해보자"라고 솔직하게 말하면, 대화의 연결고리를 자연스럽게 이어갈 수 있습니다. 만약 "그런 말 하면 안 돼"라고 꾸짖는다면, 아이는 성에 대해 부정적으로 인식하게 되고, 자신의 몸에 대해서도 죄책감이나 수치심을 느낄 수 있습니다. "궁금했구나, 좋은 질문이야"라고 인정해주는 말은 아이의 호기심을 건강한 학습으로 이어주는 출발점이 됩니다.

성교육은 관계 맺는 방식을 배우는 과정입니다

성교육은 단순한 정보 전달을 넘어, 아이가 세상과 관계 맺는 방식을 배우는 과정입니다. 부모와의 대화 경험은 그대로 또래 관계에 반영됩니다. 오늘날 아이들은 AI, 스마트폰, 인터넷, SNS를 통해 빠르게 정보를 접하지만, 그만큼 관계 기술이 더욱 중요해졌습니다.

관계 기술	설명
자기감정 표현	자신의 감정을 정확하게 말할 수 있는 능력
경계 인식	내 몸과 공간을 지킬 수 있는 의식
공감과 존중	타인의 감정과 의사를 존중하고 이해하는 태도
동의와 거절	동의와 거절을 명확하게 주고받는 방법

이러한 사회적 기술은 성적 자기 결정권의 기초이며, 건강한 사회 구성원으로 살아가기 위한 '삶의 기술'입니다. 부모가 성에 대해 열린 태도로 대화할 때, 아이는 또래 관계에서도 존중과 배려를 자연스럽게 배워갑니다.

완벽한 부모보다 믿을 수 있는 부모가 되세요

아이가 낯 뜨거운 질문을 하면 당혹스러울 수 있지만, 이는 성교육의 가장 좋은 시작점이기도 합니다. 완벽한 답을 내놓으려 하기보다, 솔직함과 존중, 열린 태도가 더 중요합니다. 부모가 성을 긍정적으로 바라보고, 어떤 질문이든 함께 고민해줄 준비가 되어 있다는 사실을 보여주는 것, 그것이 아이가 평생 성을 건강하고 소중하게 다루게끔 돕는 최고의 교육입니다.

결국 성교육은 지식을 전달하는 일이 아니라, 관계와 신뢰를 쌓아가는 과정입니다. 아이가 언제든 돌아와 질문할 수 있는 안전한 분위기를 만드는 것이 부모가 해야 할 가장 중요한 역할입니다.

돌발 질문 상황에서 해볼 만한 대답

"와, 정말 중요한 질문이구나. 엄마도 신중하게 대답해주고 싶은데, 조금 생각할 시간을 줄래?"

"좋은 질문이야. 그런데 왜 갑자기 궁금해졌어? 어디서 그런 이야기를 들었니?"

"엄마/아빠도 어렸을 때 똑같이 궁금했어. 우리 같이 알아보면서 이야기해보자."

대화를 지속시키는 방법

"또 다른 궁금한 게 있으면 언제든 말해줘. 우리 함께 찾아보자."

관련 도서나 교육 자료를 함께 보며 자연스럽게 주제 확장하기

일상 대화 중에도 몸과 건강에 관한 이야기 자연스럽게 나누기

절대 하면 안 되는 반응

"아직 어려서 그런 건 몰라도 돼." (호기심의 자연스러움을 부정)

"그런 더러운 말 하는 게 아니야." (성에 대한 부정적 인식을 심어줌)

"어디서 그런 나쁜 걸 배웠어?" (질책과 수치심 유발)

아무 대답 없이 화제를 돌리거나 무시하기

아이의 질문을 피하지 말고 함께 고민해주세요.

성교육은 엄마가 해야 하나요, 아빠가 해야 하나요?

Q 초등 5학년 아들을 둔 엄마입니다. 며칠 전, 성교육을 시작해보려고 책을 꺼내 들었는데, 막상 아들을 앞에 두고는 말문이 막혔습니다. 저는 딸만 있는 집에서 자라 아들에 대해 잘 모르고, 남편 역시 "나도 어떻게 말해야 할지 모르겠어"라며 난감해하더군요. 성교육, 과연 누가 담당하는 것이 좋을까요?

A 아이의 성장에 따라 성 이야기를 언제, 어떻게 꺼내야 할지 고민되는 순간은 모든 부모에게 찾아옵니다. 특히 아이와 성별이 다를 경우, 그 어색함은 더 크게 느껴져 "이건 배우자가 이야기해주는 게 낫지 않을까?" 하고 슬쩍 미루고 싶어지기도 합니다. 하지만 성교육은 누가 말하느냐보다 어떻게 말하고 무엇을 나누느냐가 훨씬 중요합니다. 아이에게 필요한 것은 부모 모두가 같은 마음으로 보여주는 일관된 가치관과 진심 어린 태도입니다. 결국 중요한 건, 누가 이야기하든 아이와 신뢰를 바탕으로 솔직하고 편안하게 소통하는 것입니다.

성교육은 '정보'보다 '관계'입니다

성교육이라고 하면 흔히 성기의 명칭이나 생식 과정 같은 생물학적 지식만을 떠올리기 쉽습니다. 하지만 진짜 성교육은 아이가 자기 몸을 소중히 여기고, 타인을 존중하며, 관계 안에서 건강한 선택을 할 수 있는 사람으로 자라도록 돕는 과정입니다. 다시 말해, 성교육은 몸과 감정, 관계와 가치, 책임과 자유를 함께 이야기하는 복합적인 교육입니다.

이런 이야기를 나누기 위해 가장 중요한 기반은 '신뢰'입니다. 아이가 부모를 믿고 마음을 열 수 있어야, 속마음과 궁금증, 걱정이 자연스럽게 흘러나올 수 있습니다. 그렇기에 '성별이 같은지'보다 '얼마나 편안한 관계를 맺고 있는지'가 더 중요합니다.

사춘기 성교육, 동성 부모가 더 편할까?

사춘기에는 동성 부모가 성교육을 할 때 유리한 점도 분명히 있습니다. 같은 변화를 겪은 사람으로서 아이에게 구체적인 경험담을 들려줄 수 있고, 무엇보다 아이가 더 자연스럽고 덜 부끄럽게 느끼는 경우가 많습니다.

예를 들어, 아들이 몽정을 처음 경험할 때, 아빠가 "나도 너만 할 때 이런 일이 있었어"라고 말해준다면, 아이는 덜 당황하고 자신의 몸을 긍정적으로 받아들일 수 있습니다. 딸이 초경을 시작할 때, 엄마의 경험과 공감은 큰 위안이 됩니다.

하지만 성별이 같다고 해서 반드시 편한 대화가 이루어지는 것은 아닙니다. 대화를 어색해하거나 피하는 부모도 있고, 반대로 성별이 달라도 아이와 진솔하게 소통할 수 있는 부모도 많습니다. 결국 중요한 것은 아이와 가까운 사람이 먼저 말문을 여는 것입니다.

엄마·아빠가 함께하면 두 배로 풍성해지는 성교육

가장 이상적인 성교육은 엄마와 아빠가 함께 협력하는 방식입니다. 서로의 강점을 살려 역할을 나누고, 대화를 보완해가며 아이와 다양한 이야기를 나눌 수 있다면 성교육은 훨씬 풍부하고 입체적인 경험이 됩니다.

역할 분담 예시	아들에게	딸에게
아빠	남성의 신체 변화, 성적 책임, 동의의 개념	자기 존중의 가치, 안전한 관계의 중요성
엄마	여성의 감정과 신체에 대한 이해	신체 변화에 대한 구체적인 정보

이런 방식은 성교육을 '한 사람이 해야 하는 일'이 아니라, 가족 전체가 함께 성장하는 경험으로 확장해줍니다.

우리 아이는 지금 어떤 이야기가 필요할까?

아이에게 성교육을 시작할 시점은 대개 자연스럽게 찾아옵니다. 몸에 대해 궁금해하거나, 친구에게 들은 말을 물어보거나, 자기 몸에 변화를 느끼는 순간이 그 신호입니다. 이 시점을 놓치지 말고, 아이가 묻는 말에 솔직하고 따뜻하게 반응해주세요.

초등 저학년 때에는 "아기는 어떻게 생겨요?", "왜 남자와 여자가 달라요?" 같은 단순한 호기심이 시작됩니다. 이 시기에는 자연스럽고 간단한 설명이면 충분합니다.

초등 고학년이 되면 2차 성징이 시작되면서 몸의 변화를 경험하게 됩니다. 아이가 당황하거나 부끄러워할 수 있으므로, 부모는 이러한 변화가 자연스러운 성장 과정임을 알려주고 안심시켜야 합니다. 이때 "엄마(아빠)가 설명해줘야 해"하며 미루다 보면 적절한 교육의 기회를 놓칠 수 있습니다.

다만, 사춘기에는 성적 긴장감과 호기심이 커지고 예민해질 수 있기 때문에, 이성 부모가 성적 변화에 관해 이야기하면 아이가 불편함을 느낄 수도 있습니다.

한부모 가정이라면?

한부모 가정이라면 성교육이 더 부담스럽게 느껴질 수 있습니다. 특히 아이와 성별이 다를 경우, "내가 이런 얘기를 해도 될까?" 하고 망설여지기도 합니다. 그러나 성교육은 아이의 감정을 공감하고, 존중하는 법을 알려주며, 건강한 관계를 맺는 태도를 함께 배우는 일입니다. 그런 면에서 성별은 걸림돌이 될 수 없습니다.

필요하다면 아이와 가까운 어른, 신뢰할 수 있는 교사, 전문 기관의 도움을 요청할 수도 있습니다. 혼자 모든 걸 감당하려 하지 않아도 괜찮습니다.

성교육, 결국은 '진심'이 답이다

성교육은 결국 '관계'입니다. 완벽한 지식보다 중요한 건, 아이가 부모와 함께 편안하게 이야기할 수 있다는 믿음입니다. 아이가 부끄럽거나 어색해할 때, 그 감정을 있는 그대로 받아주고 함께 웃을 수 있는 여유, 궁금한 점을 언제든지 질문할 수 있는 안전한 분위기, 그리고 아이가 자신을 존중하고 타인도 존중할 수 있도록 돕는 따뜻한 태도, 이것이 성교육의 핵심입니다.

누가 하느냐보다, 어떤 마음으로 아이 곁에 서 있느냐가 중요합니다. 성교육은 단발적인 대화로 끝나지 않습니다. 아이가 자라면서 여러 번, 다양한 방식으로 이어지는 긴 여정입니다. 처음에는 어색하고 어렵더라도, 열린 마음으로 한 걸음씩 다가간다면 어느 순간 자연스럽게 아이의 삶에 스며들게 될 것입니다.

'엄마가 해야 하나, 아빠가 해야 하나?'를 고민하기보다는, '어떻게 하면 우리 아이와 더 편안하고 건강하게 성에 대해 이야기할 수 있을까?'를 함께 고민해보세요. 아이는 부모의 진심과 지지를 통해, 성에 대해 두려움 없이 존중과 책임의 감각을 갖게 될 것입니다.

일상에서 성교육 대화 열기, 이렇게 해보세요

일상 속 기회 활용하기: TV 프로그램이나 책, 뉴스에서 성 관련 주제가 나올 때 "이 장면 어떻게 생각해?", "너는 어떻게 느꼈어?"처럼 아이의 생각을 묻는 방식으로 대화를 시작해보세요.

목욕이나 옷 갈아입을 때: 몸에 관한 이야기를 자연스럽게 나눌 기회입니다. "네 몸은 소중하단다" 같은 메시지를 전해주세요.

편안한 분위기에서: 산책이나 드라이브 중에는 아이가 더 쉽게 마음을 열 수 있습니다. 강요하지 않고, 비판하지 않는 환경을 만들어주세요.

친구 이야기를 들을 때: "네 친구가 그런 얘기를 했구나. 너는 어떻게 생각해?" 하며 대화를 확장해보세요. 또래 집단에서 접하는 정보에 대해 아이의 생각을 들어보고, 필요한 경우 올바른 정보를 제공할 수 있습니다.

아이와 성에 대해 이야기할 때, 부모의 진심이 가장 큰 교육이 됩니다.

초등학생 성교육,
무엇부터 어떻게 시작해야 할까요?

Q 초등 자녀를 키우다 보면, '성교육'이라는 단어에 멈칫하게 되는 순간이 있습니다. 아이와 대화를 나누다 문득 '이건 어떻게 설명하지?' 싶은 순간이 찾아오고, 머릿속엔 질문이 꼬리를 물고 이어집니다.

'아직 어린데 성교육이 필요할까?', '어떤 내용부터 어떻게 시작해야 하지?', '요즘 아이들은 디지털로 성적인 정보를 너무 쉽게 접하는데, 어떻게 지도해야 할까?' 막상 아이에게 무슨 말을 어떻게 꺼내야 할지 선뜻 떠오르지 않아 망설이게 됩니다.

A 성교육은 단순히 성 지식을 전달하는 것이 아니라, 아이가 자신을 소중히 여기고 타인을 존중하며 건강한 관계를 맺는 방법을 배우는 과정입니다. 초등 시기는 몸과 마음에 큰 변화가 시작되는 전환점이며, 디지털 환경을 통해 성 관련 정보에 쉽게 노출되는 시기이기도 합니다. 이때 부모가 먼저 마음을 열고 아이의 눈높이에 맞춰 대화하려는 태도는 아이가 건강한 성인으로 성장하는 데 든든한 기반이 됩니다.

초등학생, 성장의 문턱에 서다

초등 고학년이 되면 아이의 몸은 서서히 사춘기의 문턱에 들어섭니다. 가슴이 나오고, 성기가 커지며, 자주 발기가 되고, 여드름이 생기거나 생리·몽정을 처음 경험하기도 합니다. 이런 변화를 부끄럽고 당황스럽게 받아들이지 않도록, 몸이 자라는 것은 자연스러운 변화라는 점을 먼저 알려주는 것이 중요합니다.

아이가 이러한 변화를 미리 알고 준비할 수 있도록 도와주면, 훨씬 덜 두렵고 더 안정된 태도를 가질 수 있습니다.

"요즘 네 몸에서 달라진 점을 느낀 적 있어?"

"혹시 이런 변화가 생겼을 때, 어떻게 대처하면 좋을지 같이 생각해볼까?"

"엄마(아빠)도 네 나이 때 놀랐던 적이 있어. 그 얘기 들어볼래?"

이처럼 대화를 자연스럽게 시작하면 아이는 자기 몸을 긍정적으로 받아들이게 됩니다.

디지털 세상, 새로운 도전

요즘 아이들은 디지털 기기를 통해 성적 이미지나 표현을 너무 쉽게 접합니다. 익명성과 쉬운 접근성으로 장난처럼 성적인 콘텐츠를 주고받는 일이 벌어지기도 합니다. 그래서 디지털 성 예절도 반드시 알려주어야 합니다.

아이에게 꼭 알려줘야 할 디지털 성 예절

- 성기 사진을 올리거나 보내지 않는다.

- 성적인 농담이나 그림을 장난으로 공유하지 않는다.

- 온라인에서도 현실과 같은 예절과 책임을 지닌다.

- 낯선 사람이 성적인 대화를 시도하거나 사진을 요구할 경우, 즉시 차단하고 부모에게 알린다.

아이에게 온라인과 오프라인이 분리된 공간이 아님을, 동일한 예절이 필요함을 명확히 인식시켜야 합니다.

초등 성교육의 핵심 내용

초등학생 시기의 성교육은 아이가 건강한 성적 자아 개념을 형성하고, 안전한 생활을 위한 기본 원칙을 익히는 데 초점을 맞춰야 합니다. 생물학적 지식도 필요하지만, 자기 몸을 존중하는 태도, 타인과의 경계 인식, 디지털 공간에서의 책임감 있는 행동이 더욱 중요합니다.

핵심 영역	목표	아이가 배워야 할 것
신체 변화의 이해와 수용	몸의 변화가 자연스러운 성장임을 인식하고 긍정적으로 받아들이기	사춘기 신호, 생리·몽정, 위생 관리, 자기 몸 돌보기
자기 결정권과 몸의 소중함	자신의 몸은 자신이 지키며, 타인의 접촉에 대해 거절할 수 있다는 인식 갖기	좋은 터치·나쁜 터치 구별, 거부 의사 표현, 프라이버시 지키기
성적 호기심과 경계 존중	호기심은 자연스럽지만 타인의 경계를 침범하지 않도록 책임감 느끼기	타인의 몸 만지지 않기, 성적 장난의 문제 인식, 외모 평가 지양하기
디지털 성 예절 및 안전	온라인에서도 성적 윤리와 예절을 지키며, 위험 상황에 대처할 수 있는 능력 갖추기	성적 콘텐츠 공유 금지, 낯선 사람 차단, 개인정보 보호

어색하지 않게! 우리 집 성교육 시작하는 법

성적인 이야기는 민망하고 어색하게 느껴질 수 있지만, 아이에게는 대화의 내용보다 편안한 분위기, 부모와의 신뢰 관계가 훨씬 더 중요합니다. 부모가 먼저 부끄러워하거나 어려워하지 않고, 아이의 눈높이에 맞춰 진솔하게 대화하려는 태도를 보여주세요.

실천 방법

- **성교육 책을 함께 읽고 대화하기**: 시중의 양질의 성교육 도서를 함께 읽으며 책을 매개로 자연스럽게 대화를 시작해보세요.
- **학교 성교육 내용을 바탕으로 대화 확장하기**: "오늘 학교에서 성교육 시간에 무엇을 배웠니?", "어떤 내용이 가장 기억에 남았어?"처럼 질문을 통해 대화를 이어가세요.
- **성교육 전문 기관의 도움받기**: 직접 교육이 어렵다면 전문 기관의 프로그램을 활용해보세요. 나이와 발달 단계에 맞춘 체계적인 교육이 가능합니다.

이런 방식으로 대화를 이어가면 아이는 자연스럽게 자기 생각을 표현하게 됩니다.

완벽하지 않아도 괜찮아요, 함께 배워가는 성교육

초등학생 시기의 성교육은 성적 행동을 가르치는 것이 아니라, 자기 몸을 아끼고, 타인을 존중하며, 관계에서 지켜야 할 예절을 배우는 시간입니다.

부모가 성교육 전문 강사일 필요는 없습니다. 다만, 아이가 믿고 말할 수 있는 첫 번째 어른이 되어야 합니다.

궁극적으로 초등 성교육의 목표는 아이가 자신을 사랑하고 타인을 존중하며, 건강하고 안전하게 성장할 수 있도록 돕는 데 있습니다. 전문적인 지식이 부족해도 괜찮습니다. 아이와 함께 배워가는 마음으로, 대화의 문을 열어두는 것만으로도 충분합니다.

성교육은 아이의 몸이 자라기 전에, 부모의 마음이 먼저 열려야 합니다.

성교육을 하고 싶어도 아이가 회피해요

Q 아이 몸에도 변화가 시작됐고, 또래 친구들 사이에서도 성적인 표현이 오가는 걸 보면서 이제는 성에 대해 이야기를 시작해야겠다는 생각이 듭니다. 하지만 막상 무슨 말을 어떻게 꺼내야 할지 도무지 감이 잡히지 않습니다. 한 번은 용기 내어 말을 꺼내보려 했지만, 아이는 "엄마, 그런 얘기하지 마"라며 불편해했습니다. 그 순간, 어디서부터 어떻게 시작해야 할지 더 막막해졌습니다.

A 이런 막막함과 불안감은 많은 부모가 느끼는 공통된 고민입니다. "이건 꼭 알려줘야 하는데…", "어떻게든 얘기를 시작해야 할 텐데…" 하는 마음은 커지지만, 아이의 무관심하거나 당황한 반응에 말을 삼키게 됩니다. 하지만 아이의 "괜찮아" 혹은 "다 알아"라는 말은 진짜 무관심의 표현이 아닙니다. 그 안에는 "이야기해도 안전할까?", "엄마가 날 이상하게 보지는 않을까?"라는 조심스러운 마음이 숨어 있습니다. 성에 대한 대화는 아이가 자신의 변화와 감정을 부모에게 보여주는 작은 용기이기도 합니다.

사춘기, 아이가 '나'를 찾아가는 시간

사춘기 아이들은 단순히 외모나 키가 자라는 것이 아니라, 자신의 정체성이라는 토대를 새롭게 세워가는 중입니다. 몸이 변하고 감정이 요동치며 뇌의 회로까지 재정비되는 동안, 아이들은 '나는 누구인가?', '나는 어떤 사람으로 살아가야 하는가?'를 스스로 탐색합니다. 이 시기의 질문과 침묵은 모두 성장의 여정에서 꼭 필요한 과정입니다.

아이들이 대화를 피하거나 '다 안다'고 말할 때, 그것은 지식이 충분하다는 의미가 아닙니다. 오히려 자신이 알고 있는 정보가 맞는지 확인하고 싶은 마음, 부끄럽거나 두려운 마음, 또는 부모에게 자신의 내면을 노출하는 것에 대한 경계심이 복합적으로 작용한 결과입니다. "말하기 싫어"는 종종 "이야기해도 괜찮을까?"라는 조심스러운 신호일 수 있습니다.

마음의 온도계가 더 예민해지는 시기

사춘기는 감정과 관계에 특히 예민해지는 시기입니다. 부모가 어떤 말투로 말하는지, 언제 말을 꺼내는지, 어떤 표정과 분위기로 다가오는지를 아이는 본능적으로 감지합니다. 그래서 성에 대한 지식을 전달하려는 순간보다 더 먼저, '부모와 어떤 분위기 속에 있는가?'가 중요한 메시지가 됩니다.

사춘기의 대화는 '관계의 온도' 안에서 이루어집니다. 어른이 된다는 것은 단지 몸이 크는 것이 아니라, 관계 맺는 방식을 새롭게 배우는 일이기도 합니다. 부모가 성급하지 않게 기다려주고, 아이의 마음을 있는 그대로 받아주는 태도야말로 가장 좋은 교육의 시작이 됩니다.

성 이야기를 하기 전, 신뢰부터 쌓아야 합니다

부모는 종종 성교육을 '정보를 정확히 전달하는 것'이라고 생각합니다. 물론 정확한 정보는 필수적입니다. 그러나 아이가 듣고 싶어 하는 것은 단순한 설명보다 "이런 이야기를 나눠도 괜찮은 사이야"라는 정서적 신호입니다. 정보보다 중요한 건, 그 정보가 '누구의 목소리로, 어떤 태도로' 전달되느냐입니다.

사춘기의 성 대화는 관계적 언어입니다. 성을 통해 타인과 어떤 관계를 맺을 수 있는지, 어떤 감정을 경험할 수 있는지를 함께 생각해보는 시간이 되어야 합니다. 성은 감정, 경계, 동의, 책임, 존중이 어우러진 다층적 주제입니다. 이 복잡한 주제를 아이가 혼자 감당하지 않도록, 부모가 동행자로 곁에 있어야 합니다.

특별한 시간보다 일상의 틈새를 활용하세요

처음부터 무겁고 복잡한 이야기를 꺼내는 것보다, 일상 속 자연스러운 경험을 매개로 대화를 시작하는 것이 좋습니다. "요즘 몸이 조금 달라졌지?" 혹은 "혹시 이런 얘기를 들어본 적 있어?"처럼 아이의 경험과 감정을 존중하는 질문으로 접근할 때, 아이는 심리적으로 안전하다고 느낍니다.

성교육은 '시간을 두고 이어지는 대화'임을 기억하세요. 오늘의 대화가 당장은 어색하고 짧을 수 있어도, 언젠가 이어질 수 있다는 믿음이 중요합니다. 대화가 반복될수록 아이는 부모와 성 이야기를 할 수 있다는 감각을 갖게 되며, 그 안에서 자기 생각과 감정을 스스로 정리하고 표현할 힘을 키웁니다.

마음부터 시작하는 대화 순서

사춘기의 성 대화는 이런 순서로 흘러야 합니다.

• 자연스러움 → 감정 인정 → 존중 → 조율과 책임

정보 이전에 먼저 나누어야 할 것은 마음입니다. 감정과 신뢰가 바탕이 되어 있을 때, 지식은 훨씬 더 잘 스며들고 성에 대한 태도도 건강하게 자리 잡게 됩니다.

처음부터 범죄나 위험 같은 이야기로 들어가면 아이는 마음을 닫기 쉽습니다. 성교육은 삶에 대한 태도를 길러주는 시간이기 때문입니다. 성에 대해 건강하고 긍정적인 인식을 심어주는 것이 우선이며, 위험에 대한 교육은 이러한 바탕 위에 점진적으로 이루어져야 합니다.

대화는 갑자기 시작되지 않습니다

사춘기 아이는 "지금 이야기하자"라는 말에 마음을 열지 않습니다. 대신 부모는 틈을 기다리는 사람이 되어야 합니다. 책을 같이 읽을 때, 드라마를 보고 웃을 때, 속옷을 챙겨주는 일상 속에 대화의 문이 숨어 있습니다. 그 순간을 포착해 '이야기해도 괜찮다'는 신호를 보내는 것이 사춘기 대화법의 핵심입니다.

말을 시도하기 전에 이렇게 말해보세요.

"그냥 듣기만 해도 돼."

"말 안 해도 괜찮아."

이 허락은 아이에게 커다란 안정감을 줍니다. 무엇보다 중요한 것은 "나는 너의 편이야"라는 메시지를 말보다 표정과 태도, 기다림으로 반복해서 전하는 것입니다. 그렇게 쌓인 신뢰가 언젠가 아이의 질문을 불러옵니다.

관계의 시간, 동행의 여정

사춘기 성교육은 지식을 가르치는 시간이 아니라 아이와 '동행하는 관계의 시간'입니다. 아이의 침묵도 대화의 일부이며, 부담 없이 들을 수 있는 부모가 곁에 있다는 확신이 쌓일수록 언젠가는 아이가 먼저 말을 걸게 됩니다. 성에 대한 대화는 아이가 자신의 몸과 감정이 괜찮다고 느낄 수 있도록 존중과 기다림으로 바탕을 만들어주는 일입니다. 당장 완벽한 대화를 하려 하지 말고, 아이가 언제든 찾아올 수 있는 안전한 관계를 만드는 것부터 시작하기 바랍니다. 그것이 진정한 성교육의 첫걸음입니다.

우리 아이 맞춤 대화 예시

① 몸의 변화에서 시작하기

엄마: "혹시 팬티에 냉이 나오는지 확인해봤어?"

딸: "음… 잘 모르겠어. 냉이 뭔데?"

엄마: "여자들은 생리 시작하기 전에 냉이라는 분비물이 나오거든. 그게 팬티에 묻어 나와. 그게 나오기 시작하면 생리를 준비하고 있다는 뜻이니까 생리대를 준비하고 다녀야 해서."

딸: "냉이 나오고 얼마 만에 생리가 나오는데?"

엄마: "글쎄, 그건 사람마다 달라서 언제 나올지는 몰라. 그래서 냉이 나오면 생리대 준비하고 다녀야 해. 안 그러면 곤란한 일이 생기거든. 생리 피가 바지에 묻을 수도 있어서 말이야."

② "안 궁금해" 반응에 대처하기

엄마: "우리 잠깐 얘기해볼까? 요즘 네 몸도 많이 변하고 있어서 조금씩 알아야 할 것도 생겼을 것 같아서."

아들: "괜찮아, 나 다 알아."

엄마: "응, 이미 많이 알고 있을 거라고 생각했어. 엄마도 네가 잘 알기를 바라는 마음이야. 그런데 혹시라도 헷갈리거나 다르게 들은 게 있으면, 같이 확인해보면 좋겠지. 엄마도 어릴 땐 친구들 얘기가 다 맞는 줄 알았거든."

아이와 성에 대해 이야기할 때, 말보다 먼저 전해져야 할 것은 "괜찮아, 네가 말해도 되는 사람이 여기 있어"라는 신호입니다.

TV에서 야한 장면이 나올 때
어떻게 반응해야 할까요?

Q 초등학교 6학년 아들과 함께 TV 드라마를 보던 중, 갑작스럽게 베드신이 나왔습니다. 어색하게 웃어야 할지, 채널을 돌려야 할지, 아니면 아무렇지 않은 척해야 할지… 머릿속이 복잡해졌습니다. 이럴 때, 부모는 어떻게 반응하는 게 좋을까요?

A 가족과 함께 TV나 영화를 보다가 성적인 장면이 불쑥 등장하면, 부모와 아이 모두 순간적으로 얼어붙는 듯한 당황스러움을 느낍니다. 특히 사춘기에 접어든 아이와 함께 있을 때라면 그 어색함은 더 크게 다가옵니다. 어떤 부모는 헛기침을 하거나 급히 채널을 돌리기도 하지만, 사실 이런 순간이야말로 아이와 성에 대해 자연스럽게 이야기할 기회가 될 수 있습니다. 피하거나 당황하기보다, 아이의 반응과 발달 단계를 고려해 차분하고 존중하는 태도로 대화를 나눠보세요. 어쩌면 아이가 그동안 궁금했지만 차마 묻지 못했던 질문을 꺼낼 수 있는 연결고리가 될지도 모릅니다.

당황하지 말고 자연스럽게 대응하기

부모가 "어머! 이런 걸 왜 보여줘?"라고 반응하면, 아이는 성을 말해서는 안 되는 부끄러운 주제로 인식할 수 있습니다. 반대로 아무렇지 않게 넘겨버리면, 아이는 자신이 느낀 감정을 정리하지 못한 채 혼자만의 해석에 머물 수 있습니다.

야한 장면에 대해 크게 반응하거나 당황할 필요는 없습니다. 부모 역시 순간적으로 불편하거나 어색할 수 있지만, 잠시 심호흡을 하고 아이 앞에서는 차분하고 담담하게 반응하는 것이 좋습니다. 과도한 반응은 오히려 성을 부끄럽거나 나쁜 것으로 인식하게 만들 수 있기 때문입니다.

가장 바람직한 태도는 차분하고 담담하게, 그러나 회피하지 않는 것입니다.

적절한 반응 예시

- "드라마에는 어른들의 사랑을 표현하는 장면이 나올 때가 있어. 방금 본 것도 그런 장면이야."
- "어색했지? 그런 장면이 나오면 누구나 그렇게 느낄 수 있어."
- "궁금한 게 있으면 언제든 물어봐도 괜찮아."

이 정도의 반응만으로도 아이는 부모가 성을 금기시하지 않고 대화할 수 있는 사람이라는 안도감을 느낍니다.

반응 유형	부모의 대응 방법
자리를 피하는 경우	억지로 불러 세우지 말고, 시간이 지난 뒤 산책이나 식사 중 "아까 드라마 장면 때문에 불편했지? 궁금한 게 있으면 언제든 물어봐도 돼"라고 가볍게 이야기해주세요.
질문하는 경우	짧고 명확하게 대답해주세요. "두 사람이 서로 사랑한다는 걸 표현하는 장면이야. 하지만 아직 네가 할 나이는 아니고, 나중에 어른이 되고 책임질 수 있을 때 가능한 거란다."
무심한 척하는 경우	겉으로는 시큰둥해 보여도 속으로는 궁금할 수 있습니다. 바로 설명하기보다, 평소 성에 대해 자유롭게 이야기할 수 있는 분위기를 만들어주세요.

미디어 리터러시: 드라마는 드라마일 뿐

아이에게 TV나 영화 속의 모습이 현실의 모든 것을 보여주는 것은 아니라는 점을 설명해주세요.

"TV나 영화는 이야기를 더 재미있게 만들기 위해 과장되게 표현하는 경우가 많아."

"실제 사랑하는 사람들의 관계는 서로를 배려하고 존중하는 것에서 시작되지, TV처럼 급작스럽거나 자극적이지 않아."

또한 인터넷에서 접하는 자극적 콘텐츠는 현실과 크게 다르며, 잘못된 성 인식을 줄 수 있다는 점도 꼭 알려주세요.

꼭 전달해야 할 핵심 메시지

- 성은 부끄럽거나 나쁜 것이 아니라 자연스러운 것이다.
- 성적 행동에는 책임, 존중, 동의가 필요하다.
- 드라마나 인터넷 속 장면은 왜곡되거나 과장된 경우가 많다.
- 몸과 감정은 소중하므로 함부로 다루어서는 안 된다.
- 성에 대한 궁금증은 숨기지 말고 부모와 나눌 수 있다.

성교육은 순간이 아니라 과정입니다

베드신 장면은 어른에게도, 아이에게도 당황스러운 순간일 수 있습니다. 그러나 그 순간을 회피하지 않고 차분히 받아들인다면 아이와의 대화가 열리고, 성교육은 자연스럽게 이루어질 수 있습니다.

아이와 함께 TV를 보다가 성적인 장면이 나오면 어색하고 불편할 수 있지만, 동시에 좋은 교육의 기회이기도 합니다. 중요한 것은 부모가 먼저 마음을 편안히 하고, 아이의 발달 단계에 맞추어 적절한 대화를 나누는 것입니다.

아이가 성에 대해 궁금해하는 것은 지극히 자연스러운 발달 과정입니다. 이를 부끄럽게 여기거나 금기시하기보다는, 올바른 가치관을 바탕으로 건강한 성 인식을 키워갈 수 있도록 도와주세요.

성교육은 학교에서만 하는 특별한 수업이 아니라, 가정에서 오가는 작은 대화 속에서 완성됩니다. 부모가 완벽한 답을 주지 못해도 괜찮습니다. 중요한 것은 아이가 '언제든 물어봐도 된다'는 신뢰를 갖는 것입니다.

무엇보다도 아이와 지속적으로 소통할 수 있는 관계를 만드는 것이 가장 중요합니다. 한 번의 대화로 모든 것이 해결되지 않기에, 꾸준히 관심을 가지고 아이의 성장을 지켜봐주세요. 이런 과정을 통해 아이는 건강하고 성숙한 성 의식을 가진 어른으로 성장할 수 있을 것입니다.

성에 대해 대화하려면, 부모가 먼저 편안한 분위기를 만들어 주세요.

성교육 책이 무섭다고 해요

Q 아이에게 성교육 책을 건넸는데, 계속 "무서워"라는 말만 반복합니다. 초등학생용 교육 도서인데 왜 이런 반응을 보일까요? 아이의 이런 반응, 부모는 어떻게 받아들이고 대응해야 할까요?

A 아이의 "무섭다"라는 말은, 아직 준비되지 않았다는 신호일 수 있습니다. "성교육 책을 보고 아이가 무서워해요"라는 말은 푸른아우성 상담실에도 자주 들어오는 고민입니다. 성교육은 단순한 정보 전달이 아니라, 느낌과 가치관까지 함께 전해지는 과정입니다. 아이가 받아들이기 어려운 장면이나 단어를 접하면, 아무리 교육적인 자료라도 불편함이나 혼란을 느낄 수 있습니다. 특히 저학년일수록 이해의 폭이 좁기 때문에, '무엇을'보다 '어떻게' 알려주는지가 더 중요합니다.

부모가 '필터'가 되어주세요

성교육 책을 건넬 때 "좋은 책이니까 혼자 읽어봐"라고 하기보다는, 부모가 먼저 내용을 살펴보고 함께 읽는 것이 안전합니다. 설명이 지나치게 건조하거나, 그림이 과도하게 직설적이면 아이는 불편함을 느낄 수 있습니다. 이때는 부모가 곁에서 부드럽게 설명해주는 것이 필요합니다.

부모의 역할	이유
아이의 반응을 살피는 '필터'	어른에게는 괜찮아 보여도, 아이에게는 불편할 수 있음
함께 읽고 설명해주는 '안내자'	불필요한 두려움이나 왜곡을 막을 수 있음

성교육 자료, 예술 작품, 음란물은 분명히 다르지만, 아이의 눈에는 그 경계가 모호하게 느껴질 수 있습니다. 따라서 아이가 "무섭다"라고 말한다면, 그 자료는 지금 아이에게 적절하지 않을 가능성이 큽니다.

우리가 보는 것을 아이도 보고 있습니다

한 상담 사례에서, 초등 저학년 아이가 "섹스가 뭐예요?", "음란물이 뭐예요?"라고 물었습니다. 부모는 놀라 "누가 알려줬니?"라고 물었지만, 아이는 주말에 함께 보던 부부 예능 프로그램에서 들었다고 했습니다. 아이들은 관심 없는 척해도 부모의 말과 행동을 유심히 지켜봅니다.

가족이 함께 보는 콘텐츠는 아이의 나이를 고려해 선택해야 합니다. 유튜브, 넷플릭스, 인스타그램 등 공용 계정은 성인 콘텐츠에 노출될 위험이 있습니다. 아이 전용 계정을 만들고, 콘텐츠 제한 설정과 시청 기록 확인을 해야 합니다.

"무섭다"라는 말 뒤에 숨은 진짜 이유

아이가 성교육 책을 보고 무섭다고 말할 때는, 어떤 부분이 무서웠는지 구체적으로 물어보는 것이 먼저입니다. 아이들이 가장 어려워하는 부분은 성관계를 설명하는 장면입니다. 특히 그림으로 된 삽입 장면은 오해를 불러일으키거나, 불쾌한 이미지로 남을 수 있습니다. 이런 반응은 지극히 자연스러운 발달 과정입니다.

사랑과 관계로 다시 설명하기

이럴 때는 부모의 경험과 관계 이야기를 곁들여 설명해주세요.

"아이가 생기는 과정을 보고 놀랐구나. 엄마도 네 나이 땐 잘 이해가 안 됐어. 그런데 몸과 마음이 자라면서 나중에 알게 됐단다. 지금 무섭게 느끼는 건 당연해."

그리고 성관계를 단순한 '행위'가 아닌, 사랑과 관계의 일부로 설명해주세요.

"엄마 아빠도 처음엔 잘 몰랐지만, 서로를 아껴주고 도와주면서 사랑하게 됐어. 그래서 결혼했고, 네가 태어났단다. 네가 생겼을 때 정말 행복했어."

이런 설명은 아이가 무섭게 느꼈던 장면을 사랑과 기쁨의 일부로 다시 받아들이는 데 도움이 됩니다.

한 번의 대화로 끝나지 않습니다

아이의 혼란은 한 번의 대화로 정리되지 않습니다. 며칠 뒤 다시 질문할 수도 있고, 비슷한 장면을 다른 매체에서 접할 수도 있습니다. 그럴 때는 이렇게 말해주세요.

"또 궁금하거나 무서운 생각이 들면 언제든 물어봐. 혼자 고민하지 않아도 돼."

이런 말은 아이에게 부모가 '안전하게 물어볼 수 있는 사람'이라는 신뢰를 심어줍니다. 또한 아이가 무서운 장면에 오래 머물지 않도록 놀이, 산책, 취미활동 등으로 분위기를 환기해주세요. 즐거운 활동은 아이의 감정을 자연스럽게 전환해줍니다.

아이가 신체 변화를 불편하게 여긴다면…

성교육 책뿐 아니라, 사춘기 초기에 나타나는 신체 변화 자체가 아이에게 당혹감을 줄 수 있습니다. 이럴 때는 부모가 자신의 경험을 솔직하게 들려주세요.

"엄마도 처음 겨드랑이에 털이 났을 때 놀랐어."

"아빠도 목소리가 변할 때 창피했단다."

이런 이야기는 아이에게 '나만 그런 게 아니구나'라는 안도감을 줍니다.

부모가 만들어주는 안전한 울타리

요즘에는 아이 키우기가 쉽지 않습니다. 미디어 환경이 빠르게 변하고, 성에 대한 정보가 온·오프라인에서 무차별적으로 쏟아집니다. 하지만 그 속에서도 부모의 사랑과 안전한 울타리 안에서 자란 아이는 넘어져도 다시 일어설 힘을 갖게 됩니다.

아이가 스스로 분별하고 건강한 선택을 할 수 있을 때까지, 조금 더 주의 깊게, 조금 더 사랑으로 곁을 지켜주세요. 그러면 아이는 자신만의 속도로 건강하게 성장할 것입니다.

♥〰〰〰

아이가 성교육 책을 무서워한다면, 그 반응을 존중하고 부모가 곁에서 함께 읽고 설명해주세요.

아이의 성 고정관념,
어떻게 교육해야 할까요?

Q 아이가 채널을 돌리다가 여자축구 결승전을 보더니 "무슨 여자가 축구를 하냐"라고 하더군요. 옷을 고를 때도 남자 색, 여자 색을 구분합니다. 집에서는 남자와 여자를 구분해 말한 적이 없는데, 왜 그런 고정관념이 생겼는지 모르겠습니다. 어떻게 교육하면 좋을까요?

A 성 고정관념은 아이의 세계를 좁히는 보이지 않는 벽입니다. 아이가 특정 색깔, 장난감, 행동을 성별과 연결 짓는 것은 흔한 일입니다. 태어나는 순간부터 아이는 부모와 사회로부터 '남자다움', '여자다움'에 대한 수많은 메시지를 받으며 자랍니다. 분홍색 리본이 달린 선물, '씩씩한 우리 아들' 같은 칭찬, TV 속 성별로 나뉜 역할들까지. 이 모든 것이 아이 마음속에 보이지 않는 선을 하나씩 그어갑니다.

왜 성 고정관념이 위험할까?

성 고정관념은 단순한 선호의 문제가 아닙니다. 그것은 아이의 감정, 흥미, 가능성을 제한하는 벽이 됩니다.

꿈의 크기가 작아집니다: 수학을 좋아하는 여자아이에게 "여자는 언어를 더 잘하지"라는 말은 과학자의 꿈을 망설이게 만듭니다.

감정이 갈 곳을 잃습니다: "남자가 그렇게 예민하면 어떡해"라는 말은 감정을 숨기게 만들고, 결국 자기감정과도 멀어지게 합니다.

세상이 좁아집니다: 여성 소방관, 남성 유치원 교사를 이상하게 여기는 시선은 아이의 상상력과 진로 선택의 폭을 제한합니다.

고정관념이 뿌리내리는 순간들

아이의 성 역할 인식은 생각보다 이른 시기에 형성됩니다. 3~4세 무렵부터 아이는 주변의 모든 신호를 받아들이며 '남자다움'과 '여자다움'이라는 틀을 만들어갑니다.

영향 경로	예시
가정	부모의 말투, 행동, 가사 분담
미디어	동화책 속 공주와 왕자, 광고 속 역할 구분
교육 현장	선생님의 무의식적 언어, 성별에 따른 역할 분배
또래 집단	"그건 여자애들이 하는 거야" 같은 말

이러한 메시지는 아이 내면에 '나는 여자니까 이렇게 해야 해', '나는 남자

니까 저렇게 하면 안 돼'라는 목소리를 만들어냅니다. 이 목소리는 아이의 자기다움을 위축시키고, 다양성을 이해하고 존중하는 능력까지 가로막습니다.

일상에서 실천하는 성 고정관념 없는 교육

색깔과 놀이에 성별을 붙이지 마세요

"분홍색은 여자 색깔이야"라고 말하는 아이에게는 먼저 "왜 그렇게 생각했어?"라고 물어보세요. 이후 "색깔에는 성별이 없어. 지금 네가 좋아하는 색이 바로 네 색이야"라고 부드럽게 설명해주세요.

질문으로 아이의 고정관념을 흔들어주세요

아이: "이건 여자들이 하는 거잖아."

부모: "왜 그렇게 생각해?", "남자가 하면 안 되는 이유가 있을까?"

이런 질문은 아이가 스스로 생각하고 고정관념을 돌아보게 합니다.

일상 속 롤모델이 되어주세요

아빠가 앞치마를 두르고 요리하고, 어머니가 공구를 들고 가구를 조립하는 모습은 강력한 메시지가 됩니다. '이건 아빠 일, 이건 엄마 일'이라는 구분 없이 협력하는 모습을 보여주세요.

다양한 세상을 보여주세요

여성 소방관, 남성 간호사, 여성 과학자, 남성 유치원 교사 등 다양한 직업인을 소개하며 말해주세요.

"사람은 성별과 상관없이 자신이 좋아하고 잘하는 일을 할 수 있어."

감정에도 성별은 없습니다

"남자도 울 수 있어. 슬플 때 우는 건 약한 게 아니라 솔직한 거야."

"여자도 화낼 수 있어. 화를 내는 건 나쁜 게 아니라 자연스러운 거야."

감정을 억누르지 않고 건강하게 표현하고 조절하는 방법을 함께 탐색해주세요.

부모의 말 한마디가 아이의 기준이 됩니다

성 고정관념을 깨는 교육은 아이가 아니라 부모에게서 시작됩니다. 무심코 "우리 아들, 씩씩하네!", "딸은 얌전해야 예뻐" 같은 말을 하지 않았는지 돌아보세요. 만약 실수했다면, 아이 앞에서 이렇게 말해주세요.

"아, 엄마가 잘못 생각했네. 다시 생각해보니 꼭 그런 건 아니구나."

이런 솔직한 태도는 아이에게도 열린 마음과 유연한 사고를 가르쳐줍니다. 완벽한 부모가 되려 하기보다, 함께 배우고 성장하는 부모가 되어주세요.

아이에게 이렇게 말해주세요

"축구는 남자나 여자나 모두 할 수 있는 거야. 중요한 건 네가 즐겁게 뛰어놀 수 있는 거지. 색깔에도 남자 색, 여자 색 같은 건 없어. 네가 좋아하는 색이 바로 네 색이야. 인형놀이든 블록놀이든, 다 재미있을 수 있어. 하고 싶은 걸 마음껏 해도 괜찮아. 사람은 '여자라서', '남자라서' 무언가를 해야 하는 게 아니야. 자기가 좋아하는 일을 할 수 있어. 세상에는 여자 소방관, 남자 간호사처럼 멋진 사람들이 정말 많단다. 엄마랑 아빠도 서로 도우면서 집안일을 해. 누구의 일이 정해져 있는 게 아니야. 광고나 만화에서 보여주는 모습이 늘 정답은 아니야. 다르게 생각해도 돼."

성 고정관념을 풀어주는 교육은, 아이가 자기답게 살아갈 수 있도록 돕는 방법입니다.

성에 대해 부끄러워하는 아이 vs 몰입하는 아이

Q 같은 환경에서 자란 쌍둥이, 왜 성에 대한 반응이 이렇게 다를까요? 사춘기에 접어든 쌍둥이 중 한 아이는 성에 관한 이야기를 꺼내려 하면 민망해하며 자리를 피합니다. 반면, 다른 아이는 성교육 만화책을 반복해서 읽고, 관련 내용을 찾아보며 호기심을 드러냅니다. 한 아이는 너무 민감한 것 같고, 다른 아이는 지나치게 몰입하는 것 같아 걱정도 되지만, 이 또한 성장의 한 과정일 수 있다는 생각도 듭니다. 부모로서 이렇게 극단적인 반응을 어떻게 이해하고, 어떤 방식으로 대응하는 것이 좋을까요?

A 아이마다 다른 속도로 자라는 사춘기, 반응도 제각각입니다. 사춘기는 아이마다 다른 리듬으로 찾아옵니다. 성에 대해 부끄러워하는 아이도, 성교육 책에 몰입하는 아이도 모두 "나는 지금 자라고 있어요"라는 신호를 보내고 있는 것입니다. 부모는 이 신호를 따뜻하게 받아들이고, 아이의 성향과 속도에 맞는 소통 방식을 찾아야 합니다.

사춘기, 서로 다른 리듬으로 자라는 아이들

아이를 키우는 일은 늘 예측할 수 없는 놀라움의 연속입니다. 특히 사춘기에 접어들면 성에 대한 반응도 아이마다 다르게 나타납니다. 어떤 아이는 성이라는 단어만 들어도 얼굴을 붉히며 대화를 피하려 하고, 또 어떤 아이는 관련 서적을 탐독하며 끊임없이 질문을 던집니다.

이처럼 상반된 반응을 보며 부모는 '혹시 우리 아이만 이런 건가?', '지나치게 민감하거나 너무 몰입하는 건 아닐까?' 하는 걱정을 하게 됩니다. 하지만 이러한 반응은 모두 지극히 자연스러운 성장 과정의 일부입니다. 중요한 것은 부모가 아이의 반응을 어떻게 이해하고, 어떤 방식으로 소통하느냐입니다.

부끄러움과 호기심, 모두 건강한 신호입니다

성에 대해 아이가 민감하게 반응하거나, 반대로 적극적으로 탐색하는 것은 아이의 몸과 감정이 성숙해지고 있다는 분명한 신호입니다. 아래 표는 두 반응의 의미와 부모가 취할 수 있는 태도를 정리한 것입니다.

반응 유형	아이의 내면 상태	부모의 이해 방식
부끄러움	감정과 생각이 정리되지 않아 혼란스러움이 나타남	조심스러운 마음을 존중하고 기다려주기
호기심	자기 몸과 정체성에 대한 궁금증을 해결하려는 시도	건강한 탐구로 이어지도록 긍정적으로 수용하기

결국 상반된 반응 모두 아이가 성장을 준비하고 있다는 신호입니다. 성이라는 주제에 반응하고 있다는 점 자체가 건강한 성장과 발달의 흐름임을 부모

가 인지하는 것이 매우 중요합니다.

부끄러워하는 아이, 마음의 문을 천천히 열어주세요

성에 대해 부끄러워하는 아이에게는 강요나 압박이 오히려 역효과를 낼 수 있습니다. 대화를 피하려는 태도 뒤에는 "이야기해도 괜찮을까?"라는 조심스러운 마음이 숨어 있습니다. 부모가 "이제 성에 대해 알아야 해"라며 다그치거나, 강제로 대화를 이끌어가려 하면 아이는 더 단단히 마음의 문을 닫게 됩니다.

아이가 안전하고 편안하다고 느낄 수 있는 분위기를 만드는 데 집중해주세요. "요즘 몸이 좀 변했지? 혹시 궁금한 거 있으면 언제든 말해도 괜찮아"처럼 가벼운 질문으로 시작하고, 아이가 즉각 대답하지 않아도 부모는 항상 들을 준비가 되어 있다는 신호를 주는 것이 중요합니다.

"엄마도 네 나이 때 생리 시작하고 진짜 어색했었어. 너는 어때?"처럼 자신의 사춘기 경험을 솔직히 나누면, 아이는 부모와의 공통점을 느끼며 부담을 덜 느끼게 됩니다. "듣기만 해도 괜찮아" 또는 "말 안 해도 돼"라는 메시지를 전하며, 아이가 준비될 때까지 기다려주세요. 이는 아이에게 "너의 속도를 존중해"라는 신호를 줍니다.

이런 접근은 아이가 성에 관한 대화를 어색하지 않은 일상의 일부로 받아들이도록 돕습니다. 중요한 것은 아이가 부끄러워하는 감정을 비난하거나 무시하지 않고, 그 감정을 있는 그대로 받아주는 것입니다.

성교육 책을 반복해서 읽거나 성에 대한 호기심을 적극적으로 드러내는 아이에게는, 그 관심을 긍정적으로 받아들이고 건강한 방향으로 이끌어주어야 합니다. 아이가 성교육 책에 몰입하는 모습을 보면 자극적인 내용에 노출되는 것은 아닐지 걱정될 수 있지만, 대부분의 성교육 도서는 발달 단계에 맞게 구성되어 있으며 전문가들이 정확한 정보를 전달하도록 신중히 만든 자료입니다.

따라서 이런 관심은 자연스러운 성장의 일부로 보고, 친구나 인터넷에서 얻을 수 있는 왜곡된 정보보다 훨씬 안전한 학습 과정으로 이해하는 것이 바람직합니다. "이 책 진짜 재미있나 보네! 어떤 부분이 제일 기억에 남았어?"처럼 아이의 관심을 긍정적으로 받아주면, 아이는 자신의 호기심을 부끄러워하지 않게 됩니다.

"이 장면 보고 어떤 생각 했어?" 또는 "이런 상황에서 너라면 어떻게 했을 것 같아?"처럼 책 내용을 바탕으로 아이의 생각과 감정을 묻는 대화는 정보 습득을 넘어 가치관과 태도를 형성하는 데 도움이 됩니다.

아이가 책이나 친구들에게서 들은 정보를 언급하면, "그건 좀 다른 것 같아. 이건 이렇게 이해하면 좋을 것 같아"라며 잘못된 사실은 자연스럽게 정정해주세요. 아이의 호기심을 억제하지 말고 건강한 탐구로 이어지도록 안전한 가이드 역할을 해주는 것이 부모의 역할입니다.

모든 아이는 각자의 방식으로 '성'을 받아들이고 표현합니다. 누군가는 회피하고, 누군가는 몰입합니다. 그 모든 반응은 정상이자, 성장의 일부입니다. 부모의 역할은 판단하거나 통제하는 것이 아니라 관찰하고 지지하고 기다려주는 것입니다.

성에 대해 부끄러워하는 아이도, 성교육 책에 깊이 몰입하는 아이도 모두 "나는 지금 자라고 있어요"라고 말하고 있는 것입니다. 부모는 이러한 성장의 신호를 따뜻하게 받아들이고, 아이의 성향과 속도에 맞는 소통 방식을 찾아 함께 건강한 성인으로 성장해 나갈 수 있도록 이끌어야 합니다.

아이의 성장을 응원하고 지지하는 마음으로, 부모와 아이가 서로를 이해하며 신뢰를 쌓아가는 과정이야말로 성교육의 본질이라고 할 수 있습니다.

성에 대한 반응은 다르지만, 모두 건강한 성장의 표현입니다.

PART 2
내 아이의 몸

몸에 대한 호기심, 자연스럽게 풀어주세요

남녀의 차이에 대해 언제 어떻게 이야기해야 할까요?

Q 초등학교 2학년 아들과 여섯 살 딸을 키우고 있어요. 요즘 아이들이 신체에 대해 궁금한 게 많아졌습니다. 아들은 '남자는 고추가 있는데 왜 여자는 없냐'고 묻고, 딸은 자기 몸과 오빠의 몸이 다른 점을 관찰하고 질문을 합니다. 남자와 여자의 차이에 대해서는 어느 시점에, 얼마나 자세히 이야기해주는 것이 좋을까요?

A 부모는 아이의 성 관련 질문 앞에서 종종 당황합니다. "지금 말해도 될까?", "너무 일찍 알려주는 건 아닐까?" 걱정이 앞서기도 하지요. 하지만 가장 좋은 시기는 따로 있지 않습니다. 질문이 나왔다는 건, 아이의 마음이 준비되었다는 뜻입니다.

"엄마(아빠)도 잘 몰라서 좀 알아보고 이야기해줄게"라고 말해도 괜찮습니다. 중요한 건 회피하지 않고, 다시 그 이야기로 돌아가는 것입니다. 아이는 그 과정을 통해 성에 대해 건강하게 받아들이는 법을 배워갑니다.

아이의 성별 인지, 언제 어떻게 발달할까?

아이들은 끊임없이 성장하고 발달해나가는 존재입니다. 그 여정 속에서 성에 관한 인식도 함께 자라납니다. 이 흐름을 이해하면 아이의 질문을 더 깊이 있게 받아들일 수 있습니다.

2~3세부터 아이는 자신과 주변 사람들의 성별을 구별하기 시작합니다. 주로 옷이나 머리 길이 같은 겉모습, 목소리 등 외적 특징에 의존하며 '엄마는 여자, 아빠는 남자'처럼 단순하게 구분합니다.

4~5세에는 성별에 따른 역할을 이해하며 성별에 대한 관념을 형성하기 시작합니다. '남자아이들은 공놀이, 여자아이들은 인형놀이'처럼 성별에 따른 역할을 연관시키기 시작하는데, 이때 성별로 놀이를 제한하지 말고 다양하게 경험하도록 격려해주세요.

유아와 초등학교 저학년은 모두 사춘기 이전의 발달 특성이 있으므로 같은 맥락에서 이해하면 좋습니다. 이 시기 아이들은 성기와 관련된 질문뿐 아니라 성과 관련된 다양한 궁금증을 자유롭게 표현할 수 있어야 합니다.

유아들은 성별에 대한 고정관념을 쉽게 받아들이기 때문에, 부모가 성에 대해 이분법적인 사고를 갖고 아이를 양육한다면 아이에게도 고정관념이 형성될 수 있습니다. 따라서 부모 스스로 성에 대한 관념이나 의식을 점검하는 것도 중요합니다.

어색함은 잠깐, 아이의 '궁금증'은 건강한 신호입니다

아이가 질문을 던졌을 때 부모의 반응은 아이의 성 인식을 긍정적으로도,

부정적으로도 물들일 수 있습니다. 질문에 대한 반응이 밝고 따뜻한 느낌으로 전해져야 합니다.

답변 내용이 지식적으로 정확하면 좋겠지만, 이 시기에는 지식의 완성도보다 정서적인 편안함과 따뜻함이 더 중요합니다. 혹여 잘못 알려줬더라도 지식은 나중에 수정할 수 있지만, 정서는 그렇지 않기 때문입니다.

부모가 꼭 기억해야 할 핵심 원칙은 다음과 같습니다.

- 아이 질문에 차분하되 밝고 따뜻하게 반응하기
- 나이에 맞게 쉽게 이해할 수 있도록 풀어주기
- 정확한 용어 사용하기
- 지식이나 정보뿐 아니라 가치관까지 함께 전하기

남자와 여자 이전에 인간이라는 큰 틀에서 설명하세요

아이들은 자주 "남자는~, 여자는~" 식으로 묻습니다. 그러나 우리는 성별 이전에 한 사람의 인간입니다. 설명도 인간이라는 큰 틀에서 시작해, 그 안에 남자와 여자라는 차이를 두면 좋습니다. 그렇게 할 때 아이는 다양성과 존중을 자연스럽게 배우게 됩니다.

몸의 차이, 자연스럽게 이야기하기

"남자는 고추가 있고 여자는 고추가 없다"라는 표현에 대해 양육자가 할 수 있는 답변은 '있고 없고'의 유무가 아닙니다. 남자와 여자 모두 성기를 갖고 있으나, 형성 과정에서 모양이 달라져 서로 다른 모습으로 존재하는 것입니다. 태아기 성기 형성 과정을 보여주는 그림을 참고해도 좋습니다.

"남자와 여자는 몸이 조금 다르게 생겼어. 남자는 음경과 고환이 있고, 여자는 질과 자궁이 있지. 둘 다 우리 몸의 소중한 부분이야. 아기를 만드는 데 중요한 역할을 하기도 해. 신기하지?"

여성의 내부 생식기(질, 자궁, 나팔관, 난소)와 남성과는 다른 유방에 대해 알려줄 때도 구조만 설명하는 데 그치지 말고, 생명과 관련해 우리가 품어야 할 '소중함'이라는 가치를 함께 전해야 합니다.

"여성의 자궁은 아기가 자라는 특별한 공간이야. 정말 신비롭지?"

성별을 넘어 '다양성' 알려주기

남자와 여자라고 해서 모두 똑같은 성격을 가지거나 행동을 하는 건 아닙니다. 사람마다 좋아하는 것과 싫어하는 것, 잘하는 것과 성격이 모두 다르다는 설명이 필요합니다. 성과 관련해 고정관념이 형성되기 쉬운 영역이기에, 부모의 유연하고 다양성 있는 의식이 중요하게 작용합니다.

아이가 이해하기 쉽도록 놀이나 취미, 성격의 다양성을 예로 들어 설명할 수 있습니다. 가족이나 친구의 사례를 활용하면 아이가 더 쉽게 공감합니다.

"엄마는 어릴 때 자동차에 관심이 많았고, 아빠는 인형 놀이나 요리 놀이를 좋아했어. 이런 부분은 성별에 따라 정해지는 게 아니라 사람마다 다른 거지."

"옆집 아저씨는 바느질을 잘한대. 바느질은 여자만 하는 게 아니라 누구나 할 수 있는 일이야."

이는 단순히 생물학적 차이를 설명하는 것을 넘어, 그 차이를 소중히 여기고 존중하며 자존감을 키우는 과정이기에 중요한 대목입니다. 남자와 여자, 그리고 남자와 남자, 여자와 여자, 모든 사람이 다른 건 틀린 게 아니라 그저 다른 것입니다.

어떤 모습이든 괜찮고 소중하다는 것, 다양성은 '차별'이 아니라 '차이'이고 멋진 것이라는 어른의 말은 아이들의 인식을 긍정적으로 키워줄 것입니다. 이런 대화를 통해 아이는 자존감과 타인에 대한 존중을 동시에 배웁니다. "사람은 모두 다르게 생겼어. 어떤 사람은 키가 크고, 어떤 사람은 작지. 남자와 여자도 조금 다르지만, 그 차이가 우리를 특별하게 만들어. 모두 있는 그대로 멋지고 소중해."

성교육, 특별한 순간이 아니라 삶의 일부입니다

아이의 질문은 성 발달이 건강하게 이루어지고 있다는 긍정적인 신호입니다. 부모가 당황하기보다, 이를 성장의 자연스러운 과정으로 받아들이는 마음이 필요합니다.

성은 삶 전체와 맞닿아 있는 주제입니다. 유아기와 초등 저학년 시기의 성 질문은 몸과 감정, 관계와 자율성을 배우는 시작점입니다. 부모의 따뜻하고 열린 대화는 아이를 건강하고 지혜로운 사람으로 성장시키는 밑거름이 됩니다.

차이가 우리를 특별하게 만든다고 얘기해주세요.

성기에 관한 질문에
어떻게 대답해야 할까요?

Q 초등학교 2학년 딸을 키우는 엄마입니다. 딸은 작년부터 신체에 관심을 보이기 시작했고, 일곱 살 사촌 남동생과 소꿉놀이를 하며 잘 지냅니다. 어제 둘이 놀다가 사촌이 소변을 보는 모습을 보고 나서 딸이 "남자는 왜 고추가 길쭉해?" 같은 질문을 했습니다. 너무 노골적인 질문이라 당황스러웠고, 뭐라고 대답해야 할지 모르겠더라고요.

A 아이의 질문은 건강한 성장의 신호입니다. 아이가 성기에 대해 질문하면 많은 부모가 순간 멈칫합니다. 어떻게 반응해야 할지, 어떤 말을 해줘야 할지 막막하지요. 하지만 이런 질문은 아이가 자기 몸과 타인의 몸을 탐색하며 차이를 인식하는 자연스러운 발달 과정에서 나오는 것입니다. 부모의 따뜻하고 차분한 대처는 아이에게 정확한 지식뿐 아니라, 자기 몸에 대한 존중과 타인과의 경계를 배우게 하는 중요한 교육의 기회가 됩니다.

아이는 지금 몸의 지도를 그리는 중

초등 저학년 시기의 아이들은 손, 발, 귀, 배꼽처럼 성기도 신체의 일부로 인식하며 탐색합니다. 성기를 만지거나 살펴보는 행동은 자연스러운 자기 탐색의 과정이며, 이때 느끼는 '기분 좋음'은 성적인 의미가 아니라 단순한 감각적 쾌감입니다. 배를 쓰다듬거나 손가락을 빨 때 느끼는 편안함과 같은 종류의 감각이지요.

이 과정에서 아이는 자신과 타인의 몸을 비교하며 차이를 발견합니다. "왜 다를까?"라는 질문은 성별 차이에 대한 호기심이며, 부모에게 세상을 배우려는 건강한 신호입니다.

따뜻하고 건강하게! 부모의 올바른 대처

밝고 건강한 태도 유지하기

놀라거나 당황하거나 부끄러워하지 말고, 밝고 건강한 태도로 아이의 질문을 받아주세요. 성기 관련 이야기를 피하거나 혼내면 아이는 오히려 궁금증이 커지고, 수치심이나 왜곡된 성 의식을 형성하기 쉽습니다. 지식은 나중에 교정할 수 있지만, 부모의 태도를 통해 느끼는 정서는 교정이 어렵습니다. 아이의 건강한 정서와 성 의식을 위해 부모의 따뜻하고 의연한 자세가 무엇보다 중요합니다.

경계와 에티켓 알려주기

아이가 성기를 만진다고 해서 더럽다거나 부정적으로 반응하는 것은 좋지 않습니다. 성기는 혼자 있을 때나 집에서만 만질 수 있다는 경계와 에티켓을 알려주는 것이 필요합니다.

남녀의 차이 설명하기

"남자는 왜 고추가 길쭉한가"라는 질문에 대해 여자와 남자의 성기는 구조적으로 다르게 생겼음을 알려주세요. 관련 그림책이나 자료를 활용하면 남녀 성기가 태아 때 어떤 모양으로 발달해나가는지 아이가 쉽게 이해할 수 있습니다. 이는 모양에 따른 차이일 뿐임을 인지하게 합니다.

저학년생에게는 이 정도 설명이면 충분해요

초등학교 저학년 아이에게는 기본적인 명칭과 간단한 기능 설명으로 충분합니다. 너무 자세한 설명은 오히려 과할 수 있습니다.

남성의 경우에는 음경과 고환 같은 정확한 명칭을 가르치고, "남자에게는 음경(고추)이라는 기관이 있고, 이를 통해 소변을 보기도 해. 나중에 어른이 되면 아기를 만드는 데 필요한 정자를 담고 있는 고환이 있어" 정도로 설명할 수 있습니다.

여성 성기의 경우에는 바깥 생식기인 음순과 질, 그리고 내부 생식기인 자궁에 관해 설명합니다. "여자에게는 바깥에 보이는 음순과 질이 있고, 요도를 통해 소변을 봐. 안쪽에는 자궁이라는 특별한 곳이 있어. 자궁은 아기가 자라는 아주 소중한 곳이야"라고 말해줄 수 있습니다. 생명의 가치를 담아 설명하는 것이 좋은 방향입니다.

완벽한 설명보다 더 중요한 것은, 성에 대해 아무런 거리낌 없이 아이와 이야기를 나눈다는 사실 그 자체입니다. 아이는 "궁금한 게 있을 때 엄마, 아빠에게 물어봐도 괜찮구나"라는 신뢰를 배웁니다. 이 신뢰가 쌓이면, 아이는 앞으로도 성에 관한 고민이 생길 때 부모에게 먼저 다가올 수 있습니다.

부모의 따뜻하고 열린 반응이 아이의 성 인식을 긍정적으로 이끌어줍니다.

초등 아이가 성에 과도한 관심을 보여서 걱정이에요

Q "아빠, 여긴 왜 이렇게 생겼어?" 목욕 시간, 초등 1학년 딸아이가 아빠의 몸을 유심히 바라보며 질문을 던졌습니다. 성교육 그림책에서도 생식기 그림을 찾아보며 관심을 보이고, 또래 친구들과 성적인 장난을 하는 모습도 자주 목격됩니다. 혼을 내보기도 했지만, 아이의 행동은 쉽게 바뀌지 않았습니다. 혹시 성에 과도하게 집착하는 건 아닐지 걱정됩니다.

A 아이가 성적 호기심을 보일 때 부모는 당황하거나 불편함을 느끼기 쉽습니다. 하지만 먼저 돌아봐야 할 것은 아이가 아니라 부모 자신의 마음입니다. "나는 성을 어떻게 인식하고 있는가?", "무엇이 불편한가?"를 성찰하는 것이 성교육의 첫걸음입니다.

아이에게 성을 가르치기 전, '내 마음'을 먼저 들여다보세요

부모가 당황해 억압하거나 부정적으로 반응하면, 아이는 성을 부끄럽고 숨겨야 할 것으로 받아들일 수 있습니다. 반대로 성을 삶의 자연스러운 일부로 인정하고 차분히 대응한다면, 아이는 성을 건강하고 긍정적으로 인식할 수 있습니다.

호기심은 아이가 크는 신호입니다

만 7세 전후는 성적 정체성이 이루어지는 중요한 시기입니다. 아이들은 자신과 타인의 몸을 비교하며 신체적 차이를 인식하고, "나는 남자일까, 여자일까?"라는 성별 정체성에 대한 탐구를 시작합니다.

이 호기심은 성인의 성적 욕구와는 전혀 다르며, 단지 세상을 이해해 가는 자연스러운 과정입니다. 긍정적이고 자연스러운 시선으로 성을 다뤄줄 때, 아이는 자기 몸을 존중하고 건강한 성적 자아를 형성할 수 있습니다. 이는 훗날 타인과의 관계를 만드는 데 기반이 되고, 주체적인 삶을 살아갈 힘으로 이어집니다.

또래와의 장난, 경계를 배우는 기회입니다

아이가 또래 친구들과 성적인 장난을 하는 모습은 부모에게 충격일 수 있습니다. 하지만 발달 과정에서 흔히 나타나는 행동입니다. 이 시기에는 부모가 분명한 경계를 가르쳐야 합니다.

"상대방이 싫다고 하면 멈춰야 해."

"다른 사람의 몸은 허락 없이 만지면 안 돼."

"친구 몸도 네 몸처럼 소중해."

이런 대화를 통해 아이는 타인의 권리를 존중하는 태도를 배웁니다.

더 깊고 넓게 성을 이야기하세요

부모가 가져야 할 가장 중요한 인식은 성을 단순히 '본능'이나 '충동'으로만 이해하지 않는 것입니다. 성은 몸과 감정, 관계와 정체성, 사회적 규범을 아우르는 총체적인 현상입니다.

부모가 다양한 성의 가치를 이해하고 아이와 소통할 때, 아이는 성을 삶의 자연스러운 일부이자 풍요로운 의미가 교차하는 영역으로 받아들일 수 있습니다.

디지털 시대, 아이와 함께 보고 대화하세요

오늘날 아이들은 인터넷, 유튜브, SNS, 게임을 통해 성에 대한 정보를 가장 쉽게 접합니다. 그러나 이 디지털 공간에서 성은 '성기 중심', '행위 중심'으로 왜곡되어 나타납니다.

이제는 단순히 위험한 정보를 차단하는 것만으로는 아이를 충분히 지킬 수 없습니다. 진짜 보호이자 진정한 교육은 아이와 함께 화면을 보며 이야기하는 데서 시작됩니다.

"이 영상은 왜 만들어졌을까?"

"무슨 메시지를 전하려는 걸까?"

"이건 진짜일까?"

이런 질문을 던지며 대화를 이어가면, 아이는 스스로 정보를 판단하고 비판적으로 사고하는 힘을 기를 수 있습니다.

성교육의 진짜 목표: 스스로 선택하는 힘

육아의 궁극적인 목표가 아이의 온전한 독립이라면, 성교육의 목표는 아이가 자신의 성을 주체적으로 이해하고 책임 있게 선택할 수 있는 사람으로 성장하는 것입니다.

성은 단순히 신체적 현상에 그치지 않습니다. 몸의 감각, 마음의 감정, 내밀한 욕망, 그리고 "나는 누구인가"라는 정체성의 물음이 모두 어우러진 관계의 언어입니다. 성에 대해 건강한 태도를 갖출 때, 아이는 비로소 진정한 자유에 도달할 수 있습니다. 자유란 책임 있는 선택에서 비롯되며, 자신의 진실한 욕구를 타인의 존엄을 해치지 않는 방식으로 표현할 줄 아는 힘입니다.

따라서 성교육은 정답을 주입하는 과정이 될 수 없습니다. 아이가 질문을 던지고, 호기심을 탐구하며, 자신만의 답을 찾아가도록 부모는 든든한 안내자가 되어야 합니다. 그 과정에서 아이가 자신의 욕구와 감정을 정직하게 마주하고, 실수와 상처 속에서도 회복하며, 관계 속 권력과 불균형을 감지하는 감수성을 기를 수 있도록 도와야 합니다.

성교육은 부모와 아이가 함께하는 여정

성교육은 단순한 지식 전달이 아니라 삶 전체를 깊이 배우는 과정입니다. 부모는 성을 금기의 영역이 아닌 삶의 자연스러운 일부로 바라보는 넓은 시각을 가지고, 디지털 시대의 맥락을 이해하며, 아이의 눈높이에 맞춰 대화하는 현명한 동반자가 되어야 합니다.

아이를 믿고 기다려주세요. 부모의 변함없는 사랑과 관심, 그리고 현명하게 설정한 경계 안에서 아이는 두려움 없이 자기 몸과 감정을 안전하게 탐색할 수 있습니다. 이러한 양육 환경 속에서 자라난 아이는 건강하고 주체적인 성 의식을 지닌 어른으로 성장할 것입니다.

Tip

성교육을 위한 부모의 마음 점검표

아이의 성적 호기심에 대해 어떤 감정이 드는가? (불안, 부끄러움, 거부감 등)
나의 어린 시절 성교육 경험은 어떠했는가?
성에 대해 아이와 대화할 때 편안함을 느끼는가?
성을 금기시하거나 부정적으로 보는 관점은 없는가?

부모는 아이가 답을 찾아가도록 돕는 안내자가 되어야 합니다.

포경수술,
꼭 시켜야 할까요?

Q 남편은 중학교 입학을 앞둔 아이에게 포경수술을 시키자고 합니다. 저는 "요즘은 안 하는 추세야"라고 했지만, 남편은 "여자들이 몰라서 그래. 장점이 훨씬 많아"라며 고집을 꺾지 않네요. 인터넷을 찾아봐도 찬반 의견이 팽팽합니다. 어떻게 결정하는 게 현명할까요?

A 아이의 포경수술을 언제, 어떻게 해야 할지 고민하는 부모가 많습니다. "다들 한다더라", "위생적으로 좋다더라"라는 주변의 말은 부모의 마음을 흔들어놓기도 합니다. 하지만 아이의 몸에 대한 결정인 만큼, 아이의 의견을 존중하는 것이 필요합니다. 그리고 아이가 신체적으로, 정신적으로 준비가 되었는지 신중하게 살펴봐야 합니다. 부모의 경험이나 관습을 이유로 아이의 의사를 배제한 채 수술을 강행한다면, 아이는 자신이 존중받지 못했다고 느낄 수 있습니다.

한국에서만 보편적인 포경수술

세계적인 현황을 살펴보면, '요즘은 안 하는 추세'라는 말이 정확합니다. 대부분의 나라에서는 포경수술을 하지 않고 있습니다. 가까운 일본은 수술을 한 사람이 1% 정도에 불과하고, 중국도 1.5% 정도입니다. 유럽 국가들도 대체로 1~1.5%, 노르웨이는 0.9% 수준입니다.

포경수술을 가장 많이 하는 나라는 유대교와 이슬람교를 믿는 국가들입니다. 이들 국가에서는 종교적 이유로 포경수술을 수행합니다.

그렇다면 왜 한국에서는 이렇게 포경수술이 보편화되었을까요? 1950년대 한국전쟁 이후 미군이 한국에 들어오면서 서구의 문화가 유입되었고, 미국에서 한다는 이유만으로 정말 필요한 수술인지 따져보지 않고 수술했던 부분이 컸습니다. 이후 1970~1980년대 위생 관념과 함께 "깨끗하다", "성인이 되기 전에 해야 한다"라는 믿음이 세대를 거쳐 전해지면서 하나의 통과의례처럼 자리 잡았습니다.

하지만 이는 의학적 근거보다는 사회문화적 관습에 가까운 현상입니다. 세계 대부분의 국가에서는 의학적 필요가 있을 때만 포경수술을 시행합니다.

의학적으로 꼭 필요한 수술일까?

포경수술이 위생 관리에 도움이 된다는 주장은 있습니다. 음경 분비물이 잘 관리되지 않으면 염증을 유발할 수 있고, 이에 따라 성관계 시 질환 발생 위험을 높일 수 있다는 의견도 있습니다.

특히 자궁경부암과의 연관성이 자주 언급되곤 합니다. 하지만 포경수술이 자궁경부암 발생률을 낮춘다는 주장은 명확히 입증되지 않았으며, 자궁경부암 예방에는 HPV 백신 접종과 정기 검진이 더 중요합니다. 음경암과의 연관성 역시 뚜렷하지 않으며, 일부 관련성을 주장하는 연구 결과는 복합적인 요인으로 인해 논쟁의 여지가 있습니다.

결국 대부분의 경우, 수술보다 올바른 위생 관리가 더 중요합니다.

수술보다 중요한 위생관리

남성 음경에서 나오는 분비물(스메그마 또는 치구)은 포피 안쪽 피부에서 나오는 지방성 물질과 탈락한 세포 등이 섞인 것으로, 사실 중요한 역할을 합니다. 스메그마에는 항균 물질이 포함되어 있으며, 귀두와 포피 안쪽 피부가 마찰 없이 윤활될 수 있도록 돕습니다. 귀에서 나오는 분비물이 귀를 보호하는 역할을 하듯이, 음경의 분비물도 올바르게 관리하면 문제가 없습니다.

사실 냄새가 나는 것은 치구 자체가 아니라 소변의 암모니아나 땀 같은 물질 때문입니다. 따라서 청결하게 관리만 해주면 아무런 문제 될 것이 없습니다. 거듭 강조하건대 중요한 것은 수술 여부가 아니라 올바른 위생 관리입니다.

수술이 가져오는 감각의 차이

포경수술은 남성의 음경 앞부분인 귀두에 붙어 있는 포피를 잘라내는 수술입니다. 포피는 수많은 신경 말단이 밀집된 민감한 부위입니다. 수술 후 귀두가 외부에 노출되면 점막 조직이 공기와 옷에 계속 닿게 되면서 각질화가 일어나고, 감각이 둔해질 수 있습니다.

일부 연구에서는 감각이 둔해지면서 만족감을 얻기 위해 더 강한 성적 자극을 추구할 수 있으며, 이는 장기적으로 성생활에 영향을 미칠 수 있다고 보고합니다. 개인차는 있지만, 수술을 하지 않은 사람이 더 높은 만족감을 느낀다는 연구 결과도 있습니다.

이런 변화는 되돌릴 수 없습니다. 한 번 잘라낸 포피는 다시 돌아오지 않으며, 각질화된 귀두는 원래의 민감함을 회복하기 어렵습니다.

의학적으로 수술이 필요한 경우

포경수술이 의학적으로 필요한 경우도 분명히 있습니다. 하지만 이는 매우 제한적인 경우입니다.

- 스무 살이 넘어서도 귀두 부분의 껍질이 전혀 벗겨지지 않고 붙어 있는 경우
- 반복적으로 염증이 생기거나 통증이 있는 경우
- 소변 보기에 실제로 지장이 있는 경우

이런 경우에는 수술적 치료가 필요할 수 있습니다. 하지만 이런 경우는 전체 남성의 1~2% 정도로 매우 적습니다. 대부분의 경우 포피는 성장 과정에서 자연스럽게 벗겨지며, 이는 정상적인 발달입니다.

수술 대신 매일의 루틴: 올바른 위생 관리법

포경수술을 하지 않기로 했다면, 올바른 위생 관리만 하면 됩니다.

- 포피가 자연스럽게 젖혀지는 아이는 따뜻한 물로 부드럽게 씻어주세요.
- 저자극 비누를 이용해도 좋고, 그냥 물로 헹궈줘도 괜찮습니다.
- 아직 포피가 벗겨지지 않았다면 포피 안쪽은 그대로 두고, 겉만 잘 씻어줘도 충분합니다.

이런 관리 방법을 아이와 함께 이야기하는 것이 쉽지 않을 수 있습니다. 특히 어머니와 아들 사이에서는 더욱 그렇겠죠. 이럴 때는 아빠가 아이와 자연스럽게 대화하고 시범을 보여주는 것이 좋습니다.

아이의 '성적 자기 결정권'을 존중해주세요

포경수술은 아이의 신체에 영구적인 변화를 가져오는 결정입니다. 아이가 자기 몸에 대해 이해하고, 스스로 결정할 수 있도록 돕는 것이 성적 자기 결정권을 존중하는 성교육의 핵심입니다.

지금은 "수술할래?"라고 묻기보다, "지금은 필요 없고, 나중에 정말 필요하면 네가 결정할 수 있어"라고 알려주는 것이 좋습니다. 이는 아이에게 자신의 신체는 자신이 결정할 수 있다는 중요한 메시지를 전달합니다.

만약 아이가 "학교에서 다른 친구들은 다 했다고 하는데"라며 걱정한다면, 이렇게 이야기해주세요.

"최근에는 하지 않는 친구들도 많아지고 있어. 그리고 수술하지 않는 것이 의학적으로 더 좋다는 연구 결과들도 많아. 네가 불편하지 않으면 할 필요가 없고, 나중에 정말 필요하면 그때 네가 결정할 수 있어."

그리고 함께 최신 의학 정보를 검토하며 대화해보길 권합니다.

대부분의 경우 포경수술은 의학적으로 필요하지 않으며, 서두를 이유도 없습니다. 아이가 성인이 되어 자기 몸을 충분히 이해한 뒤 결정해도 늦지 않습니다. 이 결정은 아이에게 자기 몸을 소중히 여기고, 스스로 선택할 수 있다는 중요한 메시지를 전달하는 성교육이 될 것입니다.

포경수술은 부모가 아닌 아이가 스스로 결정할 수 있게 해주세요.

사춘기 몸의 변화를 힘들어해요

Q 초등학교 6학년 아이가 요즘 얼굴에 여드름이 나고, 머리도 금세 기름져서 힘들어합니다. 겨드랑이에 털이 나기 시작하고 냄새도 나서 아이가 스스로 놀라고 불편해하는 모습입니다. 아직 어린 것 같은 아이에게 이런 변화가 찾아오니, 부모로서 어떻게 반응해야 할지 당황스럽습니다. 이제 성에 대해 말해줘야 할지, 아이가 부끄러워하지는 않을지 고민이 많습니다.

A 이 모든 변화는 성호르몬이 분비되면서 몸이 성인으로 전환되는 신호입니다. 결코 이상하거나 부끄러운 일이 아니라, 건강하게 성장하고 있다는 뜻입니다. 아이들은 이런 변화를 낯설게 느끼며 불안해할 수 있습니다. 이때 부모의 역할은 이 변화가 지극히 정상적이고 건강한 과정임을 알려주는 것입니다. 부모의 반응을 통해 아이는 "나는 잘 자라고 있구나"라는 확신을 얻습니다.

남자아이 vs 여자아이, 다른 모습 같은 성장

사춘기의 변화는 모든 아이에게 찾아오지만, 성별에 따라 양상이 조금씩 다르게 나타납니다. 이 차이를 미리 알고 준비한다면, 아이가 변화의 순간에 느끼는 당황스러움을 덜어줄 수 있습니다.

남자아이

고환과 음경이 자라나고 발기를 경험하며, 수면 중 정액이 배출되는 몽정을 처음으로 겪기도 합니다. 몽정은 생식 능력이 준비되고 있다는 신호로, 아이에게는 낯선 경험입니다. '더럽다', '이상하다'는 시선보다 자연스럽고 건강한 몸의 작용이라는 점을 알려주세요. 또한 성대가 발달하면서 목소리가 갈라지거나 낮아지는데, "멋진 변화야"라고 격려해주세요.

여자아이

가슴에 몽우리가 잡히고 유선 조직이 발달하며, 흰색 분비물이 속옷에 묻어나기도 합니다. 이 시기를 지나면 생리가 시작됩니다. 생리는 생명을 준비할 수 있는 여성의 몸으로 변화하는 자연스러운 과정이지만, 대부분의 아이에게는 불안과 당혹으로 다가옵니다. 준비 없이 맞이한 생리는 아이에게 상처가 될 수도 있기에, 미리 정확하고 편안하게 이야기해주세요.

남자아이의 몽정과 여자아이의 생리는 모두 몸이 어른으로 성장하고 있다는 메시지입니다. 부모가 이를 먼저 읽고 자연스럽게 이야기해줄 때, 아이는 몸의 변화를 숨기지 않고 긍정적으로 받아들일 수 있습니다.

털, 냄새, 여드름… 민감한 변화에 대해 이렇게 대화해요

사춘기 변화 중 아이가 가장 민감하게 반응하는 부분은 외모와 관련된 신체 변화입니다. 특히 여드름, 체모, 냄새는 아이 스스로 당황스러워하는 경우가 많습니다.

여드름: 피지 분비가 증가하면서 생깁니다.

→ "피부가 지금 어른이 되는 준비를 하고 있는 거야. 매일 깨끗이 씻는 습관이 중요해."

기름진 머리: 피지샘이 활발해졌다는 신호입니다.

→ "머리가 금방 떡지는 건 흔한 일이야. 자주 감고 관리하면 돼."

냄새 변화: 샘이 발달하면서 나타나는 자연스러운 현상입니다.

→ "이건 누구나 겪는 일이야. 몸이 건강하게 크고 있다는 신호야."

체모 성장: 음모나 겨드랑이 털은 몸을 보호하려는 생리적 반응입니다.

→ "털이 자라는 건 네 몸이 스스로 보호 기능을 키우고 있다는 뜻이야."

이런 변화를 아이가 '더럽다', '창피하다'라고 느끼지 않도록 부모가 먼저 담담하게 이야기해주세요.

태도가 먼저, 지식은 그다음

사춘기의 신체 변화는 단순히 몸의 변화만이 아닙니다. 변화하는 몸을 어떻게 바라보고, 어떻게 다루며 살아갈 것인지에 대한 태도를 배우는 시기이기도 합니다. 이때 부모가 보이는 태도는 아이가 자기 몸을 대하는 방식에도 큰 영향을 줍니다.

가장 중요한 건 있는 그대로 인정해주는 자세입니다. 부끄러워하지 않고, 지나치게 민감해하지도 않으며, "네 몸은 지금 잘 자라고 있어. 그리고 그건 아주 멋진 일이야"라는 태도 하나가 아이의 마음을 단단하게 만들어줍니다. "이건 괜찮아", "자연스러운 일이야", "나도 겪었어"라는 공감의 말이 아이에게 훨씬 오래 남습니다. 아이가 자신의 변화를 이상하게 여기거나 숨기려 할 때, "모든 사람이 겪는 일이고, 너도 잘 자라고 있다"는 메시지를 반복해서 전해주세요.

아이가 자기 몸 변화를 남들과 비교하며 위축되거나 부끄러워할 때는 '모든 사람은 자신만의 속도로 자란다'는 점을 강조해주세요. 빠르거나 늦다고 해서 문제가 되는 것이 아니라, 아이마다 고유한 성장 리듬이 있다는 점을 알려주는 것이 중요합니다.

사춘기 아이에게 성교육이란, 결국 "네 몸은 소중하고, 그걸 네가 직접 알아가는 일이 중요해"라는 메시지를 반복해서 전해주는 일입니다. 2차 성징으로 인한 신체 변화는 아이가 성인으로 성장하는 자연스럽고 건강한 과정입니다. 부모의 따뜻하고 자연스러운 반응은 아이가 자기 몸을 부끄러워하지 않고 소중히 여기는 태도를 기르게 합니다.

아이의 몸에 변화가 찾아올 때, 부모의 따뜻한 반응이 아이의 성장을 긍정적으로 바꾸어줍니다.

또래보다 성장이 빠른데
성조숙증일까요?

Q 초등학교 저학년인 아이가 또래보다 일찍 성적인 변화를 보입니다. 가슴이 발달하기 시작하고 음모도 조금씩 나타나고 있어요. 혹시 성조숙증일지 걱정됩니다. 바로 병원에 가야 할까요, 아니면 좀 더 지켜봐도 괜찮을까요?

A 성조숙증은 또래보다 성호르몬이 빨리 활성화되어 2차 성징이 일반적인 나이보다 앞서 나타나는 현상입니다. 여아는 만 8세 이전, 남아는 만 9세 이전에 가슴 발달, 음모 생성, 고환의 커짐, 체취 변화 등의 징후가 보이면 성조숙증을 의심해볼 수 있습니다.

부모는 아이의 몸에 나타나는 미세한 변화를 가장 먼저 알아차릴 수 있습니다. "아직 어린데 왜 벌써 이런 변화가?" 하는 당황스러움 속에서 무엇을 해야 할지 몰라 불안해지기 마련입니다. 하지만 걱정하기 전에, 이 변화가 의학적으로 확인이 필요한 신호인지, 아니면 자연스러운 개인차인지를 객관적으로 살펴보는 것이 필요합니다.

성장이 빠르다고 해서 다 성조숙증은 아닙니다

성조숙증은 단순히 성장이 빠른 아이와는 다릅니다. 일반적인 성장은 점진적이고 조화로운 변화를 보이지만, 성조숙증은 성적 특징들이 또래보다 현저히 빠르게 나타나면서 성장 패턴의 불균형을 가져옵니다.

빨라진 사춘기가 가져올 어려움

첫째, 최종 키 성장에 영향을 줄 수 있습니다. 사춘기가 일찍 시작되면 성장판이 조기에 폐쇄되어 처음에는 또래보다 키가 크지만, 결국 성인이 되었을 때 키가 작아질 수 있습니다.

둘째, 심리적 부담을 가져옵니다. 몸과 마음이 아직 준비되지 않은 상태에서 급작스럽게 찾아오는 신체 변화는 아이에게 혼란과 당황을 가져올 수 있습니다. 특히 유방 발달로 인한 또래들의 시선이나 놀림은 자존감 저하와 우울감으로 이어질 수 있습니다.

셋째, 또래 관계에 영향을 미칩니다. 외모나 체형에 민감한 아이들 사이에서 성적으로 성숙해 보이는 아이가 겪는 소외나 성적 놀림은 깊은 상처가 될 수 있습니다.

정서적 변화

성조숙증을 겪는 아이들은 신체적 변화와 함께 정서적으로도 또래보다 빠른 변화를 경험합니다. 감정 기복이 커지고, 자신도 이해하지 못하는 감정의 변화에 당황하기도 합니다. 특히 초등학교 저학년 시기에는 아직 감정 조절 능력이 충분히 발달하지 않았기 때문에, 급작스러운 호르몬 변화로 인한 감정의 변화를 스스로 이해하고 조절하기 어려워합니다. 이런 상황에서 "나만 다른 것 같다", "내가 이상한가?" 하는 고민에 빠질 수 있습니다.

이럴 땐 꼭 병원에 가야 해요

성조숙증 여부를 판단하려면 아이의 성장 속도와 신체 변화를 세심히 관찰해야 합니다. 아래와 같은 신호가 보인다면 소아 내분비 전문의를 찾아 상담하는 것이 좋습니다.

여아(만 8세 이전): 가슴 몽우리가 생기고 6개월 이내에 눈에 띄게 발달하거나, 음모, 분비물, 월경 시작 등의 징후가 동반될 때
남아(만 9세 이전): 고환이나 음경이 또래보다 빠르게 커지거나, 음모가 생기고 음성 변화가 일찍 나타날 때
공통: 키가 갑작스럽게 자라거나, 사춘기와 유사한 정서적 기복이 두드러질 때

소아 내분비 전문의는 뼈 나이(골 연령) 검사, 호르몬 수치 검사, 초음파 등을 통해 성조숙증 여부를 진단합니다. 성조숙증은 방치하면 최종 키가 작아질 가능성이 있거나, 정서적으로 미성숙한 상태에서 사춘기를 겪으며 어려움을 느낄 수 있으므로 조기 진단과 관리가 중요합니다.

진단받았다고 모두 치료하는 건 아니에요

성조숙증으로 진단되더라도 모든 경우에 반드시 약물 치료가 필요한 것은

아닙니다. 의학적으로 최종 키 손실 위험이 크거나 심리적 어려움이 예상될 때 치료를 고려합니다.

치료가 필요한 경우, 일반적으로 GnRH 아날로그 주사 치료를 시작합니다. 이 주사는 한 달에 한 번 병원에서 맞으며, 사춘기 진행을 늦춰 아이가 더 성장할 수 있는 시간을 벌어줍니다. 치료 기간은 보통 1년에서 3년 정도로, 개인의 성장 상태와 목표에 따라 달라집니다.

불안한 아이를 든든하게 지켜주세요

이 시기의 아이들은 몸의 변화를 이해하기 어려운 나이에 다른 친구들과 다른 '성적 징후'를 겪게 됩니다. 아이 자신도 "나만 이상한 걸까?", "왜 나만 이래?"라는 생각에 수치심, 불안감, 혼란을 느낄 수 있습니다.

부모는 무엇보다 아이의 자존감을 지켜주는 든든한 버팀목이 되어야 합니다. 아이가 몸의 변화로 인해 놀라거나 당황할 때, 부모가 먼저 지나치게 놀라거나 민망해하는 것은 금물입니다. 아이가 당황해할 때는 "그럴 수 있어. 너의 몸이 조금 더 빨리 자라고 있는 거야", "그건 이상한 게 아니야. 사람마다 자라는 속도와 모습이 다를 뿐이니 괜찮아"와 같이 변화 자체보다 그 변화를 받아들이는 아이의 감정에 집중해주세요.

아이가 "나만 이상한 것 같아"라고 말할 때 "그렇게 느낄 수 있어" 하고 수용적으로 반응해주는 것만으로도 아이의 불안은 줄어듭니다. 아직은 보호받고 싶은 나이인 만큼, 신체 변화가 자율성보다 불안정함을 앞서게 하지 않도록 부모의 세심한 조율이 필요합니다.

불안하지 않도록 단계적으로 정보를 주세요

성조숙증을 겪는 아이에게는 또래보다 앞서 성에 대한 올바른 정보와 교육이 필요할 수 있습니다. 하지만 많은 정보를 한 번에 주기보다는, 아이의 궁금증과 발달 수준에 맞춰 단계적으로 전달하는 것이 좋습니다.

중요한 것은 성에 대한 정보나 호기심이 '혼자 감당해야 하는 불안'으로 쌓이지 않도록 부모가 먼저 편안한 분위기에서 성적 성장에 대한 대화창을 열어주는 것입니다. "지금 네 몸은 조금 빨리 자라나는 중이야. 하지만 그걸 이해할 수 있도록 엄마(아빠)가 같이 도와줄게"라는 말 한마디는 아이에게 '몸의 변화보다 더 빠른 보호자'가 곁에 있다는 든든한 메시지가 되어줄 것입니다.

일상생활에서의 실질적 지원

성조숙증으로 인한 신체 변화는 아이의 일상생활에도 영향을 미칠 수 있습니다. 예를 들어, 가슴 발달로 인해 운동할 때 불편함을 느끼거나, 체취 변화로 인해 친구들과의 관계에서 위축될 수 있습니다.

적절한 의류와 위생 관리: 아이와 함께 나이에 맞는 속옷이나 위생용품을 선택하고, 사용법을 자연스럽게 알려주세요.

학교 환경 조성: 담임교사와 상의해 체육 시간이나 신체검사에서 아이가 불편하지 않도록 배려를 요청하세요.

생활 습관 점검: 균형 잡힌 식단과 규칙적인 운동은 성조숙증 관리에 도움이 됩니

다. 비만은 성조숙증을 가속할 수 있으므로 체중 관리도 신경 써주세요.

부모의 한발 앞선 지지가 해답입니다

성조숙증은 '빠른 성장'이 아니라, '빨라진 몸의 시계'입니다. 이 시계를 비난하거나 두려워할 대상이 아닌, 이해하고 조절할 수 있는 대상으로 바라보는 시선이 중요합니다.

우선은 정기적인 성장 검진을 통해 의학적 진단과 함께 신체 변화의 속도와 리듬을 지켜보는 일이 필요합니다. 때에 따라 약물 치료가 필요할 수도 있지만, 모든 성조숙증이 반드시 치료가 필요한 것은 아닙니다.

아이의 몸과 마음을 함께 돌봐주세요. 두려워하지도, 숨기려 하지도 말고, 아이와 함께 이 변화의 과정을 자연스럽고 건강하게 받아들이도록 도와주어야 합니다. 무엇보다 아이가 느낄 수 있는 불안감이나 당혹감을 미리 헤아려주고, 변화가 잘못된 것이 아님을 지속적으로 말해 안심시켜주세요.

아이의 몸이 빨리 자랄 때, 부모의 따뜻한 시선과 지지가 아이의 마음을 함께 성장시킵니다.

성장이 너무 느린데
뒤처지는 건 아닐까요?

Q "엄마, 나는 왜 털이 안 나?" 목욕 후 거울을 보던 초등학교 6학년 아들이 조심스럽게 물었습니다. 또래 친구들은 키도 훌쩍 크고, 몸에도 변화가 생겼다는데 우리 아이는 음모도 거의 없고, 성기 크기도 작아 보입니다. 괜히 뒤처지는 건 아닐지 걱정됩니다. 혹시 사춘기가 너무 늦는 건 아닌가요? 건강에 문제가 있는 걸까요?

A 부모가 아이의 몸에 관심을 갖는 것은 자연스러운 일입니다. 특히 사춘기 자녀를 둔 부모라면 누구나 한 번쯤은 '우리 아이가 또래보다 늦는 것 같은데 괜찮을까?' 하는 걱정을 하게 됩니다.

하지만 사춘기와 관련된 변화는 '언제 시작되느냐'보다 '얼마나 안정적으로 진행되느냐'가 더 중요합니다. 또래보다 음모가 늦게 나고, 성기 크기가 작아 보여도 대부분은 정상적인 성장 속도 안에서의 개인차일 뿐입니다. 아이마다 고유한 성장 리듬이 있으며, 이를 이해하고 존중하는 것이 건강한 성교육의 첫걸음입니다.

남자아이 사춘기의 시작은 언제일까?

남자아이의 사춘기는 대개 만 9세 이후부터 시작해 14세 전후까지 다양하게 나타납니다. 개인차가 큰 만큼 정상 범위도 넓습니다. 성기 발달, 음모 발생, 고환의 크기 변화, 키 성장 등이 서서히 나타나는데, 그 순서나 속도는 아이마다 현저한 차이를 보일 수 있습니다.

특히 남자아이의 경우 성호르몬의 활성화가 느리게 시작되었다가 갑자기 빨라지는 경우가 많습니다. 호르몬이 활성화되면 비교적 짧은 기간에 폭발적인 변화를 경험하기도 합니다.

키 성장과 성기 발달은 꼭 함께 일어나지 않습니다

부모들이 자주 하는 오해 중 하나는 '키가 자라면 생식기도 함께 자란다'라는 생각입니다. 하지만 실제로는 키 성장과 성기의 변화가 시간차를 두고 진행되는 경우가 많습니다.

어떤 아이는 키가 먼저 자란 뒤에 사춘기 변화가 뒤따르고, 어떤 아이는 성호르몬 변화가 먼저 나타나며 음모나 변성기, 몽정을 먼저 경험하기도 합니다. 다시 말해, 키가 작고 음모가 없다고 해서 사춘기가 늦거나 문제가 있다는 뜻은 아닙니다. 아이의 몸은 자기만의 속도로 변화를 시작합니다.

사춘기 발달의 기준, 태너(Tanner)의 5단계

사춘기 진행을 이해하는 데 유용한 기준으로 '태너 발달 단계'가 있습니다.

이는 의료 전문가들이 아이의 사춘기 진행 정도를 파악할 때 사용하는 지표로, 신체 변화를 5단계로 나눠 설명합니다.

1단계: 고환과 음경에 변화가 없고, 음모도 나타나지 않음

2단계: 고환이 커지고 음낭 색이 짙어지며, 약간의 음모가 생김

3단계: 고환과 음경이 눈에 띄게 자라기 시작하고, 음모도 증가

4단계: 성기와 음모가 성인 형태에 가까워짐

5단계: 성기와 음모가 성인의 모습과 유사하게 완성됨

이 단계는 아이가 건강하게 성장하고 있는지를 확인하는 참고 지표일 뿐, 모든 아이가 동일한 속도로 이 단계를 거치는 것은 아닙니다. 또한 이 기준은 의료 전문가가 진료실에서 사용하는 도구이므로, 부모는 아이와 직접적인 성기 비교나 관찰을 피하고 참고용으로만 이해하는 것이 바람직합니다. 중요한 것은 또래와의 비교가 아니라, 아이의 정서적·심리적 변화와 함께 이 단계를 바라보는 부모의 시선입니다.

성장판 검사, 꼭 해야 할까?

성장이 너무 빠르거나 느릴 때, 또래 평균과 차이가 뚜렷할 경우 성장판 검사를 고려해볼 수 있습니다. 다음과 같은 경우라면 전문의 상담과 함께 검사를 권할 수 있습니다.

- 또래에 비해 현저하게 키가 작거나 클 때

- 사춘기 징후가 또래보다 일찍 또는 늦게 나타날 때
- 생리나 몽정, 변성기 등이 예상보다 너무 빠르거나 늦을 때
- 성장 속도가 일정하지 않고 갑자기 멈춘 것처럼 보일 때
- 유전적으로 예상되는 키에 비해 현저히 작을 때

성장판 검사는 주로 손목 엑스레이를 통해 뼈 나이를 측정하며, 성장판의 상태와 앞으로의 성장 가능성을 평가합니다. 단, 너무 이른 나이에 검사받으면 결과가 불확실할 수 있으므로, 결과만으로 조급하게 판단하거나 과도한 기대를 하는 것은 피해야 합니다. 검사 결과는 아이를 판단하는 기준이 아니라, 성장 과정을 이해하는 도구로 활용해야 합니다.

'사춘기 지연 여부'를 확인해야 할 때

대부분은 아이만의 성장 리듬일 뿐이지만, 만 14세가 지나도 사춘기 시작의 징후가 전혀 나타나지 않거나 고환 크기나 음경에 변화가 없고 키 성장이 멈추면 소아 내분비 전문의의 진료를 통해 '사춘기 지연' 여부를 확인해보는 것이 좋습니다.

또한 아이가 자기 몸에 대해 과도한 스트레스를 받거나 위축된 행동을 보인다면, 성장 상태와 관계없이 전문가의 도움을 받는 것이 바람직합니다.

사춘기는 정해진 시간표가 없습니다

아이가 또래보다 성장이 늦어 보이면 부모는 조바심이 생길 수 있습니다.

하지만 사춘기는 정해진 시간표가 있는 것이 아니라, 각자의 고유한 시간표를 가지고 진행됩니다.

불안한 마음에 아이의 몸을 자주 살피거나, "왜 너만 안 커?" 같은 비교하는 말을 던지면 아이 스스로 자기 몸을 부정적으로 인식하게 될 수 있습니다. 대신 아이의 속도를 존중하며, "몸은 각자 자라는 시간이 있어. 너는 너의 속도로 충분히 잘 자라고 있어"라는 메시지를 주세요.

부모의 안정적인 태도와 믿음이 아이에게는 가장 큰 성장 동력이 됩니다. 아이의 몸이 보내는 신호를 존중하고, 비교가 아닌 이해로 지켜봐주세요. 그것이 바로 우리 아이가 건강한 자존감을 가지고 자라도록 돕는 가장 좋은 방법입니다.

아이의 사춘기는 정해진 시간표가 아니라, 자신만의 속도로 진행되는 건강한 성장 여정입니다.

아들의 몽정,
어떻게 준비하고 지도해야 할까요?

Q 며칠 전, 초등학교 4학년 아들이 "자고 일어났는데 팬티에 끈적한 게 묻어 있어서 놀라서 울었어"라며 할머니 집에서 있었던 일을 털어놓았습니다. 열 살에도 몽정이 가능한 건가요? 아이에게 어떻게 설명해줘야 할지 막막합니다. 성교육도 시작해야 할 것 같은데, 어디서부터 어떻게 접근하면 좋을까요?

A 아이마다 성장 속도는 다릅니다. 어떤 아이는 빠르게, 어떤 아이는 천천히 자라죠. 하지만 한 가지는 같습니다. 미리 알고 준비하면 당황하지 않는다는 것입니다. 아무런 설명 없이 몸의 변화를 맞이한 아이는 놀라고 불안해할 수 있습니다. 특히 또래보다 이른 시기에 변화가 찾아온다면 더욱 그렇습니다. 반대로 "이런 일이 일어날 수 있어"라고 미리 들은 아이는 그 변화를 자연스럽게 받아들입니다. 이것이 성교육이 필요한 이유입니다.

몽정, 성장이 보내는 자연스러운 신호

몽정은 수면 중 무의식적으로 정액이 배출되는 현상으로, 사춘기 남성이 성적으로 성숙해졌다는 자연스러운 신호입니다. 성적인 꿈을 꾸는 동안 발생하기도 하지만, 반드시 꿈을 꾸지 않아도 나타날 수 있습니다.

몽정은 고환의 성장과 정액 생산 능력이 활성화된 이후에 나타납니다. 의학적으로 고환의 길이가 2.5cm 이상이 되면 사춘기가 시작된 것으로 봅니다. 고환이 커지면서 테스토스테론이 분비되고, 이에 따라 정자와 정액 생성이 가능해지는 단계에 도달하면 몽정이 나타날 수 있습니다.

몽정 시작 시기는 개인차가 큽니다

일반적으로 만 11세에서 15세 사이에 처음 경험하지만, 개인차가 큽니다. 10세의 경우도 충분히 가능한 시기이며, 이는 정상적인 발달 과정의 범위 안에 있습니다.

몽정 없이 자위를 통해 처음 사정을 경험하는 아이들도 있습니다. 몽정은 신체가 건강하게 성장하고 있다는 자연스러운 증거이며, 빈도도 사람마다 다릅니다. 많다고 이상하거나, 적다고 문제가 되는 것은 아닙니다.

당황한 아이를 위한 부모의 지원

솔직하고 따뜻하게, 올바른 성 대화

아이가 2차 성징을 이해하고 당황하지 않도록 사춘기 변화에 대한 정보를 정확하고 차분하게 설명해주세요.

"우리 아들이 이제 어른이 되어가고 있구나. 이런 변화는 모든 남자아이가 겪는 자연스러운 과정이야."

"남자아이는 사춘기가 되면 고환에서 정액이라는 액체를 만들게 돼. 자는 동안 저절로 몸 밖으로 나오기도 하는데, 이걸 몽정이라고 해."

"네 몸이 건강하게 잘 자라고 있다는 증거야."

이런 설명은 아이의 불안을 줄이고, 성에 대한 긍정적인 인식을 심어줍니다.

개방적인 대화 분위기 만들기

아이가 궁금한 것을 부끄러워하지 않고 편하게 물어볼 수 있는 분위기를 만들어 주세요. 성을 부정적으로 느끼지 않도록 따뜻하고 건강한 정서를 제공하며, 부모가 먼저 대화의 문을 여는 태도가 중요합니다.

특히 남자아이의 경우 아빠와의 대화가 도움이 되지만, 어머니도 충분히 교육할 수 있습니다. 중요한 것은 자연스럽고 따뜻한 태도입니다.

공감과 정서적 지지

몽정이나 기타 신체 변화로 인해 당황하거나 부끄러워할 때는 "그럴 수 있어. 네가 건강하게 잘 자라고 있다는 증거야. 괜찮아"라고 말해주세요. 아이의 감정에 공감하고 안정감을 주는 태도가 필요합니다.

비교 대신 존중: 아이만의 성장 속도

2차 성징의 시작 시기나 변화 속도는 아이마다 큰 차이가 있습니다. 다른 아이들과 비교하거나 조급해하지 않아도 된다는 점을 미리 알려주세요.

"우리 아들만의 속도가 있는 거야. 빠르거나 늦다고 문제가 되는 것은 아니야. 각자 다르게 성장하는 게 당연하단다."

이런 메시지는 아이가 자신의 변화를 자연스럽게 받아들이는 데 도움이 됩니다.

건강한 성적 호기심 지도하기

사정을 할 수 있는 시기가 되면 자위에 대한 올바른 교육도 필요합니다. 자위는 자연스러운 현상이지만, 건강한 방식으로 하는 것이 중요합니다. 특히 음란물과 결합한 자위는 지나친 자극을 불러올 수 있어 조절이 어려워지고, 성 기능에도 영향을 줄 수 있습니다.

자기 몸과 감각에 집중하며, 음란물 없이 자위하는 것이 바람직하다는 점을 알려주세요. 이는 건강한 성생활을 위한 중요한 교육입니다.

불편한 일이 아니라, 건강한 성장의 신호입니다

남자아이의 몽정은 성장 발달의 자연스러운 증거입니다. 부모는 이러한 변화를 예상하고 아이에게 정확한 정보를 제공하며, 당황하지 않도록 정서적 지원을 해주어야 합니다. 몽정이나 기타 2차 성징은 부끄러워할 일이 아니라 성장의 신호라는 점을 강조하고, 개방적이고 따뜻한 대화 분위기를 만들어 아이가 궁금한 것을 편하게 물어볼 수 있도록 해야 합니다.

무엇보다 아이마다 다른 발달 속도를 존중하고, 다른 아이들과 비교하지 않는 것이 중요합니다. 꾸준한 관심과 대화를 통해 아이가 건강한 성 의식을 키워갈 수 있도록 도와주세요. 그렇게 할 때 아이는 당황하지 않고 자신을 이해하며, 성을 긍정적이고 자연스럽게 받아들일 수 있게 됩니다.

몽정은 아이가 건강하게 성장하고 있다는 자연스러운 신호이며, 부모의 따뜻한 설명
과 지지가 가장 좋은 성교육입니다.

아들의 첫 몽정을
축하해주고 싶어요

Q 아들이 처음으로 몽정을 경험했습니다. 낯설고 당황스러웠을 텐데, 저는 오히려 기특하고 뭉클한 마음이 들더라고요. 아이가 이 경험을 부끄럽게 여기지 않도록 작게 '몽정 파티'를 해주고 싶은데, 어떻게 하면 자연스럽고 의미 있는 시간이 될 수 있을까요?

A 성에 대한 이해가 아직 충분히 자리 잡지 않은 시기에 정액이 배출되는 경험은 당황스럽고 혼란스러울 수 있습니다. 그러나 이는 몸이 생식 기능을 준비하는 건강한 과정입니다.

이 시기 부모의 태도는 아이가 자신의 변화를 어떻게 받아들이는지에 큰 영향을 줍니다. 부모가 놀라거나 불편해하기보다, 자연스러운 성장 과정임을 인정하고 이해하는 태도를 보일 때, 아이는 자기 몸을 긍정적으로 바라볼 수 있습니다. 반대로 부정적이거나 당황스러운 반응은 아이로 하여금 변화 자체를 숨기거나 수치심으로 기억하게 만들 수 있습니다.

파티보다 '우리만의 작은 약속'이 더 효과적이에요

'몽정 파티'라는 표현은 부모의 축하하고 싶은 마음을 담고 있지만, 실제로 사춘기 남자아이들은 다음과 같은 이유로 부담을 느낄 수 있습니다:

부끄러움: 몽정을 개인적이고 은밀한 경험으로 인식하기 때문에 공개적인 축하를 불편해합니다.

사생활 침해: 사춘기에는 개인의 영역을 지키고자 하는 욕구가 강해지며, 몽정 경험을 드러내는 것이 사생활 침해로 느껴질 수 있습니다.

취약성 노출: 신체 변화가 자신의 통제 밖에서 일어났다는 점에서 미숙함이나 약점을 드러내는 것처럼 느껴질 수 있습니다.

놀림에 대한 불안: 파티라는 형식이 어색하고, 가족이나 친구에게 놀림을 받을까 봐 걱정합니다.

따라서 축하의 방식은 더 조용하고 은밀한 '약속'이나 '개인적인 선물'의 형태가 효과적입니다. 예를 들어, 평소 아이가 갖고 싶어 했던 작은 선물을 미리 준비해두고, "몽정을 하게 되면 이 선물을 줄게. 네 몸이 자란 걸 기념하고 싶어서야"라고 아이와만 공유되는 비밀스러운 약속을 만들어보세요. 이렇게 축하의 방식을 파티에서 개인적인 '선물'로 바꾸면, 아이는 몽정을 부끄러움이 아닌 '자신이 건강하게 자랐다는 신호'로 인식하게 됩니다. 성장을 당황으로 맞이하기보다는, '나도 이제 자라고 있구나'라는 자긍심과 기대감을 갖게 되지요. 이런 방식은 아이에게 몽정이 축하받을 만한 가치가 있다는 메시지를 전달하면서도, 부담 없이 받아들일 수 있는 정서적 안전감을 제공합니다.

축하와 함께 '몸 관리법'도 알려주세요

축하와 함께 아이에게 실제로 필요한 정보도 자연스럽게 전달해야 합니다. 이 시기는 단순한 축하를 넘어, 몸이 자란 만큼 자신을 돌보는 책임감을 함께 배우는 시기입니다. 몽정을 처음 경험한 아이라면 아직 자기 몸이 어떤 구조로 작동하는지, 어떻게 관리해야 하는지 잘 모를 수 있습니다. 몽정 후 속옷과 침구를 어떻게 처리해야 하는지, 언제 샤워하면 좋은지, 자위에 대한 궁금증이 생겼을 때 어떻게 다룰 수 있는지, 개인 위생을 어떻게 관리해야 하는지 등 성적 자기 돌봄에 대한 실용적인 지식이 필요합니다.

설명보다 먼저 필요한 것은 부모의 따뜻한 태도와 열린 분위기입니다. 몽정이나 사정, 자위는 '하면 안 되는 일'이 아니라, 몸이 스스로 성장하고 있다는 자연스러운 신호임을 알려주세요. 그리고 자기 몸을 잘 다루는 연습이 어른이 되어가는 과정의 일부라는 점을 함께 이야기해주세요. "몸이 건강하게 자라고 있구나", "이제 어른이 되어가는 첫걸음을 뗐네" 같은 말은 아이가 자기 몸을 긍정적으로 받아들이는 데 큰 도움이 됩니다.

아이 처지에서 생각하는 '진짜 축하법'

몽정을 경험한 아들을 축하하고 싶은 부모의 마음은 매우 자연스럽고 소중합니다. 이는 아이의 성장을 기뻐하고 성에 대한 건강한 태도를 심어주고자 하는 좋은 의도에서 출발합니다. 하지만 축하의 형태는 아이의 입장을 충분히 고려하여 신중하게 선택해야 합니다.

· 큰 파티보다는 조용한 약속

· 공개적인 축하보다는 은밀한 인정

· 일회성 이벤트보다는 지속적인 수용의 태도

몽정은 단지 생리적 현상이 아닙니다. 아이에게는 자기 몸을 처음으로 낯설게 마주하게 되는 '성적 정체감의 첫 경험'이자, '자기 몸을 어떻게 바라봐야 하는가'를 배우는 순간입니다. 이 시기 부모의 반응이 아이의 성 정체성 형성과 자기 몸에 대한 태도에 큰 영향을 미칩니다. 아이가 자기 몸을 수용하고 돌볼 수 있도록 조용한 약속, 따뜻한 인정, 그리고 실용적인 정보가 함께 주어질 때 몽정은 자기 몸을 이해하고 책임지는 출발점이 될 수 있습니다.

Tip

아들을 위한 '첫 몽정 축하 편지' 예시

사랑하는 ○○야,
오늘은 네 몸이 "이제 어른이 될 준비가 시작됐어요"라고 알려준 특별한 날이야. 아마 조금 당황스럽거나 신기하게 느껴질 수도 있지만, 이건 네 몸이 건강하게 잘 자라고 있다는 신호란다. 앞으로 네 몸과 마음이 점점 더 자라면서 새로운 경험을 하게 될 거야. 어떤 때는 혼란스럽고, 어떤 때는 부끄럽게 느껴질 수도 있어. 하지만 꼭 기억해줘. 그건 아주 자연스럽고 멋진 성장의 과정이라는 걸.
엄마 아빠는 언제나 네 곁에 있어. 궁금한 것이 있거나 힘들 때는 언제든 이야기해도 돼. 우리 함께 네 몸과 마음을 잘 돌보는 방법을 알아가자. 축하해.

사랑을 담아, 엄마 아빠가

아들의 첫 몽정은, 조용한 축하와 따뜻한 정보가 함께할 때 가장 의미 있는 성장의 순간이 됩니다.

아들이 발기를 숨기지 않아서 당황스러워요

Q 아침에 아들을 깨우러 가면 잠옷 위로 불쑥 올라온 발기된 성기가 눈에 들어올 때가 있습니다. 아이는 민망해하지 않고 오히려 신기하다는 듯 이것저것 묻고 설명까지 합니다. 어릴 적 기저귀를 갈며 봤던 익숙한 모습 같기도 한데, 이제는 키도 훌쩍 크고 음경도 제법 자란 아이라 그런 이야기를 아무렇지 않게 꺼내는 모습이 당황스럽기도 합니다.

A 음경, 발기처럼 성과 관련된 단어는 평소 대화에서 꺼내기에 조심스럽고 불편하게 느껴지기 쉽습니다. 하지만 아이의 성장을 건강하게 돕는 것도 부모의 몫입니다. 이럴 때 아이에게 적절한 도움을 주려면 부모가 먼저 정확히 알고 마음을 정리해야 합니다. 내용 자체보다 부모가 전달하는 태도가 담담하고 불편하지 않을 때, 아이도 자연스럽게 받아들일 수 있습니다.

발기는 '정상', 몸이 건강하다는 증거예요

발기는 지극히 정상적이고 자연스러운 신체 반응입니다. 특히 아침에 일어났을 때 나타나는 '조조 발기(아침 발기)'는 성적 흥분과는 무관하게 일어나는 현상으로, 남성이라면 누구나 경험합니다. 남자아이들은 사실 태아 시기부터 발기를 경험하며, 신생아와 영유아 시기에도 자주 나타납니다. 부모들도 기저귀를 갈다가 이런 모습을 본 적이 있을 것입니다.

사춘기에 접어들면서 발기는 더 자주, 더 뚜렷하게 나타나며, 이는 남성 호르몬인 테스토스테론의 분비가 증가하면서 나타나는 정상적인 신체 변화입니다. 뇌에서 음경까지의 신경회로와 혈관, 심장 등이 건강하게 작동하고 있다는 신호로, 발기가 잘 된다는 것은 신체 건강의 긍정적인 지표로 해석될 수 있습니다.

당황하지 말고 태연하게, 이렇게 반응해보세요

가장 중요한 것은 부모가 평온하고 자연스러운 모습으로 대하는 것입니다. "아, 아침에 일어나면 그럴 수 있지. 남자들은 다 그래" 정도의 담담한 반응이면 충분합니다. 과도하게 반응하거나 회피하는 태도는 아이에게 혼란을 줄 수 있습니다. 만약 실제로 당황스럽다면, 그 순간 완벽한 반응을 하려고 애쓰지 않아도 됩니다. "엄마도 잘 모르는 부분이 있어서 좀 더 알아보고 이야기해줄게"라고 솔직하게 말하는 것도 괜찮습니다. 중요한 것은 아이의 질문과 호기심을 부정하거나 차단하지 않는 것입니다.

아이가 질문을 한다면, 나이에 맞는 수준에서 정확한 정보를 제공해주세요.

"아침에 일어나면 발기가 되는 건 아주 자연스러운 일이야. 너의 몸이 건강하게 성장하고 있다는 신호지. 사춘기가 되면 남성 호르몬이 많이 나오면서 이런 일이 자주 일어나게 돼."

만약 아이가 스스로 부끄러워한다면 "괜찮아. 남자들은 다 그래. 몸이 자라면서 생기는 자연스러운 변화니까 부끄러워할 필요 없어. 시간이 지나면 네가 더 잘 조절할 수 있게 될 거야"라고 말해주세요.

프라이버시와 경계도 함께 알려주세요

아이가 자신의 신체 변화에 대해 편하게 이야기하는 것은 좋지만, 동시에 프라이버시(사생활)와 적절한 경계선을 배워야 합니다. 나이에 맞는 사회적 경계와 프라이버시의 개념을 알려주세요.

"네 몸에서 일어나는 변화에 대해 엄마한테 물어보는 건 좋은데, 이제 너도 점점 크니까 집에서도 옷을 입고 다니고, 방문은 닫고 지냈으면 좋겠어."

동성 부모의 역할: 아빠가 함께하면 더 좋아요

가능하다면 아빠가 이러한 대화에 참여하는 것이 큰 도움이 됩니다. 동성 부모로서 아빠는 자신의 경험을 공유하며 아들이 겪고 있는 변화를 더 구체적으로 이해시켜줄 수 있습니다. "아빠도 네 나이 때 똑같았어. 처음엔 신기하고 당황스럽기도 했는데, 다 자연스러운 거더라. 궁금한 거 있으면 물어봐"라는 식의 대화는 아이에게 큰 안정감을 줍니다. 만약 아빠가 대화에 참여하기 어려운 가정 환경이라면, 믿을 만한 남성 어른(삼촌, 할아버지, 선생님

등)이나 전문 상담가의 도움을 받는 것도 고려해볼 수 있습니다.

발기를 건강한 소통의 기회로 바꾸세요

아이가 자신의 신체 변화에 대해 부모에게 편하게 이야기할 수 있다는 것은 가정 내에 건강한 소통 문화가 만들어져 있다는 증거입니다. 많은 아이가 사춘기의 신체 변화에 대해 부끄러워하거나 숨기려고 하고, 부모와 대화하기를 꺼립니다.

그런데 아이가 자기 몸에서 일어나는 변화에 대해 궁금해하고, 부모에게 질문한다는 것은 아이가 성에 대해 건강한 태도를 가지고 있으며, 부모를 믿을 수 있는 어른으로 여긴다는 뜻입니다. 이런 관계는 앞으로 청소년기를 거치며 겪게 될 더 복잡하고 민감한 성 관련 문제들을 함께 이야기하고 해결해 나갈 수 있는 든든한 토대가 될 것입니다.

유아가 "고추가 커졌어"라고 말할 때
"응 그럴 수 있어! 커졌다 작아졌다 할 거야. 다른 생각을 하면 작아질 거야! 커졌을 때 화장실 가고 싶으면 가도 돼."
계속 말하면: "원래 그래. 괜찮은 거야. 이상한 거 아니니까 자꾸 말해주거나 보여줄 필요는 없어."

딸이 남자의 발기에 대해 질문할 때
"남자는 음경이 발기할 때가 있어. 아침에 일어나거나 그냥 이유 없이도 그럴 수 있어. 성적인 이유일 수도 있지만, 보통은 몸이 건강하게 반응하는 거야. 친구가 다른 사람 앞에서 발기된 모습을 보이더라도 당황하지 마. 그럴 땐 자연스럽게 시선을 돌려주는 게 서로에게 편한 방법이야. 누구나 겪을 수 있는 일이니까. 아직 몸이 자라는 중이라 익숙하지 않아서 그래."

공적인 장소에서 발기가 일어났을 때 아들을 위한 팁
겉옷을 허리에 묶어서 가리기: 가장 빠르고 쉬운 방법
잠시 마음을 진정시키는 시간 갖기: 자리를 피하거나 시선을 돌려 마음을 가라앉히기
다른 생각으로 주의를 돌리기: 좋아하는 게임, 저녁 메뉴, 재미있었던 일 등 전혀 다른 주제로 생각 전환하기

아들이 발기에 대해 이야기할 때, 부모의 태연한 반응이 아이의 성장을 긍정적으로 이끕니다.

아들이 음모를 자랑할 때 어떻게 반응해야 할까요?

Q 한 살 터울 형제를 키우고 있습니다. 중학교 1학년 큰아들은 사춘기가 조금 늦은 듯하고, 초등학교 6학년 작은아들은 빠른 것 같지만 둘 다 사춘기 변화가 보입니다. 방에서 나는 체취, 입가의 수염 등 남자로 자라는 모습이 느껴집니다. 그런데 작은아들이 "엄마, 나 고추에 털이 났어! 하나, 둘, 셋, 열 개야!"라며 보여주고, 큰아들도 바지를 내리며 음모를 아무렇지 않게 보여줍니다. 아이들은 스스럼없지만, 자매들끼리 자란 저로서는 민망하고 부끄럽습니다. 같이 털을 세는 게 쿨한 엄마일까요?

A 아들이 사춘기 변화를 엄마에게 거리낌 없이 보여줄 때, 특히 자매들끼리 자란 엄마라면 당황스럽고 민망할 수 있습니다. 하지만 아이들이 자신의 변화를 자연스럽게 공유하는 것은 부모와의 신뢰가 깊다는 증거입니다. 이 시기는 아이가 신체 변화를 이해하고, 건강한 자아상을 만들며, 가족 내 경계를 배우는 중요한 때입니다.

남자아이, 2차 성징의 신호들

남자아이들의 2차 성징은 가장 먼저 고환의 크기가 커지는 것으로 시작됩니다. 이는 부모가 쉽게 알아차리기 어려울 수 있습니다. 고환이 커지면서 음낭의 주름이 많아지고 색깔도 짙어지며, 음경 또한 굵고 길어집니다. 이와 동시에 성기 주변에 음모가 자라나기 시작하여 허벅지 쪽으로 확장되기도 합니다. 음모는 머리카락과는 달리 굵고 곱슬곱슬한 특징이 있으며, 남성 호르몬의 영향으로 겨드랑이에도 털이 나기 시작합니다.

초등학교 6학년과 중학교 1학년은 모두 정상적인 사춘기 발달 범위에 포함됩니다. 음모는 아이들 본인이 쉽게 알아차릴 수 있는, 사춘기의 시작을 알리는 뚜렷한 신호입니다. 키와 근육의 발달도 본격적인 사춘기의 신호이므로 변화를 이해하고 적절히 대처할 수 있도록 안내해야 합니다.

쿨함보다 '존중'으로 반응하세요

아이의 신체 변화를 자연스럽게 받아들이며 긍정적인 대화를 유도하세요. 아이가 음모를 보여주는 행동에 대해 불편함을 느낀다면, 억지로 쿨한 척할 필요는 없습니다. 이는 엄마가 건강한 경계선을 설정하고 소통하는 법을 아이에게 가르치기 좋은 기회이기도 합니다.

담담한 반응: "오, 그렇구나! 몸이 잘 자라고 있네."

궁금증 유도: "털이 났다고? 신기하지? 사춘기라 몸이 이렇게 변하는 거야. 기분이 어때?"

격려와 교육: "멋지게 자라고 있구나! 이제 몸이 어른처럼 변하는데, 궁금한 거 있으면 언제든 엄마한테 물어봐."

사랑으로 세우는 가족의 경계

아들이 사춘기를 맞아 변화하고 성장하는 모습은 정말 기특하고 흐뭇합니다. 그러나 그 변화를 다른 가족에게 드러내거나 노출하는 행동은 가족 간의 경계를 넘는 것입니다.

가족이기 때문에 오히려 지켜야 할 선이 있다는 점을 분명히 하고, 청소년으로 성장하는 과정에서 서로의 신체와 사생활을 존중하는 태도를 배우는 것이 필요합니다. 그래야 가족 모두가 불편하지 않고 편안하게 지낼 수 있습니다. 아이가 변화를 신기해하며 보여주고 싶은 마음은 충분히 이해하지만, 엄마는 그런 행동이 불편하다는 점을 분명하게 알려주세요.

예를 들어 이렇게 말할 수 있습니다.

"엄마는 네가 건강하게 잘 자라고 있는 게 정말 기쁘고 자랑스러워. 그런데 이제 청소년이 된 만큼, 옷은 혼자 갈아입고, 가족이라도 몸의 중요한 부분을 아무렇지 않게 보여주는 건 그만해야 할 때가 된 것 같아. 가족 중 한 사람이라도 불편함을 느끼면 하지 않는 것이 서로를 사랑하고 존중하는 방법이란다."

그리고 이어서 "네가 불편한 점이 있으면 엄마에게도 언제든 솔직하게 말해주면 좋겠어. 그럴 때 엄마는 꼭 귀 기울여서 들어줄게"라는 메시지를 덧붙여 주세요. 이렇게 하면 아이가 존중받는다는 느낌을 받고, 상호 소통의 문이 열립니다.

새롭게 변하는 몸, 위생 습관도 함께 알려주세요

사춘기가 시작되면서 몸의 변화와 함께 개인 위생에 대한 관심과 관리가 더욱 중요해집니다. 호르몬의 변화로 피지 분비가 활발해지고 체취가 나기 시작하므로, 이 시기에는 올바른 위생 습관을 기르는 것이 필요합니다.

규칙적인 샤워, 속옷 갈아입기, 적절한 세안 등 기본적인 위생관리를 스스로 할 수 있도록 지도해주세요. 깨끗한 위생 습관은 친구 관계에서 자신감을 높이고, 자존감 향상에도 도움이 됩니다.

민망함 뒤에 숨은 성장의 기쁨

아이가 사춘기 변화를 미리 알고 준비하면 당황하지 않고 자연스럽게 받아들일 수 있습니다. 갑작스럽게 질문하더라도 성장과정을 설명하며 앞으로의 변화를 기대하도록 안내하세요. 가족 중 누군가 불편하다면 솔직히 말하고 존중하는 태도가 건강한 소통을 돕습니다.

털의 많고 적음은 남자다움과 아무런 관련이 없습니다. 이는 단지 개인마다 발달 속도가 다르기 때문에 나타나는 자연스러운 현상일 뿐이며, 누구에게나 일어나는 변화입니다. 이런 변화를 미리 배우고 즐거운 마음으로 기다리며 자연스럽게 받아들이면 충분합니다. 부모가 털에 대해 부정적이거나 차별적인 말을 하지 않고, 털이 많든 적든 상관하지 않는 태도를 보이면 아이들도 '겉모습이 아니라 어떤 사람인가가 더 중요하다'는 균형 잡힌 시각을 키우는 데 도움이 됩니다.

사춘기는 아이가 신체적·정서적으로 어른이 되어가는 시기입니다. 부모의 당황스러운 마음도 자연스럽지만, 아이의 변화를 긍정적으로 바라보며 적절한 경계와 교육을 통해 건강한 성장을 도와주세요.

아빠처럼 털이 많은 것이 남성적이라고 생각하는 아들이라면
"아빠가 네 나이 때는 더 적었던 것 같아. 시간이 흐르면 너도 털이 더 많이 날 거야. 그런데 털이 많고 적은 것과 상관없이 우리 아들이 마음이 훌륭한 멋진 남자로 자라면 좋겠어. 진짜 멋진 남자는 겉모습이 아니라 마음과 행동에서 결정된단다."

털이 적은 것이 깔끔한 남성이라고 생각하는 아들이라면
"털이 음경, 겨드랑이, 허벅지, 다리, 온몸에 다 날 텐데…. 그 수가 많든 적든 네가 깔끔하게 보이고 싶다면 네가 원하는 스타일로 면도할 수도 있고 제모할 수도 있지. 그러니 털을 자연스럽게 받아들이고, 네 방식대로 즐기면 돼. 파이팅!"

부모가 민망함을 넘어서 존중과 경계로 반응할 때 아이는 건강하게 성장합니다.

첫 생리를 두려워하는데 어떻게 도와줄 수 있을까요?

Q 아이가 냉이 나오고 있어서 곧 생리를 시작할 것 같은데, 너무 무섭다고 해요. 피가 나면 아픈 건 아닌지 겁을 내는데, 어떻게 말해줘야 아이가 안심하고 잘 준비할 수 있을까요? 평소에도 피를 보면 울고 겁이 많은 예민한 아이라, 생리가 시작되더라도 잘 관리할 수 있을지 걱정입니다.

A 생리는 신체에서 피가 배출되는 자연스러운 과정이지만, 처음 접하는 아이들에게 낯설고 두려울 수 있습니다. 특히 피를 무서워하거나 예민한 아이라면 더 크게 걱정할 수 있습니다. 피에 대한 두려움은 대개 상처나 통증과 연관된 경험에서 비롯됩니다. 하지만 생리는 상처가 아닌 건강한 성장의 신호라는 점을 아이가 이해하도록 돕는다면, 두려움을 줄이고 자신감을 키울 수 있습니다.

생리의 시작을 알리는 신호, '냉'

생리는 난소와 자궁이 충분히 성장했을 때 시작됩니다. 그 시기를 예측할 수 있는 가장 확실한 신호는 질 분비물인 냉입니다. 평소에는 깨끗했던 팬티에 투명하거나 누르스름한 냉이 묻어나기 시작하면 자궁이 준비 중이라는 뜻입니다.

냉이 나오기 시작하면 빠르게는 6개월에서 1년, 늦어도 2년 안에 생리를 시작합니다. 이때부터 화장실에 갈 때마다 팬티를 확인하는 습관을 들이면 좋습니다. 생리 직전에는 냉에 소량의 피가 섞여 갈색이나 검은색을 띨 수 있는데, 이는 자궁내막이 떨어져 나오면서 생기는 자연스러운 현상입니다. 팬티에 붉은 계열이나 흑갈색 분비물이 보이면 준비해둔 생리대를 사용하면 됩니다.

생리는 몸의 자연스러운 청소 시간이에요

생리는 난소에서 분비되는 여성호르몬에 의해 3~7일간 진행됩니다. 처음에는 적은 양으로 시작해 점점 많아졌다가 다시 줄어들며 끝납니다. 이는 개인차가 있지만 대체로 일정한 흐름을 가집니다.

우리 몸의 손톱, 머리카락, 피부도 자라고 떨어지기를 반복하며 건강을 유지합니다. 자궁도 마찬가지입니다. 자궁내막은 한 달 주기로 자라났다가 탈락하며 생리를 통해 몸 밖으로 배출됩니다. 이는 질병이나 상처가 아니라, 자궁이 건강하게 작동하고 있다는 증거입니다. 아이가 이 과정을 이해하면 생리에 대한 두려움은 자연스럽게 줄어듭니다.

"무서워"에 숨은 진짜 마음 들여다보기

아이들이 사용하는 '무섭다'라는 말 속에는 다양한 감정이 숨어 있을 수 있습니다. 싫다, 불편하다, 귀찮다, 걱정된다, 관심을 가져달라는 뜻일 수도 있습니다. 그러니 아이의 말을 있는 그대로 받아들이기보다, "그럴 수 있겠다", "그래서 그렇구나" 하며 고개를 끄덕이며 반응해주세요. 그러는 것만으로도 두려움이 많이 줄어들 수 있습니다.

또한 아이가 두려워하는 내용들에 대해 함께 고민하면서 해결할 수 있는 방법을 찾아보세요. 엄마 아빠가 최선을 다해 도와줄 것이라는 메시지를 전해주세요.

혼자서도 거뜬히! 생리 관리 자신감 키우기

처음 경험하는 일은 누구에게나 어렵게 느껴집니다. 생리 역시 마찬가지입니다. 하지만 직접 경험하고 연습하면서 익숙해지면 자신감을 느끼게 됩니다. 이러한 경험이 두려움을 이겨내는 가장 강력한 힘이 됩니다.

· 딸과 함께 마트에 가서 다양한 생리대를 구경하고 제품 설명서를 읽어보세요.
· 엄마가 사용하는 생리대를 보여주고 만져보게 하거나, 속옷에 직접 붙여 착용해보는 것도 좋습니다.
· 생리혈은 체온과 같은 온도입니다. 따뜻한 물을 생리대에 살짝 묻혀 착용해보면서 느낌을 나누어보세요.
· 냉이 묻어나기 시작하면 아이의 가방에 생리대 중형 1개, 소형 2개 정도를 넣은 예

쁜 파우치를 준비해주세요. 갑작스러운 상황에도 당황하지 않고 대처할 수 있습니다.

딸의 첫 생리, 가족이 함께 축하해요

생리를 두려워하는 아이에게는 생리가 정상적이고 건강한 과정이라는 점을 이해시키는 것이 중요합니다. 아이의 두려움을 충분히 들어주고 공감해주면서, 생리 관리에 대한 실습과 준비를 통해 잘 해낼 수 있다는 유능감을 기를 수 있도록 도와주세요.

물론 번거롭고 불편할 수도 있습니다. 하지만 손톱을 자르고 머리를 감듯, 생리대 교체나 속옷 관리도 자연스럽게 받아들이게 됩니다. 아이가 생리를 통해 여성으로 성장해가는 과정을 부모와 함께 긍정적으로 받아들일 수 있도록 따뜻하게 지지하고 축하해주세요.

딸의 첫 생리를 두려움이 아닌, 준비와 공감으로 맞이할 수 있게 도와주세요.

생리를 안 할 수는 없냐고
묻는 아이, 어떻게 대답해야 할까요?

Q 초등학교 4·5학년 연년생 딸을 키우고 있습니다. 저는 사춘기 시절 생리 때마다 긴장했고, 생리통도 심하게 겪었습니다. 그래서 아이들이 혹시 저처럼 힘들어하지 않을까 걱정했습니다. 그런데 어느 날 아침, 등교 준비를 하던 큰딸이 생리가 시작됐다며 짜증을 내며, "생리는 언제 끝나? 안 할 수는 없어?"라고 물었습니다. 저는 너무 당황해서 제대로 답하지 못한 채 아이를 학교에 보내고 말았습니다.

A 생리를 편하게 할 수 없었던 어린 시절의 기억이 무의식적으로 아이에게 전달되기도 합니다. 평소 생리 중 짜증을 내거나 불편해하는 모습을 아이가 보고 느꼈을 수도 있지요. 먼저 엄마 자신에게 생리란 어떤 경험이었는지 돌아보며, 그 시절의 나를 축하하고 위로해주세요. 생리를 했기에 예쁜 딸들을 얻을 수 있었음을 떠올리며 감사하는 마음을 가져보는 것도 좋습니다. 엄마의 긍정적인 태도가 바탕이 될 때, 어떤 성교육 이야기도 아이에게 따뜻하게 전달될 수 있습니다.

"싫어도 괜찮아", 딸의 솔직한 감정을 받아주세요

사람마다 생리에 대한 생각은 다를 수 있습니다. 누군가는 반기고, 누군가는 불편하고 귀찮게 느낍니다. 아이가 "생리 안 할 수는 없어?"라고 말한다고 해서 그 생각이 틀린 것은 아닙니다. 오히려 그 말속에는 불편함, 걱정, 관심을 바라는 마음이 숨어 있을 수 있습니다.

엄마도 생리가 귀찮거나 하고 싶은 일을 방해받는다고 느낀 적이 있었을 것입니다. 그런 경험을 솔직하게 나누며, "엄마도 그런 생각해본 적 있어"라고 말해주세요. 아이의 부정적인 반응을 억지로 바꾸려 하기보다, 있는 그대로 받아들이고 들어주는 것이 먼저입니다. 그저 들어주는 것만으로도 아이는 엄마를 편안한 대화 상대이자 공감해주는 존재로 인식하게 됩니다. 이는 생리뿐 아니라 앞으로의 성 관련 대화에도 긍정적인 영향을 줍니다.

생리는 여성 건강의 중요한 지표예요

우리 몸에는 주기적으로 성장하고 탈락하는 과정을 겪는 곳이 많습니다. 피부, 손톱, 머리카락처럼 생리도 자궁내막이 한 달 주기로 자라났다가 떨어지며 새로운 세포로 교체되는 건강한 순환 과정입니다.

생리를 하기 위해서는 난소가 여성호르몬의 균형을 잘 맞춰야 하고, 이를 자극하는 뇌의 뇌하수체도 건강해야 합니다. 뇌, 난소, 자궁은 서로 유기적으로 연결되어 있어 생리 주기를 통해 이 기관들의 건강 상태를 유추할 수 있습니다. 생리는 단순한 불편함이 아니라, 여성 건강을 보여주는 중요한 신호라는 점을 아이에게 알려주세요.

불편함은 함께 해결할 수 있어요

생리의 의미를 이해시키는 것도 중요하지만, 아이가 실제로 느끼는 불편함을 줄여주는 것이 더 실질적인 도움이 됩니다.

생리대 점검: "지금 쓰는 생리대가 편해? 혹시 너무 두껍거나 움직일 때 불편하지 않아?"

→ 아이에게 맞는 제품을 함께 찾아보세요. 요즘은 얇고 부드러운 청소년용 생리대도 다양하게 나와 있습니다.

생리통 대처법: "너무 아프면 참지 말고 엄마한테 말해. 병원에 가서 상담받을 수도 있어."

→ 따뜻한 물주머니나 핫팩, 가벼운 스트레칭, 충분한 휴식이 도움이 됩니다.

학교생활 팁: "학교에서 생리대 갈 때 불편한 점 있어?"

→ 작은 파우치에 생리대를 넣어 눈에 띄지 않게 휴대하기, 수업 전 미리 화장실 다녀오기, 검은색 속옷이나 레깅스 착용 등 실용적인 방법을 알려주세요.

생리 주기 기록 습관: "생리가 언제 시작될지 대충 알면 덜 당황할 수 있어. 우리 같이 달력에 표시해 볼까?"

→ 달력이나 앱에 생리 시작일을 표시하면 다음 생리를 예측할 수 있어 미리 준비할 수 있습니다.

생리와 함께 성장하는 딸을 응원하며

생리는 여성의 몸이 성장하는 과정에서 맞이하는 자연스러운 일이지만, 그에 대한 느낌은 사람마다 다를 수 있습니다. 긍정적이든 부정적이든, 아이가 편안하게 표현할 수 있도록 돕는 것이 중요합니다. 생리는 여성 건강을 보여주는 지표이자 생명을 만드는 귀한 기능을 담당합니다.

생리로 인해 느끼는 불편감에 귀 기울이고 구체적으로 도울 방법을 찾아 실천할 수 있다면, 조금씩 익숙해지고 몸도 마음도 편안해질 것입니다. 학교에서 돌아온 아이와 편한 시간에 다시 대화를 시도해보세요.

"아침에 네가 생리 안 할 수 없냐고 물었을 때 엄마가 제대로 대답을 못 해줬네. 미안해. 지금이라도 같이 이야기해볼까?"

생리는 앞으로 수십 년간 아이와 함께할 것입니다. 처음에는 낯설고 불편하겠지만, 시간이 지나면서 아이는 자기 몸과 생리 리듬을 이해하고 적응해나갈 것입니다. 그 과정에서 부모의 역할은 아이의 불편함을 인정하고 공감하면서도, 생리를 긍정적으로 받아들이고 잘 관리할 수 있도록 지속적으로 지원하는 것입니다.

딸의 불편한 감정을 받아들이고 함께 해결책을 찾아갈 때, 아이는 생리와 자기 몸을 긍정적으로 이해하게 됩니다.

생리 시작하면 키가 안 큰다는데, 정말 그런가요?

Q 며칠 전, 딸아이가 거울 앞에 서서 키를 재며 한숨을 쉬더니 말했습니다. "엄마, 생리 시작하면 키 안 큰다며? 나 이제 안 크는 거야?" 저도 키가 작아 딸만큼은 컸으면 하는 바람이 있었는데, 아이가 걱정하는 모습을 보니 마음이 쓰였습니다. 생리를 늦추면 키가 더 자랄까요?

A 키는 첫인상을 결정하는 중요한 요소 중 하나로, 사춘기 자녀와 부모 모두에게 큰 관심사입니다. 특히 부모의 키가 작을 경우 유전적인 요인에 대한 걱정이 더 커지기도 하지요. 요즘처럼 외모가 경쟁력으로 여겨지는 사회에서 부모는 아이가 조금이라도 더 크길 바라며 여러 방법을 시도합니다. 하지만 무작정 영양제나 고가의 치료에 의존하기보다, 키 성장과 사춘기의 관계를 올바로 이해하고 아이와 함께 여유 있게 접근하는 태도가 필요합니다.

사춘기와 성장호르몬의 관계

사춘기에 나타나는 2차 성징은 고환과 난소에서 분비되는 성호르몬으로 시작됩니다. 여아는 보통 만 8~10세 사이에 가슴이 발달하며 나타납니다. 성호르몬은 성장호르몬의 분비를 촉진해 일시적인 급속 성장, 즉 '키 폭발'을 일으킵니다. 이 시기를 잘 활용하는 것이 최종 키를 결정하는 데 매우 중요합니다.

생리를 시작하면 성장 속도는 느려집니다

성호르몬은 성장호르몬의 분비를 촉진해 급성장을 돕는 동시에, 성장판을 서서히 뼈로 굳게 만들어 성장을 멈추게 합니다. 성장판이 완전히 닫히면 키 성장이 끝납니다. 여아의 경우, 초경 후에도 평균 5~7cm 정도 더 자랄 수 있으며, 이 기간은 대략 2년 정도 지속됩니다. 생리를 시작했다고 해서 키 성장이 멈추는 것은 아니지만, 성장 속도가 느려지고 성장 가능한 시간이 제한된다는 점은 이해해야 합니다.

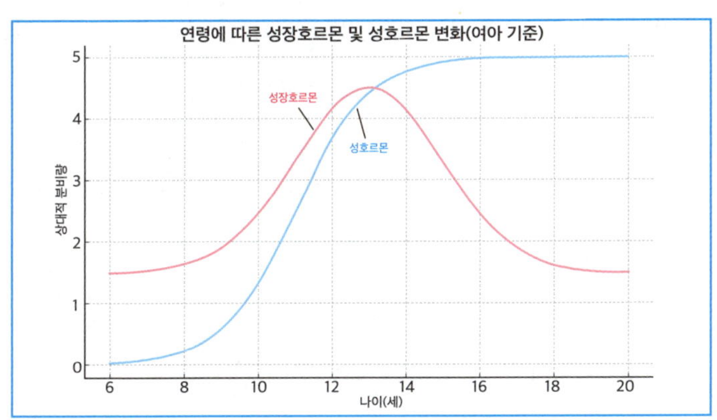

초경 전 2~3년, 키 성장의 골든타임

사춘기 급성장기에는 연평균 5~8cm씩 성장하므로 이 시기를 길게 가져가는 것이 중요합니다. 특히 지방세포는 여성호르몬과 유사한 화학구조를 가지고 있어서, 비만이면 생리를 더 빨리 시작할 수 있습니다. 적절한 체중 관리는 키 성장뿐 아니라 성조숙증 예방에도 도움이 됩니다.

평균보다 중요한 건 우리 아이의 성장 방식

우리 사회는 '평균'이라는 기준에 집착하는 경향이 있습니다. 키도 마찬가지여서, 자신의 키를 독특한 개성으로 생각하기보다는 평균에 맞춰야 한다는 부담을 느낍니다. 하지만 우리는 모두 다른 얼굴을 가지고 있듯이, 키 또한 각자의 고유한 특징입니다.

특히 주 양육자인 엄마가 스스로 작은 키에 콤플렉스를 가지거나 아이가 큰 키를 가져야 한다는 생각에 매달리면, 아이도 그 기준을 비판 없이 받아들이게 됩니다. 원하는 대로 이루어지면 괜찮지만, 그렇지 못할 경우 부모를 원망하거나 자신의 몸에 대한 태도가 손상될 수 있습니다. 평균이라는 기준에 목매지 않고, 자신을 있는 그대로 받아들이는 편안함을 배우도록 도와주세요.

예상 키를 계산하는 법

자녀의 예상 키는 다음과 같이 계산할 수 있습니다.

남자아이: (아빠 키 + 엄마 키 + 13cm) ÷ 2

여자아이: (아빠 키 + 엄마 키 – 13cm) ÷ 2

이 계산은 유전적 기반이지만, 그 위에 영양, 수면, 운동, 정서적 안정 등의 요소들이 실제 키에 큰 영향을 미칩니다. 같은 유전적 조건에서도 생활 습관에 따라 키 차이가 5~10cm 이상 벌어질 수 있다는 연구도 있습니다.

키 크는 황금시간, 밤 10시부터 새벽 2시까지

성장호르몬은 깊은 수면 단계인 서파수면에서 가장 많이 분비됩니다. 이 수면은 잠든 지 1~2시간 후에 나타나므로, 오후 10시부터 새벽 2시까지는 깊은 수면에 들 수 있도록 수면 시간을 조절하는 것이 중요합니다.

사춘기에 접어들면 수면을 조절하는 멜라토닌이 늦게 분비되기 때문에, 청소년은 점점 더 늦게 잠들려는 경향이 있습니다. 수면 습관을 조절하는 것도 키 성장 전략의 중요한 부분입니다.

키 성장을 돕는 생활 습관

영양: 단백질, 칼슘, 아연 등이 풍부한 균형 잡힌 식단을 섭취하게 해주세요. 특정 영양제에 의존하기보다 다양한 식품군을 통해 영양을 보충하는 것이 좋습니다.

운동: 성장판을 자극하는 점프 운동이 특히 효과적입니다. 농구, 배구, 줄넘기, 수영 등 즐겁게 꾸준히 할 수 있는 운동을 선택해주세요. 하루 30분 이상, 주 3회 이상 꾸준히 실천하는 것이 좋습니다.

체중 관리: 적절한 체중을 유지하는 것은 성조숙증 예방과 키 성장에 매우 중요합니다. 과체중이 되지 않도록 간식 조절 및 규칙적인 식사를 도와주세요.

수면 습관: 밤 10시 이전에 잠자리에 들 수 있도록 도와주세요. 스마트폰, TV, 카페인 등 수면을 방해하는 요소는 멀리하고, 어둡고 조용한 환경을 만들어주세요.

생리를 늦추면 키가 더 클까?

생리를 시작하면 키가 더 이상 안 크는 것이 아니라, 초경 전 급성장기를 잘 활용하는 것이 중요하며, 초경 후에도 약 2년간 5~7cm 정도 더 성장합니다. 키는 노력으로 개선할 수 있는 요소가 분명하지만, 결과를 완전히 통제할 수는 없는 '가능성의 영역'입니다.

따라서 의학적 진단 없이 생리를 인위적으로 늦추려고 하기보다는, 자연스러운 성장 과정을 받아들이면서 현재 할 수 있는 최선의 노력을 기울이는 것이 현명합니다. 성조숙증이 의심되어 생리 지연 치료가 필요한 경우에는 반드시 소아청소년과 전문의와 상담해야 합니다.

"생리를 늦추고 싶다"라는 말은 단지 키에 대한 고민 그 이상일 수 있습니다. 아이가 느끼는 불안, 자기 몸에 대한 기대와 현실 사이의 괴리, 친구들과의 비교에서 오는 스트레스까지 모두 담겨 있습니다. 이럴 때 부모가 "더 자랄 수 있어"라고 말하기보다 "지금 너도 아주 괜찮아"라고 말해주는 것이 더 큰 위로가 될 수 있습니다.

아이의 불안에 공감하며, 지금 할 수 있는 최선의 노력을 함께 실천해주세요.

딸의 첫 생리,
어떻게 축하해주는 게 좋을까요?

Q "엄마… 나 피가 나. 나 아픈 건 아니지?" 딸아이가 갑작스러운 초경을 겪고 놀란 얼굴로 물었습니다. 처음 겪는 변화에 당황하고 낯설어하는 모습이 안쓰럽기도 하고, 이 특별한 순간을 어떻게 기억하게 해줄지 고민이 됩니다. 사춘기를 맞아 첫 생리를 시작한 딸에게 과하지 않으면서도 좋은 추억이 될 만한 축하를 해주고 싶은데, 어떤 방법이 좋을까요?

A 딸아이의 첫 생리는 낯설고 당황스러운 순간일 수 있지만, 동시에 소녀에서 한 걸음 더 자라나는 중요한 성장의 이정표입니다. 많은 부모가 이 시간을 어떻게 맞이해야 할지 고민하지만, '생리 파티'라는 이름은 아직 어색하게 느껴질 수 있습니다. 그러나 특별한 시간을 통해 딸이 자기 몸을 긍정적으로 바라보고 소중히 여길 수 있도록 돕는 일은 의미 있는 성교육의 방향이 됩니다.

첫 생리, 우리 딸은 어떤 마음일까?

초경은 여아가 여성으로 성장해가는 과정에서 가장 뚜렷한 신체적 변화입니다. 평균적으로 만 10~14세 사이에 시작되며, 자궁과 생식 기능이 본격적으로 작동하기 시작했다는 신호이기도 합니다.

이 시기 딸아이는 신체적 변화와 함께 복합적인 감정을 경험합니다. 갑작스러운 생리에 당황하거나, "이걸 누구에게 말해야 하지?", "나만 이런 걸까?" 같은 불안감을 느낄 수 있습니다. 다른 사람에게 알려지는 것이 걱정되거나, 자신이 어른이 되어간다는 사실에 기대와 두려움이 섞인 감정을 갖기도 합니다.

이럴 때 부모가 "이건 축하할 일이야"라고 말해주는 순간, 생리는 단지 불편한 일이 아니라 몸이 성숙해가는 과정에서 처음으로 받는 인정으로 바뀝니다. 초경은 단순한 생물학적 현상이 아니라, 아이가 자기 몸과 정체성을 새롭게 인식하는 중요한 전환점입니다.

시끌벅적 파티보다 따뜻한 마음을 전하세요

생리 파티는 겉모습보다 딸아이의 성장을 축하하고 인정하는 마음을 전달하는 데 의미가 있습니다. 중요한 건 파티의 규모가 아니라, 딸이 자기 몸에 생긴 변화를 어떻게 기억하게 되는가입니다.

'축하'는 반드시 시끌벅적한 이벤트일 필요는 없습니다. 아이의 성향에 따라 조용하고 온화한 방식으로도 충분히 의미 있는 축하가 될 수 있습니다.

· 조용한 성향의 아이에게는 손 편지와 함께 좋아하는 간식이나 작은 선물을 준비해주세요. "네 몸이 건강하게 자라고 있다는 신호야", "이제 여성으로서 한 걸음 더 성장했네" 같은 따뜻한 메시지를 담아주세요.

· 축하받는 걸 좋아하는 아이에게는 가족이 함께하는 작은 파티도 좋습니다. 케이크나 좋아하는 음식을 준비하고, "우리 딸이 어른이 되어가는 첫걸음을 축하해"라는 의미를 전해주세요. 단, 지나치게 부각하거나 농담조로 대하지 않도록 주의가 필요합니다.

· 실용적인 선물로는 딸만의 생리 파우치를 함께 준비해주세요. 생리대를 함께 고르고, 예쁜 파우치에 속옷, 물티슈 등을 구성하면서 몸을 돌보는 방법을 자연스럽게 알려줄 수 있습니다.

생리 파우치 구성 리스트

• 생리대 2~3개 (얇은 중형 날개형, 소형 포함)

• 속옷 1벌 (면 소재, 접기 쉬운 것)

• 지퍼백 2개 (사용한 생리대나 속옷 보관용)

• 생리 전용 물티슈 (냄새 제거 및 위생 관리용)

• 작은 진통제 (나이에 맞는 용량, 생리통 대비)

가족 형태나 상황에 따라 아빠 또는 다른 보호자가 중심이 되어야 할 때에도, 중요한 건 형식이 아닌 마음의 전달입니다. 아이에게 이날이 긍정적으로 기억될 수 있도록 부모의 따뜻한 태도와 섬세한 배려가 가장 큰 선물이 됩니다.

생리 파티는 단순한 축하를 넘어 중요한 성교육의 기회이기도 합니다. 초경은 곧 몸을 스스로 관리하고 돌봐야 할 시간이 시작되었다는 뜻입니다. 이때 다음과 같은 내용을 자연스럽게 전달해주세요.

생리에 대한 기본 정보: 생리가 왜 생기는지, 얼마나 자주 있는지, 기간은 얼마나 되는지 등 기본적인 생리 지식을 알려주세요. "생리는 네 몸이 건강하게 작동하고 있다는 신호야"라고 설명하면 아이가 긍정적으로 받아들일 수 있습니다.

위생 관리 방법: 생리대 사용법, 교체 주기, 개인 위생 관리 등을 구체적으로 알려주세요. "네 몸이 보내는 신호를 잘 들어주는 게 중요해", "힘들 땐 쉬어도 돼", "이건 감추는 게 아니라 알아야 하는 일이야" 같은 정서적인 언어도 함께 전해주세요.

몸의 변화에 대한 이해: 생리 전후로 나타날 수 있는 신체적·정서적 변화에 대해서도 미리 알려주어 아이가 당황하지 않도록 도와주세요. "몸이 조금 무겁거나 기분이 달라질 수 있는데, 이건 자연스러운 일이야"라고 설명해주세요.

아이와 생리대를 함께 고르고, 자기만의 파우치를 구성하게 해주고, 첫 생리 후 하루를 함께 마무리하며 따뜻한 말 한마디를 건네는 것. 이 일들은 단순한 위생 지도를 넘어 몸과 감정을 동시에 받아들이는 성교육의 시간이 됩니다.

딸에게 남겨줄 가장 특별한 선물

딸아이가 초경을 긍정적으로 받아들일 수 있도록 곁에서 지켜주는 일은 단순히 한 시기의 통과의례를 넘어, 앞으로 자신을 어떻게 바라보고 사랑할지에 깊은 영향을 줍니다. 성적 자기 인식, 자기 결정권, 자존감은 이 첫걸음에서부터 단단히 뿌리내리기 시작합니다.

따라서 첫 생리를 축하하는 일은 그저 작은 파티가 아니라, 아이가 자기 몸을 긍정적으로 받아들이고 존중하도록 돕는 성교육입니다. 형식은 중요하지 않습니다. 중요한 것은 부모의 진심 어린 마음, 그리고 아이의 성향을 존중하며 건네는 따뜻한 축하입니다.

생리 파티는 그 시작을 기념하는 이벤트입니다. 그날이 축복의 기억으로 마음속에 자리한다면, 딸은 자라나며 자기 몸을 부끄러움 속에 숨기지 않고, 존엄과 자긍심으로 마주할 수 있을 것입니다. 그리고 앞으로의 길에서도 부모의 관심과 사랑을 든든히 등에 업은 채, 자기 몸과 감정을 존중하며 건강하게 성장해나갈 것입니다.

축하 편지 예시

사랑하는 ○○야,

오늘은 네 몸이 "잘 자라고 있어요"라고 알려준 특별한 날이야. 조금 낯설고 불편할 수 있지만, 이건 너의 몸이 자신을 돌볼 준비를 시작했다는 뜻이야. 앞으로 몸과 마음이 함께 자라날 거야. 어떤 날은 힘들고, 어떤 날은 기분이 오락가락할 수도 있어. 그럴 때는 꼭 기억해줘. 네 몸은 소중하고, 너는 그대로 참 멋진 아이라는 걸.

엄마 아빠는 언제나 네 곁에 있어. 궁금한 것이 있거나 힘들 때는 언제든 이야기해줘. 우리 함께 네 몸을 소중히 돌보는 방법을 배워나가자. 축하해.

사랑을 담아, 엄마 아빠가

따뜻한 마음과 아이의 성향을 존중하는 방식으로 준비된 생리 축하는, 딸이 건강하게 성장하는 데 잊지 못할 추억이 됩니다.

딸이 초경 후 불규칙한 생리로 불안해해요

Q 올해 초등학교 6학년인 딸이 초경을 시작했습니다. 친구들이 생리를 시작했다며 기대하던 터라 기뻐했지만, 최근 생리 주기가 너무 불규칙해 고민이 생겼습니다. 딸은 친구들의 생리는 규칙적이라고 하면서 자신만 이상한 건 아닌지, 몸에 문제가 있는 건 아닌지 걱정합니다. 어떻게 말해줘야 안심할 수 있을까요?

A 딸에게 성교육을 한다는 건 엄마라는 이름표 덕분에 쉬울 거라 여겨지지만, 막상 그 순간이 닥치면 '이 말이 딸에게 올바르게 전해질까?' 하는 망설임이 앞서게 됩니다. 엄마와 딸은 같은 여성으로서 특별한 공감을 나눌 수 있습니다. 초경을 처음 경험하는 딸에게는 모든 것이 낯설고 두렵기 마련입니다. 이때 엄마가 딸의 작은 변화를 세심하게 살피고 따뜻하게 공감해준다면, 사춘기라는 여정에서 대화와 소통의 문이 활짝 열릴 수 있습니다.

딸의 몸이 자라는 시간: 생리와 사춘기

생리를 조절하는 기관은 난소입니다. 사춘기에 접어들면 난소에서 여성호르몬이 활발히 분비되기 시작하고, 그 농도가 일정 수준에 도달하면 생리가 시작됩니다. 그러나 생리가 시작되었다고 해서 난소나 자궁이 완전히 발달한 것은 아닙니다. 사춘기는 대략 만 10세에서 20세까지 약 10년에 걸쳐 진행되며, 이 기간 난소와 자궁이 점차 성숙해갑니다.

초경 이후 2년 정도까지는 생리 주기가 불규칙해도 정상입니다. 이 시기에는 난소와 자궁이 아직 미숙하므로 생리량이나 패턴도 들쑥날쑥합니다. 생리는 여성호르몬의 균형에 따라 시작되고 멈추는데, 이 균형은 스트레스, 환경 변화, 건강 상태, 복용하는 약물 등 다양한 요인에 영향받습니다.

겉으로 드러나는 초경은 사춘기의 드라마틱한 변화입니다. 내가 이제 여성이 된 것 같고 어른이 된 느낌이 들 수 있습니다. 하지만 사과가 일정한 크기만큼 커졌다고 해서 다 익었다고 할 수 없듯, 자궁과 난소도 여물어가는 시간이 필요합니다. 사춘기를 보내는 동안 질의 점막은 두꺼워지고 자궁내막도 성숙하며, 난소 역시 생리를 조절할 수 있을 만큼 기능이 안정되어갑니다. 초경은 성장의 시작점일 뿐, 몸은 여전히 배우고 성숙해가는 과정에 있습니다.

딸의 불안을 잠재우는 엄마의 공감 대화법

엄마 역시 처음 생리를 시작할 때 걱정했고, 지금도 가끔 주기가 불규칙할 때가 있다는 경험을 공유해주세요. 다른 이모나 엄마 친구들도 생리 주기가 불규칙할 때가 많다는 이야기를 나누면서, 생리 주기는 언제라도 달라질 수 있음을 알려주는 것이 좋습니다. 그리고 그것을 고민한다는 것은 자기 몸을 사랑하고 관심을 가진 긍정적인 모습이라고 격려해주세요.

초경 이후뿐 아니라 앞으로 생리하는 모든 기간에도 이따금 여러 이유로 생리주기가 불규칙해질 수 있으니 놀라지 말고 잘 살피며 몸과 마음을 편안하게 하면 된다고 일러주세요. 다만 이런 과정이 반복되거나 몸에 이상이 느껴진다면, 병원에서 전문의에게 확인이 필요하다는 점도 함께 알려주세요.

생리 일기로 몸과 친해질 수 있습니다

초경을 시작했다면 1년 정도는 생리 일기를 쓰면 좋습니다. 달력이나 수첩에 생리를 시작한 날짜와 마친 날짜를 표시하고, 생리량이나 생리통, 특이사항 등을 간단히 기록해보세요. 평균적인 생리주기를 파악할 수 있고, 변화가 생겼을 때 어떤 일이 있었는지를 되짚어보며 내 몸을 더 잘 이해할 수 있습니다.

처음 몇 달간은 엄마와 함께 생리 일기를 쓰면서 생리에 대해 자연스럽게 이야기 나누어보세요. 불안감도 줄어들고 자신감도 생기며, 생리를 편안하게 받아들이는 데 도움이 됩니다.

항목	엄마	딸
생리 시작한 날		
생리 마친 날		
생리량		
생리통		
특이 사항		

생리 주기의 불규칙함을 설명할 때는 딸이 이해하기 쉬운 비유를 사용해보세요.

"네가 처음 자전거를 탔을 때 자꾸 넘어졌지? 수영을 배울 때도 처음엔 물에서 허우적거렸잖아. 생리도 마찬가지야. 난소와 자궁이 생리를 조절하는 법을 배우는 중이야. 서툴러도 괜찮아. 시간이 지나면 점점 더 잘할 거야."

이 비유는 딸이 자기 몸을 비판하거나 걱정하기보다, 자연스러운 성장 과정으로 받아들이도록 도울 수 있습니다. 생리 주기가 규칙적으로 되려면 시간이 필요하다는 점을 강조하고, 엄마가 항상 곁에 있을 거라 다짐하며 딸을 지지해주세요.

"음, 그렇구나. 이번에는 이렇게 됐구나" 하면서 있는 그대로 받아들이고 불편한 점은 대처해가면 됩니다. 이제 시작이니 그 서투름을 이해하며 몸도 마음도 편안하게 성숙해가는 모습을 지켜보세요. 그래도 불편하면 엄마에게 얼마든지 도움을 요청하면 도와줄 거라고 말해주세요.

초경 후 1~2년간 불규칙한 생리 주기는 대체로 정상입니다. 하지만 아래와 같은 경우에는 산부인과를 방문해 전문의의 진찰을 받는 것이 좋습니다.

- 생리가 3개월 이상 멈춘 경우
- 21일 미만의 짧은 주기로 자주 발생하는 경우
- 생리량이 지나치게 많거나 생리통이 심한 경우
- 어지럼증, 피로감 등 다른 증상이 함께 나타나는 경우

딸의 초경은 몸이 자라나는 시작점이며, 불규칙한 생리도 자연스러운 성장의 일부임을 알려주는 엄마의 말이 딸에게 가장 큰 안심이 됩니다.

월경전증후군(PMS)을 겪는 아이를 도와주고 싶어요

Q "엄마, 나 그냥 혼자 있고 싶어"라며 학교에서 돌아온 딸아이는 평소와 달리 말수가 줄고, 사소한 말에도 짜증을 냅니다. 며칠 전 초경을 시작한 이후로 감정 기복이 심해지고, 혼자 있으려는 시간이 늘어났습니다. 혹시 생리와 관련된 변화일까요? 이런 시기에 부모로서 어떻게 도와주면 좋을까요?

A 딸아이가 사소한 일에도 쉽게 짜증을 내고 예민하게 군다면, 흔히 '사춘기라서 그렇겠지' 하고 넘기기 쉽습니다. 하지만 이러한 변화가 단순한 성격 문제가 아니라, 월경전증후군(PMS) 때문일 수도 있습니다. PMS는 생리 시작 1~2주 전부터 나타나는 신체적·정서적 증상으로, 성인 여성에게도 힘든 시기입니다. 초경을 막 시작한 아이에게는 이런 낯설고 불편한 감정이 훨씬 더 크게 느껴질 수 있습니다.

아이조차 "내가 왜 이러지?" 하며 당황해하는 이 시기, 부모가 먼저 PMS를 이해하고 딸의 몸과 마음에 조심스럽게 다가가는 것이 필요합니다.

몸보다 마음이 더 힘든 시기, PMS

PMS는 배란 후 황체 호르몬의 변화로 인해 생기는 증상으로, 생리 주기와 함께 반복됩니다. 이 시기에는 감정 기복이 커지고, 우울감, 불안, 분노, 예민함, 무기력함 등이 나타날 수 있습니다. 신체적으로는 유방통, 복부 팽만감, 두통, 피부 트러블, 식욕 변화 등이 동반되기도 합니다.

아이는 이 모든 변화가 왜 생기는지 정확히 알지 못합니다. 그래서 감정의 기복을 겪으면서도 자신을 통제하지 못하고, 죄책감이나 수치심을 느끼는 경우도 많습니다. 이때 부모가 해줄 수 있는 일은 감정을 판단하기보다 이해하는 것입니다. "몸이 불편해서 그럴 수 있어"라는 말 한마디가 아이를 안심시켜 줍니다.

감정의 출렁임을 수용해주세요

PMS는 단순히 기분이 나빠지는 날이 아니라, 호르몬 변화가 실제로 감정과 신체에 영향을 주는 생리적 주기입니다. "마음만 굳게 먹으면 괜찮아질 거야"라는 말은 도움이 되지 않습니다.

이 시기의 아이는 자신도 모르게 감정 기복을 겪습니다. 이럴 때일수록 억누르게 하기보다는 그 감정을 스스로 알아차리고 표현할 수 있도록 도와야 합니다. "화가 나는 것 같구나", "지금은 혼자 있고 싶은 마음이 들 수도 있지" 같은 말로 감정을 있는 그대로 수용해주는 부모의 반응이 아이를 안정시켜 줍니다.

작은 생활 습관이 PMS를 가볍게 합니다

생활의 리듬을 조절해주는 작은 실천들도 PMS 완화에 도움이 됩니다. 갑작스럽게 컨디션이 떨어질 수 있는 시기이므로, 충분한 수면, 규칙적인 식사, 가벼운 산책이나 스트레칭 같은 활동이 아이의 몸과 마음을 부드럽게 풀어주는 역할을 합니다.

이 시기에는 인스턴트 음식이나 자극적인 간식보다는 따뜻한 국물 요리, 통곡물 간식, 잘 익힌 채소 등 속을 편안하게 해주는 음식을 챙겨주는 것이 좋습니다. 카페인, 지나친 당분이나 짠 음식은 증상을 악화시킬 수 있으니 될 수 있는 대로 줄여주세요. 단순히 먹는 것 이상의 '돌봄'이 담긴 식사는 아이에게 큰 위로가 됩니다.

흔들리지 않는 부모가 되어주세요

감정이 흔들리는 아이에게 "왜 이렇게 까칠하니?", "말을 왜 그렇게 해?" 하고 반응하면, 아이는 자기 몸이 이상하거나 잘못된 것처럼 느끼게 됩니다. 이럴 때일수록 "지금은 원래 이런 시기일 수 있어", "이건 지나가는 감정일 뿐이야"라고 생각하며, 부모 자신도 아이의 변화에 과도하게 반응하지 않는 태도가 필요합니다.

부모가 흔들리지 않고 조용히 옆을 지켜주는 것만으로도 아이는 자신이 안전하다고 느낍니다.

아이와 함께 만들어가는 나만의 대처법

이 시기는 잘 참는 아이로 키우는 시기가 아니라, 자기 몸과 감정을 이해하고 받아들이는 연습을 시작하는 시기입니다. 아이가 자신의 생리주기를 파악하고, 언제쯤 예민해지거나 피곤해질 수 있는지 미리 알 수 있도록 달력에 표시하며 함께 관찰해보는 것도 좋은 방법입니다.

또한 PMS 시기에 효과적인 대처법들을 아이와 함께 찾아보며, 따뜻한 물주머니나 차 한잔, 좋아하는 음악 듣기 같은 자신만의 편안한 습관을 만들어가는 것도 의미 있는 경험이 됩니다.

"엄마, 나 오늘 좀 힘들어"라고 말할 수 있는 아이로

PMS는 단순히 힘든 시간이 아닙니다. 자기 몸과 감정을 이해하고, 자신을 돌보는 연습을 시작하는 시기입니다. 아이가 "아, 지금은 내가 예민해질 수 있는 시기구나"라고 인식하고, "나 오늘 좀 힘들어"라고 말할 수 있다면, 그것은 자기 몸의 신호를 인식하고 존중하는 아이로 자라고 있다는 증거입니다.

딸아이가 PMS로 힘들어할 때 부모가 할 수 있는 가장 좋은 도움은, 감정을 판단하지 않고 이해하며, 함께 대처법을 찾아가는 것입니다.

한 부모 가정의 아빠,
딸에게 성교육을 어떻게 해야 할까요?

Q 딸아이가 생리대 광고를 보며 조심스럽게 물었습니다. "아빠, 저건 뭐야?" 이제 초등학교 4학년이 된 딸은 사춘기와 초경을 앞두고 있고, 저는 한 부모 가정의 아빠로서 홀로 아이를 키우고 있습니다. 엄마의 빈자리가 크게 느껴지는 이 시기에, 아이에게 다가올 변화를 잘 준비할 수 있도록 어떻게 도와줘야 할까요?

A 딸의 성장을 걱정하고 준비하려는 그 마음 자체가 이미 충분히 훌륭한 부모의 증거입니다. 엄마가 없어도, 아빠만의 강점으로 딸에게 건강한 성 가치관을 전해줄 수 있습니다. 중요한 것은 '부재'를 채우려고 애쓰는 것이 아니라 아빠만의 방식으로 딸을 지지하는 것입니다.

'엄마의 빈자리'가 아닌 '아빠의 특별함'으로

딸의 성장은 아빠의 마음가짐에서 시작됩니다. '아직 어린 아기'라는 인식을 내려놓고, 아이의 변화를 받아들이는 것이 첫걸음입니다. "엄마가 없어서 부족하다"는 시선보다 "아빠가 있어서 더욱 특별하다"라는 마음으로 바라보세요. 엄마처럼 해야 한다는 부담보다는 아빠로서 할 수 있는 최선을 고민하는 것이 중요합니다.

성장은 위기도, 문제가 아닌 자연스러운 변화입니다. 두려움보다는 호기심으로, 낯섦보다는 기대감으로 이 시기를 맞이해보세요. 아빠의 편안한 태도는 아이에게도 안정감을 줍니다.

아빠라서 가능한 성교육의 강점

아빠만의 성교육 방식은 딸에게 특별한 영향을 줄 수 있습니다.

아빠의 강점	설명	예시 표현
차분한 안정감	감정 기복에 휩쓸리지 않음	"괜찮아, 천천히 이야기해보자."
실용적 해결력	문제 상황에 즉각 대응	"따뜻한 물주머니 가져다줄까?"
균형 잡힌 관점	성별 일반화 대신 다양성 존중	"사람마다 다르다는 점을 이해하는 게 중요해."
보호본능	딸에게 안전감 제공	"아빠는 네 편이야. 언제든 말해줘."

딸이 바라는 건 '완벽한 답'이 아니에요

사춘기 딸이 아빠에게 진짜 바라는 것은 완벽한 지식이 아닙니다.

"당황하지 말고 침착하게 들어줘요."

"완벽하지 않아도 괜찮으니까 도망가지 마세요."

이것이 딸의 진심입니다. 몸이 변하면서 아빠가 자신을 다르게 볼지 걱정하는 딸도 있습니다. 갑작스러운 거리두기나 스킨십의 단절은 상처가 됩니다. 변화 속에서도 여전히 사랑받고 있다는 메시지를 전해주세요.

감정이 요동칠 때 "왜 이렇게 예민해?"보다 "감정이 복잡할 때가 있지, 천천히 이야기해봐"라고 말해주세요. 모른다고 해서 "여자 어른에게 물어봐"라며 떠넘기지 않는 것도 중요합니다.

아빠와 딸이 함께 풀어갈 숙제

"아빠는 남자라 내 마음을 모를 거야"라는 소통의 벽, 생리대나 속옷 구매, 몸의 변화에 따른 옷 선택 등 실용적인 준비의 어려움, 사춘기 딸과 적절한 거리 설정에 대한 고민, 건강한 여성 롤모델의 부재, 한 부모 가정의 아빠가 마주할 수 있는 현실적인 고민입니다. 이런 도전은 포기해야 할 이유가 아니라, 함께 해결해나갈 과제입니다. 인정하고 준비하는 것이 성교육의 시작입니다.

어색해도 괜찮아요, 대화의 물꼬를 트세요

성교육은 일상 속 대화에서 시작됩니다. 사춘기 이후가 아니라, 그 전에 자연스럽게 시작하는 것이 좋습니다. "아빠도 어릴 때 키가 갑자기 커서 당황했어. 몸이 변하는 게 신기하면서도 낯설더라. 너는 어때?"처럼 아빠의 경험을 먼저 이야기하면 딸도 마음을 열기 쉬워집니다. TV나 영화에서 관련 장면이 나올 때 "여자들은 몸에 변화가 오는 시기가 있어. 궁금한 게 있으면 언제든 아빠한테 물어봐도 돼"라고 자연스럽게 이야기해보세요.

생리 교육, 아빠도 할 수 있어요

아빠가 가장 어려워하는 부분이 생리 교육일 수 있습니다. 하지만 생리는 여성의 건강한 성장 과정이며, 부끄러워할 일이 아닙니다.

솔직하고 담담하게: "생리는 네 몸이 건강하게 자라고 있다는 신호야. 아빠는 직접 경험할 순 없지만, 네가 건강하게 성장하는 모습이 정말 자랑스러워."

함께 준비하기: 마트에서 생리용품을 함께 고르고, 그림이나 영상으로 사용법을 함께 배워보세요. "같이 찾아볼까?"라는 말은 딸에게 '혼자가 아니다'라는 든든함을 줍니다.

아빠와 딸을 위한 특별한 대화법

"혹시 네 몸에서 달라진 점을 느껴본 적 있어?" "친구 중에 생리를 시작한 친구 있니?"처럼 직접적인 표현보다 열린 질문으로 대화를 시작하세요. 딸이 웃음을 터뜨려도 "그럴 수 있지, 아빠도 좀 어색하다"라고 받아주세요. 중요한 건 어색함이 대화를 막는 벽이 되지 않게 하는 것입니다. 모든 걸 다 아는 완벽한 부모일 필요는 없습니다. "아빠도 잘 모르는데, 우리 같이 찾아볼까?"라고 제안하세요. 이는 딸에게 정직함과 함께 '함께 배우고 성장한다'라는 안정감을 줍니다.

아빠, 지금 그대로 충분합니다

딸에게 필요한 건 모든 걸 해결해주는 '완벽한 아빠'가 아니라, 자신을 사랑하고 이해하려 노력하는 '진짜 아빠'입니다. 아빠의 진심이 담긴 노력과 사랑은 딸에게 변치 않는 안정감을 선물할 것이며, 딸은 그 신뢰 속에서 건강하고 자신감 있는 여성으로 성장할 것입니다.

다양한 형태의 가족에서 주 양육자는 어른으로서 생활의 지혜를 보여주고 이끌어주는 역할을 해야 합니다.

폭풍 같은 사춘기 변화, 흔들리지 마세요

우리 아이가 갑자기 달라졌어요. 사춘기일까요?

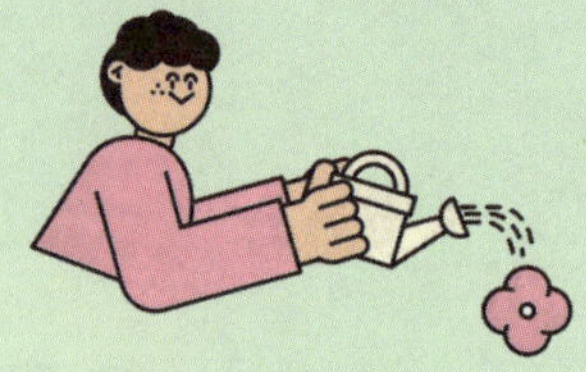

Q 문을 쾅 닫고 들어간 아이는 저녁 내내 말이 없었습니다. 평소엔 함께 TV를 보던 아이가 요즘은 혼자 있으려 하고, 사소한 말에도 짜증을 냅니다. 갑자기 부쩍 자란 듯하지만, 초보 부모인 제게는 그 변화가 낯설기만 합니다. 어떻게 지도해야 할지 막막하고, 좋은 부모 역할을 제대로 해내지 못하는 것 같아 불안합니다. 혹시 우리 아이가 특별히 힘든 사춘기를 겪는 건 아닐지 걱정되어, 간섭과 개입이 점점 많아지고 있습니다.

A 아이가 열 살이든 스무 살이든, 사춘기를 겪는 아이의 부모는 누구나 '초보'일 수밖에 없습니다. 아이의 사춘기는 부모에게도 처음 겪는 낯선 파도이기 때문입니다.

하지만 꼭 점검할 것이 있습니다. 바로 부모의 '불안'이 만들어낸 '간섭'입니다. 아이의 닫힌 문을 억지로 열기 전에, 왜 아이가 문을 닫았는지, 그리고 우리는 그 앞에서 무엇을 해야 하는지 생각해 보아야 합니다.

자연의 섭리, 홀로서기를 위한 호르몬의 명령

사춘기가 되면 자녀의 몸과 마음은 급격한 변화를 겪습니다. 11세 전후가 되면 성장 호르몬과 성호르몬이 아동기에 비해 5배 이상 폭발적으로 분비됩니다. 뇌하수체에서 분비되는 이 호르몬들은 자녀에게 생물학적인 명령을 내립니다. '너 자신을 찾아라!'

이것은 자연스러운 현상이자 인류 진화의 필수적인 과정입니다. 자녀가 부모와 똑같은 삶을 반복하지 않고, 독립적인 개체로서 더 나은 존재로 나아가기 위한 첫걸음입니다. 따라서 자녀가 방문을 잠그고 혼자 있고 싶어 하는 것은 부모를 거부하는 것이 아니라, 자기 자신을 찾아가는 여정의 시작입니다. 부모는 이러한 자연의 소리를 이해하고, 자녀의 독립 시도를 섭섭해하기보다 대견한 눈길로 바라보아야 합니다. 아이가 닫은 그 문은 부모를 밀어내는 벽이 아니라, 스스로 성장하겠다는 '공사 중' 팻말인 셈입니다.

부모의 '불안'은 아이에게 '불신'으로 읽힙니다

"혹시 우리 아이가 나쁜 길로 빠지는 건 아닐까?", "왕따를 당하나?", "우울증인가?" 부모님의 머릿속을 맴도는 수많은 걱정은 결국 아이를 향한 잦은 질문과 확인, 즉 '간섭'으로 이어집니다. 부모님은 이를 '관심'과 '사랑'이라 부르지만, 사춘기 아이들은 이를 명백한 '감시'와 '통제'로 받아들입니다.

사춘기는 '내가 누구인가'를 증명하고 싶어 하는 시기입니다. 그런데 부모가 사사건건 개입하고 걱정한다면, 아이는 "부모님은 나를 믿지 못하는구나. 나는 아직 어린애 취급을 받는구나"라고 느끼며 자존심에 상처를 입습니다.

부모의 불안이 높을수록 아이는 그 불안을 감지하고 더 깊은 동굴 속으로 숨어버리거나, 간섭을 피하기 위해 거짓말을 하기도 합니다.

지금 아이에게 가장 필요한 것은, 부모가 자신의 문제를 해결해 주는 것이 아니라, "네가 지금은 힘들어도 결국 스스로 잘 헤쳐 나갈 것이라 믿는다"는 묵직한 신뢰입니다.

'양육'에서 '지켜보기'로, 관계의 재설정이 필요합니다

첫째, 아이의 '동굴'을 존중해 주세요

아이가 방에 들어갔다면 억지로 나오게 하거나 문을 벌컥 열지 마세요. "저녁 먹을 시간이야", "간식 여기 있어" 정도의 용건만 짧게 전하고 물러나세요. 아이가 혼자만의 시간을 충분히 갖고 감정을 추스를 수 있도록 기다려 주는 것이 최고의 지도입니다.

둘째, '비언어적 소통'을 활용하세요

말로 하는 대화는 자칫 잔소리나 심문이 되기 쉽습니다. 말 대신 메시지나 짧은 쪽지, 혹은 아이가 좋아하는 음식을 쓱 밀어 넣어주는 행동으로 사랑을 표현하세요. "오늘 좀 피곤해 보이네. 푹 쉬어"라는 쪽지 한 장은 백 마디 말보다 더 깊은 울림을 줍니다. 아이는 '부모님이 나를 귀찮게 하지 않으면서도 여전히 나를 아끼고 있구나'라는 안정감을 느낍니다.

셋째, 부모의 삶을 보고 안정을 느끼게 해주세요

아이가 멀어진 것 같아 불안할 때일수록 부모님 자신의 행복에 집중해야 합니다. 부모가 아이만 바라보며 전전긍긍하면, 아이는 그 시선을 구속으로 느낍니다. 오히려 부모님이 취미 생활을 즐기고, 부부끼리 즐겁게 대화하며, 자기 삶을 잘 살아가는 모습을 보여줄 때 아이는 죄책감 없이 독립을 연습할 수 있습니다. 부모가 행복해야 아이도 그 에너지를 받고 방문을 열고 나옵니다.

감시자가 아닌 든든한 '울타리'

사춘기는 부모와 아이가 함께 새 관계를 만들어 가는 시기입니다. 예전처럼 모든 걸 함께 하지는 않지만, 아이는 여전히 부모가 자기 편이라는 확신이 필요합니다.

문을 쾅 닫고 들어가는 아이를 보며 불안하고 서운한 마음이 들 수 있지만, 그 순간에도 마음 한편에 이렇게 적어 두면 도움이 됩니다.

"지금 우리 아이는, '나만의 방'을 만들는 중이구나. 그 방문 앞에, 나는 조용히 서 있는 안전한 어른이면 된다."

일상에서 시도해 볼 수 있는 작은 실천들

하루 10분 '질문 없는 시간' 만들기
아이와 마주 앉아 TV를 보든, 간식을 먹든, 굳이 "학교 어땠어?" 같은 질문을 하지 않고 그냥 함께 시간을 보내는 연습을 해 봅니다. '함께 있지만, 캐묻지 않는 경험'은 아이에게 편안함을 줍니다.

비난 대신 관찰 표현 사용하기
"너 왜 이렇게 예민해졌어?"라는 비난의 말보다는 "요즘 사소한 말에도 많이 민감해지는 것 같아서, 내가 어떻게 도와주면 좋을지 고민이 돼"라며 보고 느낀 점을 표현해 주세요. 이렇게 말의 톤을 바꾸는 것만으로도 대화 분위기가 달라집니다.

부모의 솔직한 감정 나누기
"너 때문에 힘들다"가 아니라 "나는 네가 힘들어 보일 때 어떻게 해 줘야 할지 몰라서 불안하고, 그래서 간섭이 많아지는 것 같아. 나도 연습 중이야"처럼 부모도 완벽하지 않은 사람임을 보여주면, 아이는 덜 방어적으로 반응합니다.

아이의 선택을 존중하는 작은 경험 쌓기
옷, 헤어스타일, 방 꾸미기, 취미 활동 등 사소한 부분에서라도 아이가 선택하고 책임질 기회를 주는 것이 좋습니다. "네가 선택해도 돼"라는 경험은 자기 존중감과 자율성을 키우는 데 중요한 밑바탕이 됩니다.

아이의 사춘기 변화는 특별한 문제가 아니라, '나는 누구인가'를 찾아가는 자연스러운 성장 과정입니다.

안 그랬던 아이가 게을러지고 제멋대로예요

Q "일어나! 학교 늦어!"

아침 7시, 아무리 깨워도 일어나지 않는 딸 때문에 매일 실랑이입니다. 예전에는 일찍 자고 일찍 일어나던 아이가 요즘은 자정이 넘어서야 잠들고, 아침에는 좀비처럼 비틀거립니다. 학교에서 돌아온 후에도 숙제는 뒷전이고 휴대전화만 붙들고 있습니다. "유튜브 그만 보고 공부해"라고 하면 "조금만 더"를 반복하다가 결국 큰 소리가 납니다. 친구가 보낸 메시지 하나에 울고 웃기를 반복하는 모습을 보면, 도대체 우리 딸에게 무슨 일이 일어난 건지 알 수가 없습니다.

A 부모의 눈에는 아이가 게으르고, 산만하고, 제멋대로인 것처럼 보일 수 있습니다. 하지만 이런 변화의 배경에는 분명한 과학적 이유가 있습니다. 바로 사춘기에 접어든 아이의 몸에서 분비되는 다양한 호르몬들입니다. 도파민, 멜라토닌, 코르티솔 등, 이들 호르몬이 뇌와 몸, 마음에 어떤 변화를 일으키는지 이해한다면, 아이의 행동을 전혀 다르게 바라볼 수 있습니다.

사춘기 호르몬이 만드는 변화들

호르몬	주요 변화	부모의 이해와 대응
도파민	더 강한 자극을 추구함	작은 성취감을 자주 느끼게 해주세요. 하루 단위 목표 설정, 새로운 취미 활동 등이 도움이 됩니다.
멜라토닌	늦게 자고 늦게 일어남	블루라이트 줄이기, 따뜻한 조명, 주말 수면 보충 등으로 수면 환경을 개선해주세요.
코르티솔	감정이 쉽게 흔들림	"그 정도로 왜 그래" 대신 "많이 힘들었구나"라고 공감해주세요.
성장호르몬	폭풍 성장과 피로	균형 잡힌 영양과 일정한 수면 습관이 필요합니다.
성호르몬	외모·이성·자존감 변화	성적 호기심을 부정하지 말고, 존중과 책임을 바탕으로 대화해주세요.
세로토닌·옥시토신	친구 중심의 관계 변화	또래 관계를 존중하면서 가족과의 연결을 유지할 작은 의식을 만들어주세요.

더 강한 자극을 원하는 사춘기 뇌 – 도파민

"엄마, 이건 재미없어. 더 신나는 거 없어?"

공부보다 게임, 책보다 유튜브에 몰입하는 아이. 이는 도파민 때문입니다.

도파민은 즐거움 자체보다 '보상을 추구하도록 만드는 힘'을 줍니다. 사춘기 뇌는 성인보다 도파민 수용체가 적어 평범한 자극에는 쉽게 흥미를 잃고, 더 새롭고 강렬한 경험을 원하게 됩니다.

이럴 때는 하루 단위의 목표를 세워 작은 성취감을 자주 느끼게 하거나, 새로운 취미나 스포츠 활동을 통해 건강한 자극을 경험하게 해주세요.

늦게 자고 늦게 일어나는 아이 – 멜라토닌

"왜 이렇게 늦게 자고, 아침에는 못 일어나니?"

사춘기에는 멜라토닌 분비 시점이 2~3시간 늦춰집니다. 그래서 자정이 넘어야 잠이 오고, 아침에는 여전히 몽롱한 상태가 됩니다. 이는 게으름이 아니라 생체 시계의 자연스러운 변화입니다.

저녁에는 스마트폰과 TV 사용을 줄이고, 따뜻한 조명과 차분한 대화로 긴장을 완화해주세요. 주말에는 늦잠을 허용해 부족한 수면을 보충할 수 있도록 도와주세요.

작은 일에도 크게 흔들리는 마음 – 코르티솔

"별것 아닌 일에 왜 그렇게 짜증을 내?"

사춘기에는 스트레스 호르몬인 코르티솔 반응이 민감해집니다. 친구 앞에서 망신을 당하거나 시험을 망친 일이 아이에게는 큰 재난처럼 느껴집니다. 이럴 때는 "그 정도로 왜 그래"보다 "많이 힘들었구나"라고 공감해주세요. 아이가 느끼는 고통을 있는 그대로 인정하는 것만으로도 스트레스가 크게 완화됩니다.

폭풍 성장기의 비밀 – 성장호르몬

"먹어도 먹어도 배고프다는데, 대체 왜 이럴까요?"

사춘기에는 성장호르몬이 평소보다 2~3배 더 분비됩니다. 키와 체격뿐 아니라 뇌 발달에도 중요한 역할을 하며, 깊은 잠을 잘 때 가장 활발하게 작동합니다.

이 시기에는 단백질, 칼슘, 비타민 D가 충분히 공급되어야 하며, 늦은 밤까지 깨어 있지 않도록 일정한 수면 습관을 유지할 수 있게 도와주세요.

거울·연애·자존심, 그 시작은? – 성호르몬

"요즘 거울만 보고, 이성 친구 얘기만 해요."

여아에게는 에스트로겐과 프로게스테론, 남아에게는 테스토스테론이 많이 증가합니다. 감정이 섬세해지고, 관계에 민감해지며, 경쟁심과 독립심도 커집니다.

이러한 변화는 자연스러운 성장 과정입니다. 아이의 질문을 회피하거나 부정하지 말고, 솔직하고 차분하게 대화하며 존중과 책임을 바탕으로 성 가치관을 형성할 수 있도록 도와주세요.

가족보다 친구가 더 소중해진 아이 – 세로토닌과 옥시토신

"왜 맨날 그렇게 우울해?"

"넌 가족보다 친구가 더 좋니?"

사춘기에는 기분을 안정시키는 세로토닌 분비가 불안정해지고, 옥시토신은 부모보다 또래 관계에 더 민감하게 작용합니다. 친구가 세상의 전부처럼 보이는 것도 이 때문입니다.

부모는 또래 관계를 존중하되, 가족과의 연결이 끊기지 않도록 하루 한 끼

식사, 주말 산책 같은 작은 의식을 만들어주세요. 햇볕을 쬐는 야외 활동과 규칙적인 운동도 세로토닌 회복에 도움이 됩니다.

사춘기 아이를 바라보는 새로운 눈이 필요합니다

사춘기의 변화는 반항이나 문제가 아니라, 몸과 마음이 새로운 단계로 성장하는 자연스러운 과정입니다. 도파민은 더 큰 자극을, 멜라토닌은 늦은 밤을, 코르티솔은 예민한 마음을, 성장호르몬은 급격한 성장을, 성호르몬은 달라진 관계를, 세로토닌과 옥시토신은 새로운 유대 방식을 만들어냅니다. 이 사실을 아는 부모는 아이의 행동을 '버릇없음'이 아니라 '성장의 신호'로 볼 수 있습니다. 중요한 것은 아이가 흔들릴 때 탓하지 않고, 곁에서 균형을 잡아주는 일입니다.

부모는 사춘기 아이의 호르몬이 보내는 성장의 신호를 이해하고, 아이의 나침반이 되어주는 존재입니다.

문을 쾅 닫고 들어간 사춘기 아이, 따라 들어가야 할까요?

Q "엄마, 됐어!" 딸아이가 갑자기 자리를 박차고 일어나 방으로 들어가며 문을 '쾅!' 닫았습니다. 늦도록 잠을 자지 않고, 깔끔하던 아이가 방은 엉망으로 해놓고, 친구와의 전화 통화에 푹 빠져 있는 모습이 반복되다 보니 참다못해 불러서 이야기했는데, 눈을 흘기더니 저렇게 반응하더라고요. 저도 바로 따라 들어가 잘못을 알려주고 싶었는데… 그렇게 해도 괜찮을까요? 버릇없이 자랄까봐 걱정됩니다.

A 사춘기, '감정의 문'을 닫는 아이 앞에서 부모는 어떻게 반응해야 할까요? 갑작스레 방문을 '쾅' 닫고 들어가는 아이의 모습 앞에 부모는 당황하게 됩니다. 그 문소리는 단순한 소음이 아니라, 아이의 감정과 혼란이 뒤섞인 신호처럼 느껴지기도 합니다. 그 순간, 어떤 부모는 즉시 따라 들어가 잘못을 지적하고 싶어지고, 어떤 부모는 멀찍이 물러나 눈치만 봅니다. 과연 이 상황에서 부모는 무엇을 어떻게 해야 할까요?

사춘기는 뇌와 몸 그리고 감정의 대공사 시기

사춘기는 아이의 몸과 마음, 그리고 뇌가 동시에 격동하는 시기입니다. 성호르몬, 감정 호르몬, 성장호르몬이 몰아치며 부모의 말은 잔소리처럼 들리고, 감정은 쉽게 폭발합니다.

성장호르몬은 "이제 부모와 조금은 떨어져 봐. 스스로 판단하고 움직여야 할 때야"라고 속삭이며 독립성을 자극합니다. 성호르몬은 몸의 변화를 이끌고, 잠 호르몬은 늦은 시간까지 깨어 있게 만들며, 세로토닌은 줄어들어 우울감을 키우고, 도파민은 충동적이고 감정적인 반응을 유도합니다.

이 모든 변화가 동시에, 그리고 격렬하게 일어나기에 아이는 이렇게 말할 수도 있습니다.

"나도 내 마음을 잘 모르겠어. 왜 화가 나는지도 모르겠고, 왜 이렇게 어지럽히고 싶고, 눈물이 나려는지도…."

바람이 불어서 그런 것입니다

문을 쾅 닫는 행동은 감정의 표현입니다. 이전과 다르게 예의 없어 보일 수 있고, 마치 부모를 무시하는 것처럼 느껴질 수도 있습니다. 하지만 사실 아이 자신도 감정을 주체하기 어려운 상태입니다.

그 행동에 초점을 맞춰 바로 따라 들어가 야단치게 되면, 서로의 감정만 상하게 되고 갈등이 깊어지며 불신이 쌓이게 됩니다.

그래서 마음 편하게 생각하는 것이 좋습니다. 바람이 불어서 그런 것입니다. 뇌에 바람이 불어서 그런 것입니다. 그 바람은 바로 사춘기라는 변화의 바람입니다.

이것은 아이가 잘못된 것이 아니라 자라고 있는 것입니다. 지금 아이의 뇌는 어른이 되기 위한 대공사 중입니다.

부모는 조력자입니다

아이의 뇌가 대공사 중이라면, 부모는 그 공사를 지켜보는 현장 관리자여야 합니다.

사춘기 이전까지 부모는 아이의 '우주'였습니다. 모든 것을 알려주고, 이끌어주며, 세상의 기준이 되어주는 존재였습니다. 하지만 사춘기를 맞은 아이는 이제 자신의 중심을 찾고자 합니다.

불완전하지만 '나만의 자아'를 향해 떠나는 여정을 시작한 것입니다. 부모의 역할도 이제 달라져야 합니다. 모든 것을 통제하는 지휘자가 아니라, 실수하더라도 곁에서 믿고 기다려주는 조력자가 되어야 합니다.

기다림과 신뢰가 필요한 때

"이 아이를 내가 얼마나 잘 아는데…"라는 마음속에는 사랑이 있지만, 동시에 불안도 숨어 있습니다. 그래서 자꾸 부족한 점이 먼저 보이기도 합니다.

하지만 지금은 단점보다 장점을 먼저 발견하려는 시선, 실수해도 괜찮다고 말해주는 마음, 그리고 "잘해낼 거야"라고 믿어주는 신뢰가 필요합니다.

이 시기에는 이해와 한 걸음 물러섬이 꼭 필요한 때입니다. 판단보다 듣는 태도, 지시보다 공감의 자세가 필요합니다.

문을 쾅 닫았을 때, 이렇게 해보세요

상황	부모의 반응	이유
문을 닫는 순간	즉각 반응하지 않기	감정이 격해진 상태에서는 대화가 어렵습니다. 최소 30분~1시간 정도 시간을 둡니다.
시간이 지난 후	부드럽게 다가가기	"OO야, 아까 좀 속상했지? 엄마랑 잠깐 이야기할 수 있을까?" 톤은 부드럽게, 비난 없이.
대화 시작	감정에 초점 맞추기	"왜 문을 쾅 닫았어?" 대신 "아까 어떤 기분이었어?"라고 묻습니다.
아이의 반응	공감으로 시작하기	"그냥 짜증 났어"라고 하면 "그럴 때 있지. 뭔가 답답했나 봐"라고 공감해주세요.
문제 해결	함께 방법 찾기	"네가 편하게 지내고 싶다는 거 알아. 같이 정리해보면 어떨까?"

사춘기는 관계를 새롭게 할 시간

사춘기는 '관계가 멀어지는 시기'가 아니라, 관계의 방식을 새롭게 만들어가는 시기입니다. 아이가 문을 닫는다는 것은 아직 닫고 싶은 '마음'이 있다는 뜻입니다. 정말 단절하고 싶었다면, 닫을 힘조차 내지 않았을 것입니다.
바로 따라 들어가서 문제행동을 지적하기보다는, 잠시 시간을 두고 아이의 감정이 가라앉기를 기다린 후 대화를 시도하는 것이 좋습니다. 이는 아이를 버릇없게 키우는 것이 아니라, 아이의 성장 과정을 존중하고 건강한 관계를 유지하는 현명한 방법입니다.

사춘기 아이가 문을 닫는 순간, 부모는 마음을 열 준비를 해야 합니다.

생각은 어른스러운데,
행동은 왜 엉뚱할까요?

Q 어른스럽게 말도 잘하고, 친구 문제도 스스로 해결하는 것 같던 아이가 금세 엉뚱한 행동을 합니다. 분명 위험하다는 걸 알면서도 일부러 그런 행동을 하는 것 같기도 하고요. 아이가 진심으로 모르는 건 아닐 텐데, 왜 생각과 행동이 따로 노는 걸까요?

A 아이들은 종종 잘 알고 있으면서도 전혀 다른 행동을 하곤 합니다. 공부해야 한다는 걸 알면서도 딴짓을 하거나, 해야 할 일을 미루며 시간을 허비하는 모습은 부모로서 답답하게만 느껴집니다. 심지어 위험한 행동임을 알면서도 아무렇지 않게 해버리기도 합니다.

이런 상황에서 부모는 "알면서 왜 안 해?", "위험한 거 모르니?"라며 다그치기 쉽습니다. 그러나 아이가 '아는 대로 행동하지 못하는 것'은 단순히 의지 부족 때문만은 아닙니다. 아이의 뇌가 아직 생각과 행동을 연결하는 조절 능력을 발달시켜 가는 과정에 있기 때문입니다.

'알면서도 조절이 어려운 뇌'를 가진 시기

초등 고학년부터 사춘기 무렵, 아이들의 뇌는 본격적인 '리모델링 시기'를 맞이합니다. 이는 단순히 뇌가 커지는 것이 아니라, 뇌 속 신경 회로들이 더 효과적으로 작동하도록 정리·재구성되는 '공사 중' 상태라고 볼 수 있습니다.

이 시기에는 특히 감정과 욕구, 쾌락을 담당하는 변연계는 빠르게 발달하는 반면, 충동을 조절하고 계획을 세우는 전두엽은 사춘기 이후까지도 서서히 완성되는 중입니다. 쉽게 말해, 아이는 하고 싶은 마음은 크지만, 그 마음을 조절하고 멈추는 힘은 아직 충분하지 않은 상태인 것입니다.

머리로는 '하면 안 된다', '이건 위험하다'라는 걸 알아도, 눈앞의 자극이나 감정에 쉽게 휘둘릴 때가 많습니다. 후회할 걸 알면서도 장난을 멈추지 못하거나, 해야 할 일을 미루고 유튜브를 보는 것이 대표적입니다.

이러한 발달상의 불균형 때문에 부모는 "알면서 왜 그래?", "생각이 있니?"라고 다그치지만, 사실 아이 자신도 왜 그런 행동을 멈추지 못했는지 답답해하고 있을 수 있습니다.

지금 아이의 뇌는 '실패'를 통해 배우는 중입니다

이 시기 아이들은 새로운 경험과 자극에 대한 욕구가 매우 강합니다. 이는 성장 과정에서 자연스러운 현상이며, 이러한 탐험 욕구 자체를 억압하기보다는 안전한 범위 내에서 충분히 경험할 수 있도록 도와주세요.

아직 조절력이 미성숙한 뇌 구조로 살아가고 있기 때문에 '하면 안 되는 걸 알면서도' 하게 되는 행동은 의지의 부족이 아니라 뇌 발달상 자연스러운 과정이기도 합니다.

중요한 건 실수하지 않게 만드는 것이 아니라, 실수 후에도 다시 조절을 시도할 수 있도록 지지해주는 것입니다. "왜 또 그래!"라는 말보다, "이번엔 조금 어려웠구나. 다음엔 어떻게 하면 좋을지 같이 생각해볼까?"라는 태도가 아이에게 더 큰 힘이 됩니다.

부모가 "실패할 수도 있어, 괜찮아, 다시 해보자"라는 태도를 보여주면, 아이는 자기 자신을 믿는 힘을 회복하고, 자신을 조절하려는 노력을 이어갈 수 있습니다.

스스로 생각하고 결정하는 힘을 키워주세요

아이가 스스로 생각해보고 선택할 수 있도록 도와줘야 합니다. 조절하지 못했을 때에도 "그럴 수 있어, 누구나 실수할 수 있어"라고 말해주면 아이는 안정감을 느낍니다. 그다음에는 부모가 대신 판단하지 않고 "다음엔 어떻게 해볼까?"라고 물어보며 아이가 스스로 사고하도록 이끌어야 합니다. 아이는 이러한 사고 과정을 겪으면서 점차 내면의 기준과 조절력을 키워나가게 됩니다.

또 하나의 좋은 방법은, 아이와 함께 "이 행동을 했을 때 어떤 결과가 생길까?"를 가볍게 이야기해보는 것입니다. 예를 들어, 아이가 친구와 다툰 상황이라면 "그때 친구한테 그렇게 말하고 나니까 어떤 기분이 들었어?", "만약 다시 그런 상황이 오면 어떻게 해볼 수 있을까?" 하고 되묻는 것입니다. 아이가 직접 상황을 말로 표현하는 과정은 선택과 결과를 연결해 생각하는 연습이 됩니다.

'잘했어'보다 강력한 한마디

조절을 잘해낸 순간에는 단순한 칭찬보다는 구체적인 행동과 과정을 짚어주세요. 예를 들어, "게임하고 싶었을 텐데 숙제를 먼저 끝내다니 정말 잘했어!" 같은 말은 아이가 자신의 노력을 인식하고 자기 조절의 힘을 스스로 키워가는 데 큰 도움이 됩니다. "그때 네가 화가 많이 났는데도 참고 말로 설명했잖아. 그때 진짜 멋졌어"라는 피드백은 아이에게 자신감을 느끼게 하며, 더 나은 선택을 할 수 있도록 도와줍니다.

부모의 믿음이 아이 성장의 가장 큰 힘

분명히 잘 알고 있으면서도 엉뚱하게 행동하는 아이의 모습에 당황하고 걱정이 앞설 수 있습니다. 하지만 지금 우리 아이는 '모르는 게' 아니라, '아직은 조절이 어려운 뇌'로 살아가는 중입니다.

아이가 실수를 반복할 때마다 혼내기보다는, 그 순간이 조절력을 배우는 기회가 될 수 있도록 옆에서 함께해주는 것이 필요합니다. 아이가 스스로 생각하고 선택하는 힘은 부모의 믿음과 기다림 속에서 자라납니다.

결국 아이는 처음부터 완벽하게 행동하는 존재가 아니라, 실수해도 괜찮다고 느낄 수 있는 안전한 관계 안에서 점차 성장해 가는 존재입니다. 부모의 따뜻한 이해와 지지가 아이의 건강한 성장을 이끄는 가장 큰 힘이 됩니다.

전략	설명	예시 표현
작은 목표로 시작하기	큰 목표는 부담이 될 수 있어요. 작고 구체적인 목표부터 시작하세요.	"15분만 책상에 앉아서 문제 3개 풀어볼까?"
성취감을 눈으로 확인하기	체크리스트나 스티커 차트로 성취를 시각화하세요.	숙제를 마친 후 스티커 붙이기, 달력에 표시하기
즉시, 구체적으로 인정하기	행동을 정확히 짚어 칭찬하세요.	"오늘 스스로 방 정리 시작한 거 정말 멋졌어!"

아이가 엉뚱한 행동을 할 때, 그것은 '모르는 게' 아니라 '조절이 아직 어려운 뇌'가 보내는 성장의 신호입니다.

사춘기 아이가
잘 씻지 않아서 걱정이에요

Q "냄새나는 거 몰라?" 아무리 말해도 씻는 걸 귀찮아하고, 머리는 며칠 동안 감지 않고, 입던 옷을 또 입으려는 아이. 사춘기가 오면서 체취가 강해진 건 알겠는데, 위생 관리를 안 하니 학교에서 친구들에게 놀림이라도 받을까 걱정됩니다. 아이는 왜 이렇게 씻기를 싫어하는 걸까요?

A 몸에서 냄새가 나는데도 위생 관리에 소홀한 아이의 모습을 보면, 부모로서는 속이 답답해집니다. "좀 씻어라", "냄새나잖아" 같은 말이 저절로 튀어나오기도 하지요. 특히 요즘은 또래 친구들 사이에서 외모나 냄새로 놀림을 받는 일이 잦다 보니, 혹시 아이가 그런 상처를 받지는 않을까 걱정도 됩니다. 하지만 아이는 씻는 걸 별일 아닌 듯 넘기며 "귀찮아"하고 대수롭지 않게 반응합니다. 실제로 단순히 귀찮아서 씻지 않는 아이도 있지만, 어떤 아이들은 자기 몸에 일어나는 변화를 낯설고 불편하게 느껴 일부러 무시하거나 회피하는 방식으로 반응하기도 합니다.

171

"귀찮아" 뒤에 숨은 아이의 진짜 마음

사춘기는 아이의 몸과 마음이 급격히 성장하는 시기입니다. 특히 남자아이의 경우, 남성 호르몬(테스토스테론)의 증가로 피지 분비가 늘어나 머리나 피부에서 냄새가 나기 시작하고, 땀샘의 활성화로 체취가 더 강해질 수 있습니다. 부모는 이런 변화를 민감하게 알아차리지만, 아이는 자신의 체취를 잘 인식하지 못하거나 왜 씻어야 하는지 그 이유를 모를 때가 많습니다.

이 시기의 아이들은 신체적 변화에 비해 정서적 성숙이 더디게 따라오는 경우가 흔합니다. 자기 몸에서 나는 냄새나 외모 변화에 민감하지 않거나, 이를 부끄럽게 여겨 의식적으로 외면하려는 태도를 보일 수도 있습니다.

또한, 사춘기는 자율성과 독립심이 강해지는 시기라 부모의 잔소리나 지시에 반발심을 느끼기 쉽습니다. "씻어!"라는 말은 아이에게 간섭으로 들릴 수 있고, 오히려 더 "안 씻을 거야" 같은 저항으로 이어질 가능성도 있습니다.

아이의 이러한 행동을 게으름이나 반항으로 단정하기보다, 사춘기라는 변화의 과정에서 자연스럽게 나타나는 모습으로 이해해야 합니다. 아이가 자기 몸을 낯설게 느끼거나 변화에 적응하는 데 시간이 걸릴 수 있습니다. 부모의 따뜻한 관심과 인내심은 아이가 이 변화를 긍정적으로 받아들이고 건강한 습관을 만드는 데 든든한 밑거름이 됩니다.

'씻기'에서 '나 돌보기'로, 의미를 바꿔주세요

부모는 아이가 사춘기 몸의 변화를 자연스럽게 받아들이고, 그것에 맞게 자신을 잘 챙기고 관리할 수 있도록 도와주는 역할을 해야 합니다. '씻는다'는 것은 단순히 청결을 위한 일이 아니라, 자기 몸을 소중히 여기고 돌보는 습관을 익혀가는 과정입니다. 그리고 이런 내 몸을 잘 돌보는 태도는 곧 나 자신을 존중하는 마음을 키우는 일로 이어집니다.

따라서 "더러우니까 씻어!"라고 다그치기보다 "이 몸은 네가 평생 쓸 건데, 지금부터 잘 돌봐주면 좋지 않을까?", "내 몸을 잘 돌보는 건, 나를 아끼는 일이기도 해" 같은 말을 건네주세요. 내 몸을 귀하게 여기는 아이는 자신을 사랑하는 법도 배우게 되고, 이는 점차 다른 사람의 몸과 경계도 소중히 여기는 태도로 확장됩니다.

스스로 위생의 필요성을 느끼도록 이끌어주세요

사춘기 아이와 위생 문제로 갈등이 반복되면, 부모는 자연스럽게 "씻으라고 몇 번을 말해야 하니!", "냄새나니까 당장 감아!" 같은 말부터 튀어나오기 쉽습니다. 하지만 이런 반복적인 지시는 아이에게 '잔소리'로만 들리기 쉽고, 결국 부모와 거리를 두게 만들거나, 위생 자체에 대한 부정적인 인식을 심어줄 수 있습니다. 따라서 부모는 아이를 훈계하거나 몰아세우기보다는, 아이 스스로 위생의 필요성을 느끼고 실천할 수 있도록 도와줘야 합니다.

예를 들어 "요즘 네 몸에서 나는 냄새가 전이랑 좀 다르게 느껴진 적 있어?", "샤워하고 나면 기분이 어때?", "네가 누군가를 좋아하게 된다면, 어떤 모습으로 기억되고 싶어?" 같은 질문은, 아이가 자기 몸에 대해 자각할 수 있도록 돕는 좋은 시작점이 될 수 있습니다. 이런 대화는 단지 씻는 이유를 설명하기 위한 것이 아니라, 자기 몸을 인식하고 돌보는 능력을 키워주는 과정입니다. 그리고 동시에, 다른 사람과 함께 살아가는 데 필요한 기본적인 예의와 배려, 즉 '사회적 에티켓'도 함께 알려주는 계기가 됩니다.

오늘의 샤워가 내일의 자존감이 됩니다

사춘기 아이의 위생 관리는 단순한 청결을 넘어서, 자기 몸을 어떻게 받아들이고 돌볼 것인지를 배워가는 중요한 과정입니다. 부모가 불편한 마음에 지시나 통제로 접근하게 되면, 아이는 오히려 자기 몸을 더 외면하거나, 부모의 개입을 피하려 위생 관리를 더 소홀히 할 수도 있습니다. 이 시기 아이에게 필요한 것은 '왜 씻어야 하는지' 일방적인 설명이 아니라, '씻는 것이 곧 나를 소중히 여기는 일'이라는 의미를 함께 나누는 대화입니다.

내 몸을 아끼는 습관은 자신에 대한 존중의 시작이며, 나아가 타인을 배려하고 건강한 관계를 맺는 밑바탕이 되기도 합니다. 아이 스스로 변화의 의미를 이해하고 받아들일 수 있도록 따뜻하고 인내심 있게 함께해주세요.

아이의 씻기 습관을 돕는 상황별 접근법

아이가 씻기를 귀찮아할 때는 샤워를 '기분 좋은 시간'으로 재정의해주세요
아이가 좋아하는 향의 샴푸나 바디워시를 함께 고르며 "이 향 어때? 네가 좋아할 만한 거 골라볼까?"라고 물어보면, 씻는 행위가 흥미로운 활동으로 바뀔 수 있습니다. 샤워 후 좋아하는 간식을 먹거나 짧은 휴식 시간을 가지는 등 긍정적인 경험을 연결해주는 것도 효과적입니다.

반항적인 태도를 보이는 아이에게는 강압적인 지시보다 자율성을 존중하는 접근이 필요합니다
"오늘 저녁에 샤워할까, 자기 전에 할까?"처럼 선택권을 주면, 아이는 통제당한다는 느낌 없이 행동할 가능성이 높아집니다. "친구들이랑 있을 때 상쾌한 느낌이 좋지 않아?"처럼 위생의 사회적 가치를 자연스럽게 전달하는 것도 좋은 방법입니다.

몸의 변화를 부끄러워하는 아이에게는 안심과 지지가 필요합니다
"지금 네 몸이 변하는 건 어른이 되어가는 멋진 과정이야. 누구나 다 겪는 거란다" 같은 말은 아이가 변화를 자연스럽게 받아들이도록 돕습니다. 샤워할 수 있는 충분한 시간과 공간을 보장하고, 개인 위생용품을 마련해 "네가 편하게 쓸 수 있는 전용 물건들로 준비했어"라고 말해주는 것도 아이의 사생활을 존중하는 좋은 방법입니다.

아이가 씻지 않는 이유는 게으름이 아니라, 변화에 적응하는 중이라는 신호일 수 있습니다.

아이가 샤워하는 시간이 너무 길어졌어요. 뭘 하는 걸까요?

Q 요즘 들어 아이가 샤워하는 시간이 너무 길어졌어요. 예전에는 10분도 안 돼서 나오던 아이가 요즘은 욕실에서 30분 넘게 있기도 해요. 처음엔 그저 씻는 걸 좋아하나 보다 했는데, 점점 "괜찮아?", "왜 이렇게 오래 씻어?"라고 물어보게 되더라고요. 어떤 날은 물소리가 안 날 때도 있어서, 혹시 성적인 호기심이나 다른 이유가 있는 건 아닌지 걱정이 되기도 해요. 그냥 지나쳐도 괜찮은 걸까요?

A 아이의 작은 변화에도 민감하게 반응하는 것은 아이를 사랑하고 잘 키우고 싶은 부모의 마음일 것입니다. 샤워 시간이 길어진다는 것, 그 자체만으로 무언가 문제가 있다고 단정 지을 수는 없습니다. 하지만 부모가 느낀 직관과 관찰은 매우 중요합니다.

욕실이 아이에게 '나만의 성'이 되는 이유

사춘기가 시작되면 아이는 자신에 대한 관심이 커지고, 혼자만의 시간이 필요하게 됩니다. 욕실은 아이에게 완전한 프라이버시가 보장되는 공간입니다. 이곳에서 아이는 자기 몸을 관찰하고, 변화하는 신체를 탐색하며, 때로는 성적 호기심을 경험하기도 합니다. 이는 지극히 정상적인 발달 과정입니다. 물소리가 나지 않는다고 해서 문제가 있는 것은 아닙니다. 아이는 거울을 보며 자신의 변화를 확인하거나, 생각에 잠겨 있을 수도 있습니다.

부모는 "왜 이렇게 오래 씻지?", "무슨 생각을 하는 걸까?" 궁금하고 걱정이 될 수 있습니다. 하지만 그 시간은 아이에게 몸과 마음의 변화를 조용히 받아들이고 정리하는 자기만의 시간일 수 있습니다. 아이의 긴 샤워 시간을 단순한 게으름이나 무엇인가를 몰래 하고 있다고 단정하기보다, '지금 아이가 혼자 있을 수 있는 공간이 필요하구나' 하는 시선으로 바라봐주세요.

아이와 신뢰를 쌓으며 조율하는 방법

사춘기 자녀가 샤워를 오래 하면, 부모는 혹시 무슨 일이라도 있는지 의심하거나 때로는 다그치기 쉽습니다. 그러나 아이의 감정과 상황을 충분히 이해하지 못한 채 통제하려 한다면, 아이는 오히려 욕실이라는 자신만의 공간에 더 머무르려 할 것입니다. 이런 때일수록 필요한 건 통제가 아닌 이해의 태도이며, 무엇보다 아이와의 관계를 잘 지켜나가는 일입니다.

먼저, 지금 아이가 어떤 감정이나 욕구가 있는지 살펴보세요. 예를 들어 "요즘 욕실에서 머무는 시간이 길어진 것 같아. 혹시 샤워하면서 무슨 생각을 많이 하니?"처럼, 행동보다는 감정과 내면에 초점을 둔 질문을 건네보는 것도 좋습니다. 이러한 대화는 아이가 자신의 공간과 감정을 인정받고 있다는 안정감을 느끼게 해주며, 부모와의 신뢰도 깊어지게 만듭니다.

또한 샤워 시간이 너무 길어져 일상에 영향을 주는 경우라면, 지시나 제한보다는 아이와 함께 기준을 조율해나가는 대화가 필요합니다. 부모의 현실적인 상황을 설명하면서, "엄마도 네게 혼자만의 시간이 필요하다는 건 이해해. 그런데 아침에 다른 가족도 씻어야 해서 조금 불편하긴 하네. 우리가 서로 편한 시간대를 정해볼 수 있을까?"와 같이 자율성과 책임을 함께 고려한 제안을 해보는 것이 효과적입니다.

부모가 아이의 감정을 존중하면서도 현실적인 조율을 함께 해나가는 모습을 보여줄 때, 아이는 욕실에서의 시간이 '숨겨야 하는 시간'이 아닌, 스스로 조절하고 관리할 수 있는 건강한 개인의 시간으로 인식하게 됩니다. 더 나아가, 이런 경험은 아이가 욕실 밖에서도 자신의 감정과 욕구를 부모와 안전하게 나눌 수 있는 관계를 형성하는 데도 큰 도움이 됩니다.

우리 집 상황에 맞는 욕실 시간 가이드

욕실에서 보내는 시간이 아이에게 정서적 안정이 되는 건 이해되지만, 가족의 일상 흐름과 균형을 위해 현실적인 조율도 필요합니다. 아이와 함께 만들어가는 방식으로, 자연스럽게 조율해 볼 수 있는 방법들을 소개합니다.

샤워 시간을 조절할 수 있도록 타이머를 함께 설정해보세요

"혼자 생각하는 시간이 필요한 건 알겠어. 대신 우리 서로 시간을 정해보자"

라고 말하면, 아이는 시간을 인식하고 조절하는 힘을 키울 수 있습니다.

가족 전체의 생활 패턴을 고려해 시간대별 규칙을 만들어보는 것도 좋습니다

"아침엔 다른 가족도 준비해야 하니까 15분 정도로, 저녁에는 네 시간으로 자유롭게 써도 괜찮아"라고 제안하면, 아이는 이해받고 있다는 느낌과 동시에 자기조절력을 키울 수 있습니다.

디지털 기기를 사용하지 않는 욕실 규칙을 가족 모두의 약속으로 만들어보세요

'욕실은 휴대전화 없는 공간'이라는 원칙을 정하면, 아이는 감시받는 느낌 없이 자기만의 시간을 온전히 누릴 수 있습니다. 부모가 함께 실천하며 본보기를 보여주는 것도 중요합니다.

기다림이 만드는 자율성

사춘기 아이들은 욕실이라는 공간 안에서 안정감을 느끼며, 몸의 변화와 감정을 조용히 들여다보는 시간을 갖기도 합니다. 부모는 이 시간을 무조건 통제하거나 의심하기보다, 아이가 어떤 감정에 머물러 있는지 함께 이해하고 조율하려는 태도가 필요합니다. 결국 아이가 스스로 탐색하고 조절해갈 수 있는 힘은 부모의 따뜻한 신뢰와 기다림 속에서 자랍니다.

사춘기 아이의 긴 샤워 시간은 뭔가를 숨기려는 행동이 아니라, 자신을 이해하고 정리하는 시간일 수 있습니다.

거울 앞에서 떠날 줄 모르는 아이, 속이 터집니다

Q 아침마다 등교 준비 시간이 길어져 속이 탑니다. 늦잠을 자고도 머리는 꼭 감고, 거울 앞에서 옷을 입었다 벗었다 한참을 씨름합니다. 처음엔 '왜 저렇게까지 하나?' 싶다가도, 문득 '혹시 우리 아이만 그런 건 아닐까?' 걱정이 되기도 합니다. 괜찮다고 말해줘도 만족하지 못하고 짜증을 내는 모습에 어떻게 반응해야 좋을지 모르겠습니다.

A 아침밥은 건너뛰고 머리 감고 말리고 옷을 갈아입는 데 시간을 다 보내는 아이를 보면 부모는 속이 터집니다. 새 옷을 사면서 이미 있는 옷과 비슷한 걸 또 고르거나, 추운 날씨에도 머리를 감고 덜 말린 채 나가는 모습을 보면 감기라도 걸릴지 걱정이 앞섭니다. 도대체 왜 저리도 외모에 신경을 쓰는 걸까요? 이런 궁금증과 함께, 외모에 몰두하는 아이를 어떻게 이해하고 도와야 할지 막막해지는 것이 부모의 마음입니다.

사춘기 아이는 늘 누군가의 시선을 의식합니다

사춘기에는 '상상의 청중'을 강하게 의식하는 시기입니다. 실제로 다른 사람이 나에게 관심이 있거나 없는 것에 상관없이, 스스로 다른 사람들이 자신에게 관심을 갖고 지켜보고 있는 것처럼 느낍니다. "누가 본다고 그리 신경을 쓰니?"라고 묻는다면 "사람들이 다 쳐다본단 말이야"라고 대답할 것입니다. 사람들이 다 쳐다본다고 생각하기 때문에 아무리 늦어도 씻을 것은 씻고 머리며 옷이며 신경을 써야 하는 것입니다. 이처럼 아이는 실제로 누가 보지 않아도 과도한 심리적 부담을 느끼며 끊임없이 자신을 점검하게 됩니다.

사춘기는 주변 친구들이 자기를 비춰 보는 거울이 됩니다. 친구 모습을 보고 서로를 모방하며 그 무리 속에 튀지 않고 속하고 싶어 합니다. 그래서 친구들 사이에 유행하는 그 미묘한 차이를 놓치지 않고 따라 합니다. 비슷한 브랜드, 스타일, 컬러의 유행을 함께 따라 하면서 또래 무리에 소속감을 느끼고 안정을 찾는 것입니다. 거울 앞에 서 있지만 아이들이 지향하는 것은 내 또래 친구들이 많이 하는 모습들이고, 그것과 비슷한 내 모습을 찾아 꾸미는 것입니다.

신체 변화는 어색함과 불안을 함께 데려옵니다

2차 성징과 급격한 신체 변화는 아이에게 낯설고 불편한 감정을 줍니다. 체형, 피부, 체중이 빠르게 변하면서 전체적인 균형이 맞지 않아 어색하게 느껴지고, 아무리 꾸며도 마음에 들지 않는 불만족이 생깁니다. 그래서 무엇이라도 해보려 하고, 노력해도 원하는 모습이 되지 않으면 좌절감을 느끼기도 합니다. 이 시기의 외모 관심은 허영이 아니라, 변화에 적응하려는 자연스러운 반응입니다.

외모에 대한 관심을 가볍게 여기지 말고, 아이의 작은 신호에 공감하며 노력을 인정해주세요. "지금보다 더 나아질 거야"라는 희망의 메시지를 전하는 것도 중요합니다. 유행을 따라가면서도 아이만의 개성을 살릴 수 있는 작은 제안을 해보세요. "너한테는 이 색이 더 잘 어울리는 것 같아" 같은 말은 아이에게 자신감을 줄 수 있습니다.

외모 관리, 함께 배우는 기회로 바꿔주세요

외모에 관심이 많을수록, 올바른 관리법을 함께 배워보는 기회로 삼을 수 있습니다. 피부 타입에 맞는 제품을 고르는 법, 성분을 살펴보는 방법 등을 함께 알아보며 아이의 관심을 존중해주세요. 부모의 경험에서 나온 조언은 아이에게 실질적인 도움이 됩니다. 피부 트러블을 없애기 위해 겉에 바르는 것뿐 아니라, 먹는 음식, 운동, 수면, 스트레스 관리도 중요하다는 점을 알려주세요. 건강한 아름다움은 건강한 몸과 마음에서 나온다는 것을 이해하도록 도와주세요.

외모에 몰두하는 시간도 성장입니다

이 시기에는 긍정적인 자아상을 형성할 수 있도록 주변의 도움이 필요합니다. 외모에 대한 자존감이 낮아질 수 있으므로, 아이의 노력을 인정하고 작은 변화도 알아차려주는 따뜻한 관심이 필요합니다. 아이가 세상에 단 하나 뿐인 고귀하고 개성 있는 존재라는 것을 기회가 있을 때마다 말해주세요.

외모에 신경 쓰는 모습이 이해되지 않고, 쓸데없이 시간을 낭비하는 것처럼 보일 수 있지만, 이 시기의 자연스러운 모습임을 이해하고 여유 있게 바라봐주세요. 외모에 대한 평가나 유행은 시간이 지나면 변하지만, 자신을 소중히 여기는 마음만큼은 변하지 않도록 부모가 꾸준히 이야기해주세요.

당장은 아이가 듣는 둥 마는 둥 하는 것처럼 느껴질 수 있습니다. 하지만 콩나물시루에 부은 물처럼, 부모의 따뜻한 말과 지지는 결국 아이의 자존감을 키우는 밑거름이 됩니다.

우리 아이의 외모 관심, 이렇게 함께해보세요

다음 항목들을 채워보고, 이를 바탕으로 아이에게 맞는 선물을 하나 준비해보세요. 그리고 외모에 관해 꼭 전하고 싶은 내용을 편지로 적어서 함께 전달해보세요.

우리 아이 외모 관심사 파악하기
- 우리 아이가 좋아하고 주로 옷을 구매하는 온라인 사이트
- 우리 아이의 피부 타입
- 주로 사용하는 피부용품
- 우리 아이가 좋아하는 패션 스타일
- 가장 따라 하고 싶어 하는 패션 멘토
- 외모에 대해 아이가 가장 듣고 싶어 하는 말
- 외모에 대해 부모에게 바라는 도움
- 선물 받고 싶은 패션 아이템

부모가 전하고 싶은 메시지 정리하기
- 아이의 외모에서 가장 매력적인 점
- 건강한 외모 관리를 위한 구체적인 조언
- 개성을 살리는 방법에 대한 제안

외모에 몰두하는 아이의 모습은 불안이 아니라, 자신을 찾아가는 성장의 과정입니다.

외모를 비관하는 아이, 어떻게 도와줄까요?

Q 학교에서 돌아온 딸아이가 울먹이며 "엄마, 나 얼굴이 못생겨서 친구들이 안 놀아 줘"라고 말합니다. 초등학교 2학년인 아이는 친구들에 비해 뚱뚱하고 얼굴도 못생겼다고 고민하며 외모를 비관합니다. 처음엔 "그렇지 않아, 넌 예뻐"라고 다독였지만, 아이는 괜찮다는 말에도 만족하지 못하고 점점 더 위축된 모습을 보입니다. 부모로서 어떤 말을 해줘야 할지 모르겠습니다. 어떻게 도와야 할까요?

A 아이의 외모 비관은 부모에게 미안함과 안타까움을 안겨줍니다. 좋은 말로 다독이려 해도 마음처럼 되지 않을 때, 무력감과 막막함을 느끼게 되지요. 초등 저학년은 자아정체성이 형성되는 중요한 시기입니다. 이때의 신체 이미지는 평생 자존감과 사회성, 정신 건강에 영향을 미치므로 부모의 올바른 개입이 무엇보다 중요합니다.

신체 이미지란 무엇이며 왜 중요한가?

신체 이미지(Body Image)는 자신이 자기 몸에 대해 갖는 생각, 감정, 태도를 말합니다. 단순히 외모에 관한 생각을 넘어서, 자기 신체를 어떻게 인식하고 느끼며 어떤 태도를 가지는지를 포괄하는 심리적 개념입니다. 어린 시절부터 형성되어 성인기까지 자존감과 사회성, 정신 건강에 깊은 영향을 미칩니다.

신체 이미지가 부정적일 경우, 아이는 자존감이 떨어지고 자기 평가가 낮아져 '나는 가치 없는 사람'이라는 생각으로 이어질 수 있습니다. 장기화하면 자기 비하나 외모 스트레스로 인해 정서가 불안정해지고, 무기력감이나 우울감을 느끼게 될 수 있습니다. 행동적으로는 거울을 자주 보거나 얼굴과 몸매에 지나치게 신경을 쓰고, 사회적으로는 친구들과의 관계에서 위축되거나 자신감 부족으로 인해 적극적인 참여를 꺼릴 수 있습니다.

신체 이미지 형성에 영향을 주는 요인들

가족의 영향

가족은 아이의 신체 이미지 형성에 가장 큰 영향을 미칩니다. 부모가 외모에 민감하거나 외모에 대한 언급을 자주 할 경우, 아이는 자신의 가치를 외모로 평가받는다고 왜곡해 받아들일 수 있습니다. "살을 좀 빼면 더 예쁠 것 같다", "키가 조금만 더 크면 좋겠다" 같은 말도 아이에게는 외모 중심의 평가로 들릴 수 있습니다.

또래의 피드백

학교에서 친구의 칭찬이나 놀림은 신체 이미지에 직접적인 영향을 줍니다. 또래의 반응은 아이의 자기 인식에 큰 영향을 미칩니다.

미디어와 SNS

광고, 유튜브, SNS 등에서 접하는 이상적인 외모는 비교와 열등감을 유발할 수 있습니다. 현대 심리학은 십 대 우울증 증가의 주요 원인 중 하나로 디지털 미디어 노출을 지목합니다.

사회적·문화적 기준

사회가 이상적으로 여기는 체형, 피부색, 키 등은 획일화된 기준을 제시하며, 비현실적인 외모 기준은 부정적인 신체 이미지를 심어줄 수 있습니다.

우리 아이의 건강한 신체 이미지, 이렇게 키워주세요

긍정적인 언어 사용

아이의 외모 표현을 긍정적으로 바꿔주는 것이 중요합니다. 아이가 "내 팔뚝은 굵어"라고 하면 "건강하고 튼튼한 팔이야", "내 키가 작아"라고 하면 "지금 너에게 딱 맞는 키야. 앞으로 쑥쑥 자랄 거야"처럼 응답해주세요.

기능 중심의 사고 도움

몸의 형태보다 기능에 집중하도록 도와주세요. "다리가 튼튼해서 달리기를 잘해", "손이 섬세해서 미세한 작업을 잘해" 같은 표현은 아이가 자기 몸을 긍정적으로 인식하는 데 도움이 됩니다.

다양성 존중 교육

모든 사람의 외모와 체형은 다르고 정답은 없다는 점을 강조해주세요. 다양한 인종과 체형이 있다는 것을 자연스럽게 받아들이도록 도와주는 것이 중요합니다.

'예쁜 얼굴'보다 '예쁜 마음'을 칭찬해주세요

아이를 칭찬할 때는 외모보다 행동, 태도, 성격에 초점을 맞춰주세요.

"친구에게 친절하게 대해주는 모습이 정말 멋져!"

"끝까지 포기하지 않고 노력하는 모습이 훌륭하다!"

"새로운 것에 도전하는 용기가 참 대단해!"

이런 칭찬은 아이가 외모 외의 자기를 긍정적으로 인식하는 데 도움이 됩니다.

부모가 자기 몸을 긍정적으로 바라보는 태도를 보여주는 것도 중요합니다. 거울을 보며 "나는 왜 이렇게 못생겼을까" 같은 자기 비난은 피해야 하며, 부모의 태도가 아이의 자기 인식으로 이어진다는 점을 기억해주세요.

아이가 부정적인 감정을 느낄 때 숨기지 않고 표현할 수 있도록 환경을 조성해주세요. "그렇게 느꼈구나"라는 공감은 아이가 감정을 자연스럽게 받아들이는 데 도움이 됩니다. 그 과정에서 부정적인 감정을 긍정적으로 전환할 방법을 함께 찾아주세요.

천천히 몸과 함께 자라나는 자존감

아이의 긍정적인 신체 이미지 형성은 하루아침에 이루어지지 않습니다. 부모의 일관된 사랑과 지지, 그리고 올바른 접근이 필요합니다. 아이가 자기 몸을 있는 그대로 받아들이고 존중하며, 외모보다는 내면의 가치와 능력에 집중할 수 있도록 도와주세요. 무엇보다 아이가 자기 몸을 사랑하는 법은 가장 가까운 어른의 긍정적인 시선에서 시작됩니다.

Tip
아이와 함께하는 자존감 활동

내 몸을 직접 그려보기
몸의 형태를 그리고 각 부위 옆에 기능과 고마운 마음을 적어보세요.
예: 눈 - "세상을 볼 수 있어 고마워!", 다리 - "어디든 갈 수 있어 고마워!"

나는 내 ○○이 좋아요!
얼굴, 목소리, 손 등 자유롭게 골라 쓰고 이유를 적어보세요.
예: "목소리가 있어 자유롭게 표현할 수 있어서 좋아요!"

내 몸과 함께한 좋은 기억 적기
운동, 친구와 놀았던 기억 등 몸과 관련된 즐거운 경험을 떠올려 적어보세요.

내 몸 칭찬 스티커 붙이기
"튼튼해서 멋져!", "따뜻한 마음이 몸에도 있어!" 같은 문구를 스티커로 만들어 몸 그림에 붙여보세요.

아이가 외모를 비관할 때, 부모의 따뜻한 시선과 지지가 자존감을 키우는 첫걸음입니다.

프라이버시와 경계, 방문을 닫아주세요

분리 수면,
언제 시작하는 게 좋을까요?

Q "엄마, 오늘도 같이 자면 안 돼?" 밤마다 아이는 이불을 끌고 우리 부부의 침대로 들어옵니다. 초등학교 4학년이 된 지금도 혼자 자는 걸 무서워하는 아들을 보면, 안쓰럽기도 하고 걱정도 됩니다. 언제까지 함께 자도 괜찮을까요?

A 아이가 혼자 자는 걸 무서워해 부모와 함께 자는 모습은 우리 사회에서 흔히 볼 수 있는 풍경입니다. 특히 외동이거나 정서적으로 민감한 아이일 수록 부모와의 밀착된 잠자리가 안정감을 주기도 하지요. 부모 역시 아이와 떨어져 자는 것이 거리감을 두는 것처럼 느껴져 망설이게 됩니다.

하지만 아이가 하루가 다르게 성장하고, 청소년기를 앞두고 있다면 이제는 '혼자 자는 연습'을 시작할 시점입니다. 분리 수면은 부모와 멀어지기 위한 것이 아니라, 아이가 독립된 존재로 성장해가는 자연스러운 과정입니다. 아이는 자신만의 공간에서 편안함을 느끼며 독립심을 키우고, 부모는 그 과정을 따뜻하게 지지해주는 역할을 하게 됩니다.

초등 4학년, '나만의 공간'이 필요한 시기일까?

초등학교 4학년은 분리 수면을 시작하기에 적절한 시기입니다. 이 시기의 아이들은 신체적으로 2차 성징이 시작되거나 그 전 단계에 있으며, 정서적으로도 자율성과 독립심이 자라납니다. 하지만 여전히 부모의 품이 필요하고, 변화에 대한 불안도 함께 느끼는 시기이기 때문에 아이의 감정을 존중하면서 점진적으로 독립을 유도하는 접근이 필요합니다.

분리 수면은 단순히 잠자리를 나누는 것을 넘어, 아이가 건강한 성 정체성을 형성하는 데 중요한 역할을 합니다. 신체 변화가 시작되는 시기에는 부모와 같은 침실을 공유하는 것이 서로의 프라이버시를 지키기 어려운 환경이 될 수 있습니다. 아이에게는 자기 몸을 관찰하고 받아들일 수 있는 '나만의 공간'이 필요하며, 신체적 경계를 익히는 연습도 함께 이루어져야 합니다.

또한 부모와의 분리된 잠자리는 아이에게 "부모에게도 사적인 공간이 있다"는 메시지를 전달하며, 성적 경계에 대한 간접적인 교육이 되기도 합니다. 초등 4학년은 아이가 독립된 인격체로서 프라이버시 개념을 익히고, 자기 몸을 스스로 관리하는 연습을 시작하기에 적절한 시기입니다.

분리 수면을 시작하는 법

아이가 무섭다고 말하는데도 갑자기 "이제 혼자 자야 해"라고 선을 긋는 것은 오히려 불안을 키울 수 있습니다. 중요한 것은 '부모의 의지'가 아니라 '아이의 준비 상태'입니다. 아이와 충분히 대화하고, 동기를 부여하며, 시간을 두고 차근차근 준비하는 과정이 필요합니다.

1단계: 내 방이 가장 편안한 곳이 되도록

아이가 자신의 방을 안전하고 편안한 공간으로 인식할 수 있도록 환경을 조성해주세요.

방에서 쉴 수 있는 시간을 보장하고, 들어갈 때는 노크 후 허락을 받는 등 프라이버시를 존중하는 습관을 함께 실천해주세요. '나만의 방'은 '나는 독립된 존재'라는 인식을 키워가는 첫걸음입니다.

2단계: 함께 만드는 특별한 공간

아이가 좋아하는 침구, 수면등, 애착 인형 등을 직접 고르고 꾸밀 수 있도록 해주세요.

부모의 어린 시절 경험을 자연스럽게 나누면, 분리 수면이 특별한 일이 아니라 성장의 일부임을 이해하는 데 도움이 됩니다. 단, 다른 아이와의 비교는 절대 피해야 합니다.

성공 확률을 높이는 '점진적 분리' 가이드

함께 정하는 디데이

"언제부터 혼자 잘까?"를 아이와 상의해 정해 보세요. 생일이나 방학 시작일처럼 특별한 날을 디데이로 삼으면 더욱 의미 있는 경험이 됩니다.

점진적 분리의 단계

1주차: 부모가 아이 방에서 함께 잠들기

2주차: 아이가 잠든 후 부모는 안방으로 이동

3주차: 아이가 잠들 때까지만 함께 있다가 이동

4주차 이후: 아이 혼자 잠들기 도전

아이가 무서워서 부모 방으로 찾아오면, 다시 아이 방으로 함께 가서 잠들 때까지 곁에 있어주세요. 이 과정을 꾸준히 반복하면 아이는 점차 안정감을 느끼고, 자연스럽게 혼자 자는 데 익숙해질 수 있습니다.

실패해도 괜찮습니다. 며칠간 잘 자다가도 다시 부모 곁을 찾는 날이 있을 수 있어요. 그럴 땐 "다시 원래대로 돌아왔네"라고 낙담하지 마세요. 실패가 아니라 성장의 일부일 뿐입니다. 중요한 건 긍정적인 분위기를 유지하며 "다시 해보자"라고 격려하는 것입니다.

아침에 "어젯밤 잘했어! 혼자 잔 거 너무 멋졌어!"라고 칭찬해주세요. 매일의 작은 성공이 아이의 자신감을 키워줍니다.

분리 수면, 애착의 끝이 아니라 성숙의 시작입니다

아이와 따로 자게 되면, 오히려 부모가 더 큰 허전함을 느낄 수도 있습니다. 침대에서 나누던 대화, 아이의 체온과 숨결이 사라지는 건 부모에게도 낯선 변화지요. 하지만 분리 수면은 정서적 거리두기가 아니라, 한층 성숙해진 애착의 또 다른 모습입니다.

"너는 혼자서도 안전하고 잘할 수 있어"라는 메시지를 전하는 순간, 그것이

곧 아이의 자율성과 독립의 출발점이 됩니다.

마음의 준비를 돕는 대화 예시

"우리는 네가 이제 혼자 잘 수 있을 만큼 컸다고 생각해. 지금 당장 혼자 자라는 건 아니야. 언제부터 해볼까?"

"그 전에 네 방을 한번 꾸며볼까? ○○이가 이만큼 커서 이제 방도 생기고, 정말 대견하다!"

"엄마 아빠도 처음엔 어려웠는데 이렇게 커서 어른이 됐잖아. 너도 잘할 수 있을 거야!"

이런 표현은 피해주세요

"다른 아이들은 벌써 다 혼자 자는데…."

"이제 다 큰 애가 왜 이래?"

"무서워하지 마, 아무것도 아니야."

아이의 독립심이 자라나는 지금, 부모의 따뜻한 지지 속에서 분리 수면을 시작하기에 가장 좋은 시기입니다.

딸과 아빠의 목욕,
언제까지 함께해야 할지 모르겠어요

Q "아빠랑 같이 씻는 게 제일 좋아!"라며 욕실에서 물장난하며 웃는 딸아이를 보면, 아직은 이 시간이 소중하게 느껴집니다. 유아기부터 자연스럽게 함께 목욕해온 우리 아이는 이제 초등학교 1학년. 여전히 아빠와 샤워하는 걸 불편해하지 않지만, 이제는 혼자 씻도록 도와줘야 할지 고민이 됩니다. 어떻게 하면 아이가 불안해하지 않으면서도 자연스럽게 독립할 수 있을까요?

A 아이가 자라면서 "같이 목욕해도 괜찮을까?", "아직 불편해하지 않는데 굳이 분리해야 할까?" 하는 고민이 생깁니다. 특히 부모와 아이의 성별이 다를 경우, 그 고민은 더 깊어질 수 있습니다.

성교육의 관점에서 보면, 늦어도 초등 고학년이 되기 전, 대략 만 8~10세 사이에는 목욕을 분리하는 것이 바람직합니다. 이는 단순한 신체 변화 때문만이 아니라, 아이가 자기 몸을 인식하고 건강한 경계 의식을 형성할 수 있도록 돕기 위한 중요한 교육 과정입니다.

성장하는 아이에게 필요한 '적절한 거리'

초등 저학년은 자아의식이 자라고, 자신과 타인의 경계를 인식하기 시작하는 시기입니다. 특히 6~8세 무렵에는 자기 몸에 관심이 높아지고, 성별 차이를 인지하며 사회적 규범을 배우기 시작합니다.

이 시기의 목욕 독립은 단순히 '부끄러움'의 문제가 아니라, 아이가 자기 몸을 주체적으로 인식하고 건강한 경계를 배우는 중요한 전환점입니다.

목욕 분리, 단순한 독립 이상의 의미

신체 주체성 기르기 : "나는 자신을 돌볼 수 있어" 목욕을 혼자 하는 경험은 아이에게 자기 몸을 스스로 관리할 수 있다는 자신감을 심어줍니다.

건강한 경계 의식 형성 : 목욕은 '내 몸은 나의 영역'이라는 개념을 실제로 체험할 수 있는 기회입니다. 자신의 경계를 인식하면, 타인의 경계도 자연스럽게 존중하게 됩니다.

성폭력 예방의 시작점 : '내 몸은 내 것'이라는 인식은 부적절한 접촉이나 상황에서 "이건 불편해"라고 느끼고 표현할 수 있는 감각을 키워줍니다.

마음의 준비부터! 3단계 목욕 분리법

목욕 독립은 하루아침에 이루어지지 않습니다. 아이의 발달 수준과 성향을 고려해 단계적으로 접근하는 것이 중요합니다.

1단계: "이제 혼자 해볼까?" — 기대감 심어주기

갑작스러운 분리는 아이에게 거부감을 줄 수 있습니다. 대신 이렇게 말해보세요.

"우리 딸이 이제 초등학생이 되었네. 많이 컸구나. 이제는 혼자서도 많은 걸 할 수 있을 것 같은데, 혼자 목욕하는 것도 한번 도전해볼까? 아빠가 문밖에서 도와줄게."

이런 말은 아이가 혼자 씻는 것을 '버림받는 일'이 아니라 '성장의 기회'로 받아들이게 도와줍니다.

2단계: "여기 한번 해볼래?" — 점진적으로 독립 유도

한 번에 완전히 분리하기보다는 조금씩 독립성을 키워주세요.

시작: 함께 목욕하되, 아이가 스스로 머리 감기나 몸 씻기를 시도하도록 격려합니다.

확대: 아이가 먼저 들어가 혼자 씻고, 아빠는 마무리만 도와줍니다. 특히, 성기만큼은 서툴더라도 아이가 직접 씻도록 유아기부터 씻는 방법을 평소에 가르칩니다.

독립 시도: 아이가 혼자 씻되, 아빠는 문밖에서 지켜보며 필요시 도와줍니다.

완전 독립: 아이가 혼자 씻고, 필요할 때만 도움을 요청할 수 있도록 합니다.

3단계: "정말 잘했어!" — 칭찬과 격려

작은 성공도 크게 칭찬해주세요.

"와, 우리 딸 정말 멋지게 혼자 씻었네! 이제 완전히 언니가 된 것 같아."

또한, 혼자 씻는 것을 '성장의 특권'처럼 느끼게 해보세요.

"이제 혼자 씻을 수 있으니까, 네가 좋아하는 입욕제나 샴푸를 직접 골라볼까?"

아이만의 속도로, 천천히 함께

목욕 독립은 아이가 자기 몸을 존중하고, 타인과의 건강한 경계를 익히는 중요한 과정입니다. 만 8~10세를 기준으로 하되, 아이의 준비 상태에 따라 유연하게 접근하세요. 처음에는 서툴고 미끄러질 위험도 있으니, 곁에서 지켜보며 천천히 도와주세요. 작은 성공을 크게 칭찬하는 것이 무엇보다 중요합니다.

아이는 부모의 반응을 통해 세상의 질서와 자신의 가치를 배워갑니다. 목욕 독립을 통해 아이는 "내 몸은 소중하고, 나는 내 몸을 스스로 돌볼 수 있어"라는 메시지를 받게 됩니다. 조금 느리더라도, 따뜻한 설명과 긍정적인 격려로 딸아이의 독립을 응원해주세요.

아이가 자기 몸과 경계를 인식할 때, 자연스럽게 목욕 독립을 시작하세요.

남매를 언제부터 따로 목욕시켜야 할까요?

Q 초등학교 5학년 딸과 4학년 아들을 둔 맞벌이 부부입니다. 퇴근 후 바쁜 시간에 아이들을 함께 씻기면 훨씬 수월하고, 아이들도 불편해하지 않아요. 그런데 요즘 문득 궁금해집니다. 남매 목욕은 언제쯤 분리해야 할까요? 그리고 분리 후에도 4학년 남자아이를 언제까지 씻겨줘야 할까요?

A 일과를 마친 뒤 아이들 목욕까지 챙기는 일은 절대 쉽지 않습니다. 그래서 "같이 씻기면 빠르고 편하니까 괜찮겠지"라고 생각하게 되지요. 아이들도 별다른 말 없이 즐겁게 목욕한다면, '이대로 괜찮을까?'라는 질문은 자연스럽게 뒤로 밀리게 됩니다.

하지만 아이가 성장하면서 보이는 미세한 신호를 놓치기 쉽습니다. "이젠 좀 불편해"라는 말이 나올 무렵이면, 이미 목욕 분리의 적기를 지나쳤을 수도 있습니다. 지금 이 질문을 하고 있다면, 바로 지금이 아이와 부모 모두에게 필요한 '목욕 독립'의 시점입니다.

사춘기 신호, 부모가 먼저 알아차려주세요

목욕은 단순히 몸을 씻는 시간이 아닙니다. 아이는 이 시간을 통해 자기 몸을 긍정적으로 인식하고, 자신을 돌보는 법을 배우며, 프라이버시의 중요성을 깨닫습니다. 이는 자율성과 성 정체성을 형성하는 데 중요한 과정입니다. 초등학교 4~5학년 무렵이 되면 아이의 몸에 미묘한 변화가 시작됩니다. 여자아이들은 질 분비물이나 가슴 발달이, 남자아이들은 음경과 포피의 변화가 나타나며, 사춘기의 징후가 서서히 드러납니다. 이 시기에는 성별이 다른 형제자매가 서로의 몸을 '다른 몸'으로 인식하기 시작합니다.

어릴 때는 자연스럽게 함께 목욕했더라도, 이제는 서로의 신체에 경계가 생기는 시기입니다. 부모가 먼저 이러한 변화를 알아차리고 존중하는 태도를 보여주는 것이 중요합니다. 부모의 세심한 배려는 아이가 자신과 타인의 몸을 소중히 여기며 건강한 성 정체성을 형성하는 데 큰 도움이 됩니다.

함께 씻기에서 혼자 씻기로, 자연스럽게 전환하려면?

남매가 함께 목욕해왔다면, 늦어도 초등 4학년 무렵에는 분리를 시작하는 것이 좋습니다. 단순히 "이제 같이 씻지 말자"라는 말보다, 아이의 자율성과 독립을 키우는 방향으로 접근하는 것이 훨씬 자연스럽고 효과적입니다.

목욕 순서 정하기

가족회의를 통해 "누가 먼저 씻을까?"를 정해보세요. 자신만의 시간에 욕실을 사용하는 경험은 아이에게 '내 공간'이라는 감각을 키워줍니다. 맞벌이

가정이라면 주중에는 빠르게, 주말에는 여유 있게 각자 씻는 시간을 마련해 보세요.

개인용품 따로 준비하기

수건, 가운, 속옷 등을 따로 준비하고, 자기 물건은 스스로 챙기도록 유도해 보세요. 이런 작은 변화가 자립심을 키우는 계기가 됩니다.

부모의 개입 줄이기

아이가 스스로 씻을 수 있도록 격려하되, 손이 잘 닿지 않는 곳만 잠깐 도와 주는 식으로 접근해보세요. 예를 들어, 머리는 초등 2~3학년이면 대부분 혼자 감을 수 있고, 등은 부모가 마지막에 확인하는 정도면 충분합니다.

특히 4학년 남자아이의 경우, 지금이 혼자 씻는 '목욕 독립'을 배우기에 가장 적절한 시기입니다. 처음엔 시간이 오래 걸리더라도 스스로 할 수 있도록 기회를 주세요. 서툴더라도 "이제 혼자 씻는구나! 정말 멋지다"라는 칭찬 한 마디가 아이의 자립심을 키워줍니다.

'씻겨주는 부모'에서 '믿어주는 부모'로

연년생 남매의 목욕 독립은 각자의 프라이버시를 지키고, 건강한 성 정체성 을 형성하는 데 꼭 필요한 과정입니다. 특히 성별이 다른 남매는 늦어도 초 등학교 4학년 전에 각자 씻는 습관을 들이는 것이 좋습니다.

혼자 목욕하는 경험은 아이가 자기 몸을 스스로 관리하고 존중하는 법을 배 우는 기회가 됩니다. 처음에는 낯설고 서툴 수 있지만, 이는 책임감 있는 어른으로 성장하는 데 필요한 발판입니다. 아이의 작은 시도를 격려해주고, 궁금한 점이 생겼을 때 편하게 물어볼 수 있도록 대화의 문을 열어두세요. 부모님의 신뢰와 응원은 아이가 자기 몸과 마음을 사랑하며 성장하는 데 큰 힘이 됩니다. 이 변화의 시기를 아이들과 함께 즐기며 따뜻하게 응원해주세요.

혼자 씻기 시작할 때 꼭 필요한 성기 관리 교육

목욕 분리와 함께 중요한 성교육의 한 축은 성기 관리입니다. 처음에는 성기를 씻는 것이 낯설고 어렵게 느껴질 수 있기 때문에, 부모가 자연스럽고 구체적으로 알려주는 것이 좋습니다. 이때 중요한 것은 성기를 더럽거나 숨겨야 할 부위로 인식시키지 않는 것입니다. "여기도 손, 발처럼 중요한 내 몸이야"라는 인식이 바탕이 되어야 건강한 성 정체성을 형성할 수 있습니다.

여아의 경우
- 흐르는 미지근한 물로 손을 사용해 소음순 주변을 부드럽게 닦도록 지도합니다.
- 물로만 씻어도 충분하며, 비누는 주 1~2회 정도만 사용하고 강하게 문지르지 않도록 주의합니다.

남아의 경우
- 포피를 억지로 젖히지 말고, 흐르는 물로 겉을 깨끗이 씻고, 자연스럽게 젖혀지는 범위 내에서만 귀두 주변을 씻도록 지도해주세요.
- 포피 속의 분비물(치구)은 자연스러운 것으로, 부드럽게 씻어내면 충분합니다.
- 음낭과 고환도 땀이 차기 쉬우므로, 샤워 시 함께 깨끗이 씻도록 알려주세요.
- 여아와 마찬가지로 비누 사용은 주 1~2회 정도면 충분합니다.

남매 목욕은 아이가 사춘기 신호를 보이기 시작할 무렵이 분리하고 독립을 시작하기에 가장 좋은 시점입니다.

부모의 알몸을 아이에게 언제까지 보여줘도 될까요?

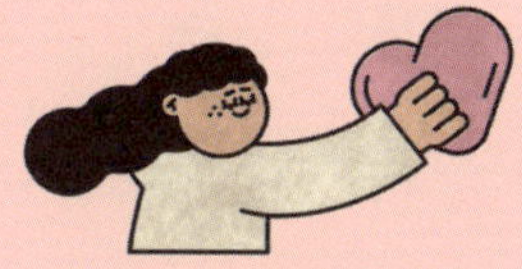

Q 남편은 샤워 후 물만 닦고 알몸으로 거실에 나옵니다. 초등학교 3학년 작은딸은 아무렇지 않아 하지만, 5학년 큰딸은 점점 불편해하는 눈치입니다. 주변에 물어보면 "이제는 보여주면 안 된다"라는 의견도 있고, "자연스럽게 노출해도 괜찮다"라는 말도 있어 혼란스럽습니다. 부모의 알몸을 아이에게 보여줘도 괜찮은 걸까요?

A 초등 3학년과 5학년, 두 아이의 발달 단계는 매우 다릅니다. 아직 작은딸은 아빠의 알몸에 무덤덤하지만, 사춘기 초입에 들어선 큰딸이 불편함을 느끼는 것은 자연스러운 성장의 신호입니다. 이는 아이가 자기 몸과 타인의 몸에 대해 새로운 인식을 형성하고 있으며, '존중받는 존재'로서의 자신을 자각하기 시작했다는 뜻입니다.

결론부터 말하자면, 이제는 부모가 알몸 노출을 조절할 시점입니다. 반응이 없는 작은딸을 기준으로 삼기보다, 더 민감한 큰딸의 성숙한 반응에 맞춰 가정의 규칙을 새롭게 정하는 것이 필요합니다.

사춘기 아이의 "싫어"는 존중받고 싶다는 표현입니다

사춘기는 신체뿐 아니라 정서적으로도 큰 변화가 일어나는 시기입니다. 초등 고학년부터 성호르몬의 분비가 활발해지며 신체가 변화하고, 아이는 낯선 자기 몸을 마주하며 혼란, 불안감, 부끄러움 같은 복합적인 감정을 느낍니다.

이전까지 아무렇지 않던 부모의 알몸 노출이 갑자기 불편하게 느껴지는 것도 이 변화의 일부입니다.

이 시기의 "싫어", "왜 그래!" 같은 반응은 단순한 반항이 아니라, "이제 나도 존중받고 싶다"는 내면의 성숙한 표현입니다. 부모는 이를 아이가 성장하고 있다는 긍정적인 신호로 받아들여야 합니다.

형제자매가 있다면, 가장 민감한 아이를 기준으로

아이마다 발달 속도와 민감도가 다르므로, 반응이 없는 작은아이를 기준으로 삼기보다 가장 민감한 아이의 반응에 맞춰 가정 내 경계를 조정하는 것이 바람직합니다.

이는 큰아이를 독립된 인격체로 존중하는 동시에, 작은아이에게도 '나와 타인의 몸에 대한 경계'를 자연스럽게 가르치는 기회가 됩니다. 부모의 세심한 배려는 아이에게 '나는 소중한 존재'라는 긍정적인 자아상을 심어주는 밑거름이 됩니다.

가족이기에 더 필요한 경계

부모의 알몸을 아이가 불편해한다면, "어릴 때부터 보던 건데 뭐 어때서?"라는 말로 넘기기보다 부모 스스로 행동을 조율해야 합니다.

예를 들어, 아이 앞에서는 탈의를 삼가고, 샤워 후에는 실내복이나 가운을 착용하는 습관을 들여보세요. 이런 행동은 '너의 감정을 이해하고 존중한다'는 강력한 메시지이자, 사춘기 아이에게 보내는 진심 어린 지지입니다.

목욕이나 탈의 시에는 아이끼리만 하게 하거나, 작은아이만 부모가 돕는 방식으로 조정할 수 있습니다. 이때 "동생이랑 같이할래, 아니면 혼자 할래?"처럼 선택권을 주는 대화는 아이의 자율성과 존중받는 감각을 키우는 데 효과적입니다.

"싫어"라고 말할 수 있어야 건강합니다

사춘기 아이는 자신의 감정과 불편함을 말로 표현하기 어려울 수 있습니다. 부모는 아이의 표정, 반응, 분위기를 섬세하게 살피고, 당황스러움을 자유롭게 표현할 수 있도록 격려해주세요.

"그럴 수 있지", "이제 그런 게 신경 쓰일 때가 된 거구나" 같은 공감의 말은 아이가 자신의 감정을 긍정하고, 타인과의 관계에서도 건강한 자기 표현을 할 수 있도록 도와줍니다.

가족 안에서도 "싫어"라고 말할 수 있어야 합니다. "아빠, 속옷은 입어주세요. 불편해요", "이제는 보고 싶지 않아요"처럼 직접 표현하는 연습은 자기 권리를 지키는 중요한 훈련입니다.

큰딸의 불편함은 자기 몸과 타인의 몸에 대한 새로운 경계 의식을 형성하고 있음을 보여주는 자연스러운 변화입니다. 이때 부모는 아이의 성장을 인정하고, 가정 내에서 새로운 규칙과 문화를 만들어갈 중요한 시점으로 받아들여야 합니다.

가장 민감한 아이의 반응을 기준으로 샤워 후 실내복 착용, 목욕 시 공간 분리 등 실천할 수 있는 변화를 시작해보세요. 이를 통해 아이는 단순히 신체 노출에 대한 개념뿐 아니라, 배려와 경계의 가치를 배우게 됩니다.

아이의 불편함을 비판하거나 무시하지 말고, "네가 그렇게 느끼는 게 당연해"라고 공감해주세요. 부모의 작은 배려와 진심은 아이가 자신의 감정을 소중히 여기고, 타인을 존중하며 건강한 자아를 키워나가는 데 가장 큰 힘이 됩니다.

부모의 알몸 노출은 아이가 불편함을 표현하기 시작하는 바로 그 순간부터 조절하는 것이 가장 적절합니다.

엄마 가슴을 만지며 잠드는 아이를 분리해도 괜찮을까요?

Q 아홉 살 아들을 키우고 있습니다. 어릴 때부터 제 가슴을 만지며 잠드는 습관이 있었고, 지금도 집에서 자주 만지려 합니다. "이제는 아기가 아니니까 그러면 안 돼"라고 여러 번 말했지만, 아이는 "엄마 찌찌를 만져야 마음이 편하고 잠이 잘 와"라고 말합니다. 내년부터 잠자리를 분리하기로 했고 미리 알려주었지만, 이런 단절이 아이에게 심리적 결핍을 남기지 않을까 걱정됩니다.

A 아이의 특정 신체 부위에 대한 집착은 성장 과정에서 나타날 수 있는 자연스러운 현상입니다. 하지만 그 행동이 지속될 경우, 부모는 당황하거나 아이에게 정서적 결핍이 있는 건 아닌지 걱정하게 됩니다. 이럴 때 부모의 역할은 아이가 심리적으로 안정감을 느끼면서도, '이제는 멈춰야 할 행동'이라는 메시지를 분명히 이해하도록 돕는 것입니다.

아이는 왜 엄마의 몸에 집착할까?

아이의 행동은 단순한 습관이나 애정 결핍만으로 설명되기 어렵습니다. 다음 네 가지 관점에서 이해해보세요.

본능적인 안정감의 기억

엄마의 가슴은 아이에게 따뜻함, 음식, 안전의 기억이 머물러 있는 '안전 기지'입니다. 수유 경험이 있는 아이는 그 촉감과 체온을 통해 가장 편안했던 상태로 돌아가려는 본능적인 회귀 심리를 느낄 수 있습니다.

'분리-개별화' 과정의 불안

9세는 부모로부터 독립된 존재로 성장하는 시기입니다. 잠자리 분리처럼 신체적 경계가 생기면 아이는 심리적 불안에 직면할 수 있습니다. 지속적인 접촉은 그 불안을 해소하려는 시도일 수 있습니다.

신체 경계 인식의 미흡

아이는 아직 '개인의 몸'이나 '신체적 경계'에 대한 개념이 미성숙합니다. 어릴 때부터 밀착된 스킨십이 자연스럽게 이어졌다면, 부모의 몸도 자유롭게 만져도 되는 대상으로 인식했을 수 있습니다.

불안과 스트레스의 표현

"엄마 찌찌를 만져야 마음이 편해"라는 말은 단순한 습관이 아니라, 감정을 표현하는 방식일 수 있습니다. 학교, 친구, 학업 등에서 받은 불안을 말로 표현하지 못해, 가장 익숙한 접촉을 통해 자신을 진정시키려는 행동일 수 있습니다.

일상에서 실천할 수 있는 경계 교육과 대체 방법

명확하고 일관된 언어로 경계 설정하기

"엄마 가슴은 소중하고 개인적인 부분이야. 네 몸도 마찬가지야. 안심하고 싶을 땐 엄마 손을 잡거나 안아줄 수 있어"처럼 단호하지만 따뜻한 말로 설명해주세요. '안 돼'라는 금지어보다는 대안 행동을 함께 제시하는 것이 효과적입니다.

부부가 허용 기준을 미리 상의해 일관된 태도를 유지하는 것도 중요합니다.

건강한 스킨십으로 정서적 안정감 채우기

가슴 접촉을 제한하더라도, 아이가 엄마의 애정을 충분히 느낄 수 있도록 다른 방식으로 사랑을 표현해주세요. 꼭 안아주기, 책 읽으며 머리 쓰다듬기, 손잡고 걷기, 잠들기 전 등을 토닥여 주기 등의 방법을 적용해보세요.

잠자리 분리와 독립적인 공간 제공

잠자리 분리는 아이가 신체적 경계와 독립심을 배우는 중요한 과정입니다. '사랑의 단절'이 아니라 '건강한 독립'임을 설명해주세요. 당장 분리가 어렵다면 각자의 이불을 사용하거나 침대를 나란히 붙이되 일정한 거리를 두는 방식부터 시작해보세요. 성공했을 때는 칭찬과 보상을 통해 성취감을 높여주세요.

"마음이 편하다"는 말은 단순한 신체적 편안함이 아닐 수 있습니다. 아이의 감정을 읽고 말로 표현할 수 있도록 도와주세요. "학교에서 어떤 일이 있었어?", "요즘 힘든 일 있어?" 같은 질문으로 대화를 시작해보세요.
대체 행동으로는 인형이나 담요 껴안기, 심호흡, 잔잔한 음악 듣기 등을 함께 연습해보세요.

전문가의 도움이 필요할 때

대부분은 부모의 적절한 대응으로 충분히 조정되지만, 아래의 경우에는 전문가의 도움이 필요할 수 있습니다.

- 행동의 강도나 빈도가 지나친 경우

  예: 하루 종일 엄마에게 매달리거나, 떨어지면 극심한 불안을 보이는 경우
- 성적인 놀이나 탐색으로 오해될 수 있는 행동을 보일 때

  예: 성적인 언어 사용, 성기 만지기, 성적 행동 모방 등
- 다른 발달 영역에서도 문제가 있는 경우

  예: 사회성, 언어, 인지 발달 등에서 또래보다 뒤처질 때
- 부모의 대응에도 변화가 없는 경우

  예: 몇 달간 일관되게 노력했는데도 행동이 전혀 변하지 않거나 심해질 때

사랑의 단절이 아닌, 건강한 독립의 시작

'결핍'은 필요한 것이 제공되지 않을 때 생깁니다. 9세 아이에게 필요한 것은 엄마의 가슴이 아니라, 자신의 감정을 표현하고 건강한 방식으로 안정을 찾는 법을 배우는 것입니다.

아이의 건강한 독립은 사랑의 방식이 바뀌는 과정입니다. 일관성과 따뜻함을 잃지 않고 꾸준히 노력한다면, 아이는 자신의 힘으로 불안을 다루고 성장하는 법을 배울 수 있습니다.

아이의 접촉 습관은 정서적 안정의 표현이지만, 지금은 건강한 경계와 독립을 배워야 할 시점입니다.

아들이 누나 몸에 대해 유독 관심을 가져요

Q 초등학교 1학년 아들과 3학년 딸을 키우고 있습니다. 평소엔 함께 씻고 옷을 갈아입는 걸 자연스럽게 여겼는데, 요즘 아들이 누나의 몸을 유독 의식하는 듯한 행동을 보입니다. 목욕할 때 누나 몸을 만지거나 유심히 관찰하고, 자기 성기를 보여주며 장난을 치기도 해요. 이런 행동, 그냥 둬도 괜찮을까요?

A 아이들이 자라면서 몸에 관심을 보이는 것은 아주 자연스러운 발달 과정입니다. 특히 초등학교 저학년 시기에는 세상을 탐구하고 자신을 이해하려는 호기심이 커집니다. 부모는 당황할 수 있지만, 오히려 이 시기는 건강한 성 가치관과 타인 존중을 가르칠 중요한 기회입니다.

아이들의 성적 관심, 발달 단계로 이해하세요

아이들이 성과 관련해 보이는 모습은 성장의 단계에 따라 변화하며 개인차가 있습니다. 중요한 건 나이를 기준으로 판단하기보다, 아이의 말과 행동 변화에 관심을 두고 지켜보며 상황에 맞는 가르침을 주는 것입니다.

만 2세경: 자신과 타인의 성별을 구분하기 시작하며, 신체에 관한 관심이 높아집니다.

만 3세경: 자신의 성별 정체성에 대해 비교적 확고한 인식을 갖게 됩니다.

만 4~5세경: 성별은 변하지 않는다는 개념을 이해하기 시작합니다.

초등 저학년(7~9세경): 성별 차이에 대한 구체적인 호기심이 생기며, 형제자매나 또래 친구의 신체에 관심을 보일 수 있습니다. 사회적 규범과 사적 공간에 대한 이해가 발달하는 시기입니다.

관찰과 노출, 아이 마음의 신호

초등학교 저학년 시기의 아이들은 신체에 대한 관심이 높아지는 발달 단계에 있습니다. 이때 나타나는 특징은 크게 두 가지로 나눌 수 있습니다.

관찰 욕구

주변 세계를 탐구하려는 본능적 호기심의 표현입니다. 성별 차이에 대한 관심으로 다른 사람의 신체를 유심히 보거나 궁금해할 수 있습니다. 이때는 호기심 자체를 존중하되, "다른 사람의 몸은 허락 없이 볼 수 없어"라는 원칙을 분명히 알려주세요.

노출 욕구

자기 몸에 관심을 가지고 그것을 보여주며 반응을 확인하려는 행동입니다. "네 몸은 소중해. 보여주는 건 장난이 아니야"처럼 단호하지만 부드러운 언어로 알려주세요.

과하게 반응하지 마세요

아이가 옷을 벗거나 몸을 보여주는 행동을 할 때는 부모가 과하게 반응하지 않는 것이 좋습니다. 큰 반응을 보이면 아이가 재미를 느껴 오히려 행동이 심해질 수 있습니다. 이럴 때는 차분하고 단호하게 "옷 입자", "그만하자"처럼 짧게 말하며 자연스럽게 상황을 정리하는 것이 가장 적절합니다.

또한 언어 선택에도 세심한 주의가 필요합니다. "부끄럽다", "변태야", "더러워"와 같은 부정적인 표현은 아이에게 불필요한 수치심을 심어줄 수 있습니다. 대신 "우리 몸은 특별하니까 잘 가려주고 보호해야 해"처럼 긍정적인 존중의 메시지를 담으세요. 이렇게 하면 아이는 자기 몸에 대해 부정적인 감정을 갖지 않으면서도 신체 경계의 중요성을 배울 수 있습니다.

경계의 소중함을 가르치세요

이 시기에 가장 중요한 성교육은 '경계'에 대한 이해입니다. 아이들은 공적 공간과 사적 공간의 구분이 아직 미숙하므로, 자연스럽게 알려줄 필요가 있습니다. "화장실은 혼자 가는 공간이야", "누군가가 싫다고 하면 멈춰야 해"
같은 구체적 예시로 알려주면 더 효과적입니다.

또한 상대방이 불편함을 표현하거나 멈추라는 신호를 보냈을 때는 반드시
그에 따라야 한다는 점을 분명히 가르쳐야 합니다. 동시에 아이 자신도 자
신의 경계를 명확하게 표현할 수 있어야 합니다. 예를 들어 부모가 "나는 네
가 이렇게 할 때 불편해"라는 문장을 모델링해 보여주면, 아이도 자연스럽
게 연습할 수 있습니다.

형제자매 간 상호 존중을 지도하세요

사례의 경우처럼 동생이 누나에게 관찰이나 노출 행동을 했을 때, 누나의
반응과 감정도 매우 중요합니다. 누나가 어떤 감정을 느꼈는지 물어보고 공
감해주어야 합니다. "동생이 그렇게 했을 때 어떤 기분이 들었어?"라고 물어
본 뒤, 누나가 직접 말하도록 유도하세요.

동생에게는 누나의 말을 존중하도록 지도합니다. "그만해", "하지 마" 같은
짧은 말보다는 "네가 내 몸을 만졌을 때 불편했어. 앞으로는 안 해줬으면 좋
겠어"라는 식의 구체적인 표현을 가르치면 효과적입니다. 필요하다면 사과
와 약속까지 이어지게 하세요. 이렇게 하면 누나는 존중받는 경험을, 동생
은 상대방을 존중하는 구체적 방법을 배우게 됩니다.

호기심은 인정하되, 선은 분명히

초등 저학년 시기까지 음란물 노출 같은 특별한 상황이 없다면 아이들은 자

연스럽게 관찰 욕구와 노출 욕구를 경험하며 차이와 경계도 배울 수 있습니다. 그러나 무조건 "하지 마"로만 대응하면 호기심이 수치심으로 바뀔 수 있습니다. 부모는 호기심을 인정하면서 동시에 나이에 맞는 성교육과 경계 교육을 병행해야 합니다.

궁금증이 생겼을 때는 적절한 방법으로 답을 찾을 수 있도록 도와주세요. 나이에 맞는 성교육 그림책을 함께 보거나, 아이의 질문에 정확하고 담담하게 답해주는 것이 좋습니다. "그건 나중에 알게 될 거야"라는 회피보다는, "남자와 여자의 몸은 달라. 아기를 낳고 키우는 데 서로 다른 역할을 하거든"처럼 간단하면서도 과학적인 설명이 필요합니다.

아이들이 공간 경계, 신체 경계, 감정 경계를 배우는 것은 자기 보호뿐 아니라 타인을 존중하고 사랑하는 첫걸음입니다. 부모가 먼저 존중의 언어와 태도를 보여줄 때, 아이는 자연스럽게 이를 따라 배우게 됩니다.

❤〰〰〰

아이의 호기심은 자연스러운 성장의 일부이며, 지금은 경계와 존중을 배우기 가장 좋은 시기입니다.

목욕탕에서 낯선 어른의 성기를 빤히 쳐다봐요

Q 초등학교 2학년 아들이 아빠와 목욕탕에 갈 때마다 주변 어른들의 성기를 자꾸 쳐다본다고 해요. 몇 번 주의를 줬지만 고쳐지지 않자, 남편은 화를 내며 '앞으로는 목욕탕에 데려가지 않겠다'고 하네요. 아이의 이런 행동을 어떻게 설명하고 지도해야 할까요?

A 공공장소에서 아이가 다른 사람의 몸을 계속 쳐다보는 상황은 부모에게 민망하고 당황스러울 수 있습니다. 특히 아빠가 화를 냈다면, 아이는 자신의 호기심을 '나쁜 행동'으로 오해할 수도 있습니다. 이 시기의 아이가 성기에 관심을 보이는 것은 성적 의미보다는 성장에 따른 자연스러운 호기심으로 이해할 수 있습니다.

아이는 왜 자꾸 '그곳'을 쳐다볼까?

초등학교 2학년 시기의 아이들은 자기 몸과 타인의 몸에 대한 호기심이 높아지는 시기입니다. 특히 성별 정체성을 확립하는 이 시기의 아이들은 같은 성별의 성인 신체가 어떻게 생겼는지, 자기 몸과 무엇이 다른지에 대한 궁금증을 갖게 됩니다. 이는 성적 관심이라기보다는 성장에 대한 순수한 인지적 호기심에 가깝습니다.

아이는 아마도 "어른의 몸은 나와 어떻게 다를까?", "왜 사람마다 생김새가 다를까?", "나도 커서 저렇게 될까?" 같은 질문들을 머릿속에 품고 있을 것입니다. 이러한 호기심은 아이가 자신의 신체 발달과 성장에 대해 이해하고, 건강한 신체 이미지를 형성해가는 과정에서 매우 중요한 역할을 합니다.

정신분석 이론에서는 만 3~6세 시기를 '남근기'라 부르며, 이때 성기에 대한 관심과 관찰 욕구, 노출 행동이 자연스럽게 나타납니다. 아이가 성기를 쳐다보는 행동은 이 발달 과정의 일부로 볼 수 있습니다.

이 상황에서 중요한 것은 아이의 호기심을 인정하면서도, 사회적으로 적절한 행동 방식을 알려주는 것입니다.

1단계: 궁금한 건 괜찮지만 표현 방법은 배워야 해요

아이가 주변 어른들의 성기를 쳐다본 것에 대해 아빠가 화를 냈다면, 아이는 호기심 자체를 '나쁜 짓'으로 오해하기 쉽습니다. 이러한 부정적 감정을 해소하는 것이 가장 먼저입니다.

"○○야, 목욕탕에서 여러 사람의 몸을 보니까 궁금한 게 많았구나. 엄마도 어릴 때 나와 다른 사람의 몸을 보면서 '왜 다르게 생겼을까?' 하고 궁금했던 적이 있단다. 궁금해하는 건 절대 나쁜 일이 아니야."

"아빠가 화를 낸 건 네가 나쁜 마음을 가졌기 때문이 아니라, 다른 사람들이 불편해할 수 있어서야. 그리고 목욕탕에서 지켜야 할 예의에 관해 이야기해주고 싶었기 때문이야. 궁금한 마음은 괜찮지만, 표현하는 방법이 중요하단다."

2단계: 아이의 질문에 정확하게 답해주세요

아이의 궁금증을 해결해주지 않으면 아이는 계속해서 목욕탕과 같은 공공장소에서 '탐색'을 시도하게 됩니다. 아이의 궁금증을 회피하지 않고, 정확하고 담백하게 사실 정보를 전달하여 아이의 지적 호기심을 해소해주어야 합니다.

"남자의 성기는 두 가지 중요한 일을 해. 하나는 소변을 내보내는 거고, 다른 하나는 나중에 어른이 되면 아기를 만드는 데 필요한 거야."

"사람마다 키, 얼굴, 목소리가 다르듯이 성기의 모습도 크기도 다 달라. 다른 게 정상이니까 비교하면 안 돼."

3단계: 시선에도 경계가 필요하다는 걸 알려주세요

허락 없이 타인의 신체에 접촉하지 않는 물리적 경계뿐 아니라 상대방의 감정과 사생활을 존중하는 심리적 경계도 존중해야 함을 알려주세요. 지나치게 관찰하거나 개인적인 질문을 함부로 하지 않는 행동이 이에 해당하고, 시선에도 경계가 필요하다는 점을 함께 교육해야 합니다.

"남의 몸을 함부로 만지면 안 되는 것처럼, 너무 오래 쳐다보는 것도 예의 없는 행동이야. 누군가 네 알몸을 계속 쳐다본다면 어떤 기분일까? 민망하고 불편할 것 같지? 그러니까 너도 다른 사람의 몸을 그렇게 보면 안 돼."

4단계: 목욕탕에서 지켜야 할 약속을 정해요

추상적인 설명만으로는 아이의 행동 변화를 끌어내기 어렵습니다. 목욕탕에서 지켜야 할 구체적이고 실천할 수 있는 행동 지침을 정하고, 이것을 '가족 간의 약속'으로 만듭니다.

목욕탕 3가지 약속

시선 약속: 앞만 보고 씻거나 걸어 다니자. 혹 궁금한 것이 있어 고개를 돌렸더라도 바로 벽이나 천장을 보자.

질문 약속: 궁금하면 아빠에게 살짝 물어보거나 집에 와서 물어보자.

거리두기 약속: 다른 사람과는 적당한 거리를 두고, 아빠 옆에서 씻자.

아이가 또 같은 행동을 반복할 때는 화내는 대신 짧고 단호한 말로 약속을 상기시켜주세요. "○○야, 약속!"이라고 말하며 시선을 돌려주는 것이 효과적입니다. 만약 아이가 약속을 지키지 않을 때는 목욕탕을 잠시 나와서 조용한 곳에서 다시 한번 약속을 확인하고, 아이가 마음을 다잡을 시간을 주세요.

5단계: 잘 지켰다면 꼭 칭찬해주세요

아이가 목욕탕에서 약속을 잘 지켰을 때, 이 행동을 칭찬하고 긍정적으로 강화해주는 것이 재발을 막는 가장 좋은 방법입니다.

"OO이가 오늘 목욕탕에서 약속을 정말 잘 지켜줘서 아빠가 너무 기분이 좋았어."

함께 있는 공간, 함께 지키는 예의

목욕탕, 수영장, 사우나 같은 공동 공간은 아이에게 공공 예절을 가르칠 좋은 장소입니다. 아래와 같은 예절을 일상에서 익히게 해주세요.

- 타인과 적당한 거리를 유지하기
- 몸을 씻은 후 물을 튀기지 않기
- 큰 소리로 떠들거나 뛰어다니지 않기

이러한 기본적인 공공 예절은 성교육과 연결되어 있습니다. 몸은 소중하고 개인적인 공간이며, 서로의 경계를 지켜야 한다는 메시지를 전달할 좋은 기회이기도 합니다.

몸에 대한 정확한 정보 주기
스케치북, 클레이, 레고 등 시각적 교구를 활용해 생식기의 명칭과 기능을 설명해주세요. 생식기는 생명을 만드는 중요한 기관이며, 그래서 속옷으로 보호하고 존중해야 한다는 메시지를 전달합니다.

성은 자연의 일부임을 알려주기
자연 관찰 도서나 동물 다큐멘터리를 통해 암수의 차이와 번식 과정을 보여주는 것도 좋습니다. 인간도 자연의 일부이며, 동식물과 마찬가지로 생명을 이어가는 자연스러운 과정에 성이 있다는 것을 알려주세요.

부끄러움이나 죄책감을 심어주지 않기
호기심을 드러낸 행동을 '나쁜 행동'으로 규정하고 꾸짖으면 아이는 성에 대해 부정적 감정을 갖게 됩니다. 대신, "궁금한 건 좋은 일이야. 그런데 그걸 알아가는 방법도 중요해"라고 이야기해주세요.

아이의 행동은 자연스러운 호기심의 표현이니, 그 호기심을 존중하면서 사회적 경계와 성 지식을 함께 알려주세요.

아이에게 타인과 자기 몸의 경계를 알려주고 싶어요

Q 초등학교 4학년인 딸아이가 체육 시간에 친한 남자아이의 등을 치고 팔짱을 꼈는데, 그 친구가 하지 말라고 하더니 그 이후로는 자기에게 말을 걸지 않았다고 합니다. 딸은 왜 친구가 화를 냈는지 이해하지 못해 속상해하고 있습니다. 아이에게 타인과 자기 몸에 대한 경계를 어떻게 알려주면 좋을까요?

A 이 상황은 '경계'라는 눈에 보이지 않는 중요한 선에 대해 아이가 배우는 과정입니다. 경계는 단순히 신체적인 영역을 넘어 정서적, 물리적, 언어적 영역을 모두 포함하며, 모든 사람은 이 경계를 존중받을 권리가 있습니다. 아이에게 경계 존중을 위한 예절을 가르치는 것은 단순한 예의 교육을 넘어, 자신을 지키고 건강한 관계를 맺는 데 필수적인 성교육입니다.

초등 시기, 경계 존중을 배우는 중요한 시기

초등 시기는 '내 몸의 주인은 나'라는 기본 인식을 형성하고, 타인과의 건강한 관계 속에서 서로의 경계를 존중하는 법을 배우는 시기입니다. 이는 단지 '지금 당장 하지 말아야 할 행동'을 가르치는 것이 아니라, 훗날 연인 관계나 성적 접촉이 이루어지는 상황에서도 자신과 타인을 존중하는 건강한 교류를 가능하게 하는 밑바탕이 됩니다.

저학년은 경계 개념이 어렵고, 고학년은 표현이 서툴러요

저학년 아이들은 "모든 사람에게는 보이지 않는 선이 있어. 함부로 만지면 안 돼"와 같은 경계나 동의의 필요성 자체를 이해하기 어려울 수 있습니다. 가족이나 친구처럼 친밀한 관계에서는 허락을 구하거나 기다리는 과정 없이 상대의 경계 안으로 들어가는 경험이 자주 일어나기 때문입니다. 이러한 경험이 반복되면, 친한 사이일수록 경계를 지키지 않아도 된다는 잘못된 인식이 생길 수 있습니다.

고학년 아이들은 학교와 또래 관계를 통해 경계나 동의의 개념을 어느 정도 배우고 이해하고 있지만, 자신의 감정을 상황에 맞게 조절하거나 관계의 특성에 따라 적절히 표현하는 능력은 아직 미숙합니다. 그래서 관심 있는 친구에게 마음을 표현할 때, 장난처럼 툭 치고 지나가거나 돌려 말하면서 상대의 신체나 감정을 침범하는 행동이 나타나기도 합니다. 아이로서는 '표현'이지만, 상대에게는 불쾌하거나 당황스러운 경계 침해로 받아들여질 수 있습니다.

경계 존중 교육은 성장을 위한 필수 안전 교육입니다

관계의 성격에 따른 적절한 거리감 학습이 필요합니다. 인간은 성장함에 따라 대인관계의 범위와 깊이가 달라지기 때문에, 관계의 성격에 따라 상대의 경계에 다가가는 방식과 의미도 달라집니다. 이는 성적 주체로서 타인과 건강하고 올바른 유대와 교류를 맺기 위한 기본적인 태도입니다.

또한 이는 성폭력 예방을 위한 필수 교육입니다. 아동 성폭력 가해자의 다수는 아동의 직계 가족이거나 친족 관계에 있는 사람입니다. 아동은 아직 상대의 접촉이 어떤 의도에서 비롯된 것인지, 나의 신체를 만지는 행위가 어떤 의미인지 명확하게 판단하기 어렵습니다. 특히 가까운 관계일수록 신체적·정서적 경계가 모호해지기 쉬워, 침해 상황에서도 그것이 친밀함의 표현인지 폭력인지 구분하는 민감도가 낮습니다.

가정은 경계 존중을 배우는 첫 번째 배움터입니다

많은 부모가 "아직 아이가 어린데… 좀 더 크면 그때 하면 되지 않을까요?", "아이가 싫다는데 억지로 시켜야 하나요?"라며 난감해하거나, "크면 알아서 하겠지"라고 생각하기도 합니다. 하지만 지금의 아이들에게 필요한 교육 시기와 방식은 기성세대가 경험한 것과 다를 수 있습니다.

아이들은 성장하면서 점점 더 넓고 다양한 관계를 경험하게 됩니다. 그 안에서 관계의 성격에 따라 적절한 거리감과 행동 방식을 구분해 실천하는 일은 절대 쉽지 않습니다. 가정은 아이가 경계 존중을 배우고 체화하는 가장 중요한 첫 번째 배움터입니다.

부모가 먼저 경계 존중을 실천해주세요

가정에서 자연스럽게 배울 수 있도록, 부모가 먼저 경계를 존중하는 태도를 보여주어야 합니다. 부모가 서로의 공간과 감정을 존중하고, 아이에게도 존중받는 언어와 행동을 실천하는 모습을 보일 때, 아이들은 그 모습을 관찰하며 상대를 어떻게 아끼고 존중하며 배려하는지 배워갑니다.

아동에게 경계 존중을 가르치는 가장 효과적인 방법은 설명보다 일상에서 꾸준히 실천하는 것입니다. 하루가 다르게 자라는 아이에게, 부모가 먼저 정서적 경계를 존중하는 모습을 보여주어야 합니다. 이런 작은 실천이 모여 아이에게는 '나도 존중받는 존재구나', '상대의 경계도 소중히 해야 하는구나'라는 인식을 심어줍니다.

Tip
일상에서 실천하는 경계 예절

"똑똑! 들어가도 괜찮아?" - 노크 습관

방에 들어가기 전 문을 두드리며 허락을 구하세요. 문이 열려 있어도 상대의 이름을 부르거나 문틀을 가볍게 두드리며 존중을 표현해주세요. 이를 통해 아이는 자신의 공간이 존중받는다는 느낌을 받고, 타인의 공간도 배려하는 법을 배웁니다.

"안아줘도 돼?" - 스킨십 전 동의 구하기

스킨십은 서로가 편안해야 의미가 있습니다. 아이와 어떤 스킨십이 편한지 대화하고, 상대의 말이나 행동으로 표현된 거절을 존중해주세요. 예를 들어, 아이가 껴안기를 거부하면 "괜찮아, 네가 원할 때 안아줄게"라며 아이의 선택을 존중하세요.

서로에게 편안한 옷차림으로 - 가정 내 복장 예절

가정에서도 서로가 편안한 옷차림을 유지하세요. 너무 노출이 심한 옷은 아이에게 불편함을 줄 수 있습니다. 가족이 함께 "어떤 옷차림이 서로에게 편안할까?"를 이야기하며 예절을 만들어가세요.

아이에게 경계를 가르치는 일은 곧 존중을 배우는 관계의 시작이며, 그 교육은 가정에서부터 자연스럽게 실천되어야 합니다.

아이가 친구와 성기를 보여주고 만졌대요

Q 초등학교 1학년 아이가 학교에서 친한 친구 2명과 함께 팬티를 벗고 성기를 보여주며 서로 만져보는 일이 있었습니다. 아이는 너무 아무렇지 않게 웃긴 이야기라면서 말하는데, 부모로서는 당황스럽고 걱정이 앞섭니다. 혹시 큰 사건이 될까봐 두렵고, 다시 이런 일이 반복될까봐 불안합니다.

A 이런 이야기를 들은 부모라면 누구나 당황스럽고 걱정스러운 마음이 들 수 있습니다. '학교에서 문제가 되지 않을까?', '혹시 외부에 알려져 아이가 이상하게 보이지 않을까?' 하는 우려와 함께, '아이에게 성적인 문제가 있는 건 아닐까?'라는 생각까지 이어질 수 있습니다. 그러나 이러한 상황을 차분히 이해하고 올바르게 대응한다면, 오히려 아이에게 건강한 성 가치관을 심어줄 기회가 될 수 있습니다.

장난일까, 문제일까?

초등 저학년 아이들은 성에 대한 자연스러운 호기심을 가지고 있습니다. 이 시기 아이들의 뇌는 아직 미성숙해서 복합적인 상황 판단이나 충동 조절 능력이 부족합니다. 그래서 호기심이 생기면 바로 행동으로 옮기는 경우가 많습니다.

아이들은 놀이를 통해 세상을 탐색하고 배웁니다. 성기를 보여주고 만지는 행동도 아이들에게는 하나의 탐색 놀이로 인식될 수 있습니다. 특히 활발하고 장난기 많은 아이가 자극적인 놀이에 더 관심을 보이기도 합니다. 이런 행동은 악의적인 의도에서 나온 것이 아니라 발달적 미숙함 때문에 나타나는 경우가 대부분입니다.

부모가 무조건 '나쁜 행동'이라고 하면 아이는 죄책감이나 수치심을 크게 느낄 수 있고, 성을 부정적이고 왜곡되게 받아들일 위험이 있습니다.

부모가 과잉 반응하지 않으려면 살펴야 할 것

최근 성 문제에 대한 사회적 민감도가 높아지면서, 아이들의 단순한 호기심에서 비롯된 놀이조차도 과도하게 문제시되는 경우가 있습니다. 이에 따라 사소한 성적 행동에도 '혹시 성폭력일까?', '신고해야 하나?', '우리 아이가 신고당하면 어쩌지?'와 같은 걱정을 먼저 하게 됩니다.

하지만 양극단으로 치우친 반응은 아이들에게 도움이 되지 않습니다. 어른들의 기준으로만 판단하면, 아이는 자신이 큰 잘못을 저질렀다고 느끼며 불안과 혼란을 겪을 수 있습니다. '나는 나쁜 아이구나', '성에 대해 궁금해하면 안 되는구나'라는 잘못된 믿음을 갖게 될 수 있습니다.

다음과 같은 측면을 함께 살펴보며 상황을 판단해주세요.

관계의 지속성: 놀이 이후 친구 관계가 어떻게 이어졌는가?

감정의 상태: 불편함, 두려움, 수치심 등 부정적 감정이 있었는가?

자발성과 강제성: 모두가 동의한 놀이였는가, 강요된 부분은 없었는가?

반복 여부: 일회성 호기심이었는가, 계속해서 비슷한 행동이 나타났는가?

아이가 여전히 친구들과 잘 지낸다면 이렇게 지도하세요

아이가 이번 일 이후에도 친구들과 편하게 어울리고 있다면, 단순한 호기심에서 비롯된 놀이일 가능성이 높습니다. 아래의 체크리스트를 참고해 상황을 확인해보세요.

걱정하지 않아도 되는 신호들

- 아이들이 여전히 편하게 어울리며 논다.
- 누구도 그 친구를 피하거나 불편해하지 않는다.
- 아이가 그날의 일을 담담하게 이야기한다.
- 일회성으로 끝났고 반복되지 않는다.
- 놀이 당시 모두가 웃고 떠들며 장난스러웠다.

이런 경우에는 지나치게 걱정하기보다, 이번 일을 계기로 아이가 자연스럽게 신체적 경계와 예의를 배울 수 있도록 지도하는 것이 좋습니다.

경계 존중 교육: 자기 몸과 타인의 몸을 소중히 여기고, 신체 접촉 전에 상대의 동의를 구하는 것이 중요하다는 점을 알려주세요.

다양한 놀이 제안: 비슷한 행동이 반복되지 않도록, 에너지를 발산할 수 있는 다른 놀이(운동, 보드게임, 창의적 활동 등)를 제안하며 관심을 전환하세요.

아이가 불편해하거나 친구 관계가 어색해졌다면?

다음과 같은 신호가 보인다면, 좀 더 주의 깊게 상황을 살펴보고 적극적으로 개입해야 합니다.

주의 깊게 관찰해야 하는 신호들

- 친구 중 한 명이라도 불편함을 표현한다.
- 아이들 사이가 어색해지거나 누군가 피하는 모습을 보인다.
- 아이가 그날의 일을 이야기할 때 불안해하거나 회피한다.
- 부모가 주의를 줬는데도 비슷한 행동이 반복된다.
- 특정 아이가 '하기 싫었다', '무서웠다'고 말한다.
- 한 아이가 주도하고 다른 아이들은 따라 한 것처럼 보인다.

전문가 개입이 필요한 심각한 신호들

- 성 행동 이후 친구들과의 관계가 매우 나빠졌거나 한 아이가 심하게 위축된 경우
- 강제성이나 협박이 있었던 경우 ("하지 않으면 친구 안 해줄 거야" 등)
- 나이 차이가 있거나 힘의 불균형이 있었던 경우
- 반복적으로 비슷한 행동을 시도하는 경우

이런 경우에는 성폭력의 가능성도 고려해 전문 기관과 연결해 상담과 교육을 진행하는 것이 필요합니다.

성교육의 세 가지 핵심 원칙

몸의 소중함 알리기

아이에게 자기 몸과 타인의 몸을 존중하는 태도를 가르쳐주세요. "우리 몸은 정말 놀라워. 우리가 뛰어놀고, 생각하고, 건강하게 살 수 있게 해주거든"처럼 몸에 대한 감사의 마음을 전해주세요.

경계와 동의의 중요성 가르치기

장난이라 생각한 행동이 타인에게 불편함을 줄 수 있음을 알려주세요. "친구와 놀 때, 몸을 만지고 싶다면 먼저 '괜찮아?'라고 물어보고, 친구가 '좋아!'라고 할 때만 같이 놀 수 있어"라고 구체적으로 설명하세요. 아이가 "싫어"라고 말할 권리가 있다는 것도 함께 알려주세요.

미디어 리터러시 교육 병행하기

아이가 즐겨 보는 콘텐츠를 함께 확인하며, 부적절하거나 나이에 맞지 않는 장면에 관해 대화를 나누세요. "이 장면은 재미있어 보이지만, 실제로는 이렇게 행동하면 친구가 불편할 수 있어"와 같은 식으로 분별력을 키워주세요.

혼내지 않고 성장의 기회로 삼으세요

초등학교 저학년 아이들의 성 행동은 대부분 자연스러운 호기심에서 비롯됩니다. 중요한 것은 이런 상황이 발생했을 때 당황하지 않고, 아이의 발달 특성을 이해하면서 차분하게 접근하는 것입니다.

학교와의 소통도 중요합니다. 담임선생님께 상황을 알리고, 학교에서도 적절한 지도가 이루어질 수 있도록 협력하세요. 다른 학부모님들과 갈등이 생기지 않도록 사전에 솔직하고 진심 어린 대화를 나누는 것도 필요합니다.

이러한 일을 그냥 넘어가서는 안 되지만, 아이를 혼내거나 부정적으로 바라볼 필요도 없습니다. 오히려 좋은 성교육의 기회로 삼아 아이가 자신과 타인의 몸을 존중하고, 건강한 성 가치관을 형성할 수 있도록 도와주세요.

❤〰〰〰

아이의 성적 호기심은 자연스러운 발달 과정이며, 경계와 존중을 배우는 기회로 삼을 수 있습니다.

아들의 뽀뽀가
조금 달라진 것 같아요

Q 저는 초등학교 6학년 남자아이를 키우는 엄마입니다. 아이는 아직 변성기나 2차 성징 같은 신체 변화가 뚜렷하지 않습니다. 저는 평소 아이가 TV를 보거나 잠자리에 들기 전 이마나 뺨에 뽀뽀하며 애정을 표현합니다. 그런데 최근 아이가 장난스럽게 입맞춤할 때 이를 살짝 부딪치거나 혀로 건드리는 행동을 보입니다. 장난기 어린 행동인 것 같긴 하지만 좀 당황스럽습니다. 이런 상황에서 어떻게 반응하고 교육해야 할지 고민입니다.

A 아이가 자라면서 보여주는 작은 변화들은 때때로 부모를 당황스럽게 만들곤 합니다. 특히 익숙했던 스킨십이 조금씩 달라지기 시작하면, '이런 행동을 어떻게 받아들여야 할까?', '혹시 성적인 의미가 있는 건 아닐까?' 하는 고민이 생깁니다. 이런 변화는 아이가 크고 있다는 자연스러운 신호입니다. 아이의 감정은 따뜻하게 품되, 새로운 경계는 부드럽고 명확하게 제시해주세요.

아이의 뽀뽀, 여전히 사랑받고 싶은 마음

초등 고학년, 특히 6학년 무렵의 아이들은 여전히 부모와의 신체 접촉을 통해 정서적 안정감을 얻습니다. 이마나 뺨에 뽀뽀하거나 포옹하며 사랑을 표현하는 방식은 유아기부터 이어져 온 애정의 언어입니다.

하지만 성장하면서 감각은 더욱 예민해지고, 표현 방식은 이전보다 낯설게 느껴질 수 있습니다. 이러한 행동을 성적인 의미로 해석하기보다, 아이가 여전히 애정을 표현하고 부모와의 연결감을 유지하려는 자연스러운 방식으로 이해해야 합니다.

문제로 보기보다 변화의 흐름으로

사춘기 전후 시기에는 신체 감각과 정서 인식이 이전과는 조금 다르게 작동하기 시작합니다. 예전에는 스스럼없이 안기던 아이가 이제는 살짝 망설이거나, 반대로 더 적극적으로 표현하는 가운데 어색한 행동이 섞일 수 있습니다.

뽀뽀하다 이가 부딪히거나 혀로 건드리는 행동은 장난일 수도 있고, 새로운 감각을 탐색하는 시도일 수도 있습니다. 중요한 건 아이의 행동을 즉각적으로 '문제'로 판단하기보다는, 변화의 한 흐름으로 받아들이고 그 안에서 건강한 방향을 함께 모색하는 자세입니다.

솔직하면서 아이를 존중하는 태도가 필요합니다

아이의 표현을 무조건 받아들이거나, 반대로 단호히 차단하는 방식은 둘 다 아이를 혼란스럽게 할 수 있습니다. 부모가 느끼는 불편함을 솔직하게 표현하면서도 아이의 애정은 존중하는 태도가 필요합니다.

예를 들어 이렇게 말해보세요.

"어! 잠깐, 이렇게 하면 우리 둘 다 아플 수 있어. 뺨으로 해줄래?"

"응? 그건 좀 이상한데. 우리는 뺨이나 이마에 뽀뽀하자."

"장난치고 싶은 거 알겠는데, 이 방법은 아니야. 대신 하이파이브 어때?"

중요한 것은 아이를 혼내거나 거부하는 게 아니라, '이 방법은 아니지만 다른 방법은 좋다'는 메시지를 전하는 것입니다.

일관된 기준을 세워주세요

부모가 어느 날은 입맞춤을 받아주고, 또 어떤 날은 거절한다면 아이는 기준을 잡기 어려워집니다. 일관된 기준을 세우고 꾸준히 유지하는 것이 아이의 정서에 더 도움이 됩니다.

경계 설정은 딱딱하거나 엄격할 필요 없습니다. 유머와 따뜻함을 담아 전달하면 아이가 상처받지 않고 자연스럽게 받아들입니다.

"아이코, 입술은 엄마 전용이야! 뺨은 무제한으로 가능!"

"우리만의 특별한 인사 만들어볼까? 하이파이브나 특급 포옹 어때?"

"앞으로는 뺨 뽀뽀로 하자. 이게 우리 가족의 편안한 인사 기준이야!"

이처럼 대체할 수 있는 표현 방식을 제시하면 아이는 '거절당했다'는 기분보다 '다른 방법을 배웠다'는 느낌을 받을 수 있습니다.

경계를 통해 존중을 배우게 하려면?

"나는 이 스킨십이 불편해"라고 부모가 솔직하게 말하는 건 아이에게 중요한 배움의 기회입니다. 이는 아이가 앞으로 친구, 연인, 사회 속에서 타인의 감정을 존중하고 자신의 감정을 표현하는 연습이 되기 때문입니다.

"엄마는 입술 뽀뽀보다는 뺨 뽀뽀가 더 좋아. 너도 불편한 거 있으면 꼭 말해줘."

"사람마다 편한 방식이 다 달라. 너도 네 방식을 찾아보자."

이렇게 말함으로써 아이는 '사랑은 솔직하고 존중하는 방식으로 표현되어야 한다'는 감각을 자연스럽게 체득하게 됩니다.

아이의 뽀뽀가 달라졌다고 당황하기보다, 사랑은 그대로 품고 표현 방식은 새롭게 안내하는 것이 가장 좋은 반응입니다.

성적 호기심, 건강하게 반응해주세요

아이가 자신의 성기 관찰하는 모습을 봤어요

Q 초등학교 4학년 딸이 자기 방에서 팬티를 벗고 거울로 성기를 들여다보는 모습을 봤습니다. 순간 놀라 "너 지금 뭐 하는 거야? 빨리 옷 입어!"라고 말했어요. 아이는 성교육 책에서 성기를 관찰해보라는 내용을 보고 궁금해서 그랬다고 하더라고요. 저는 "그래도 소중한 곳이니 함부로 보지 마!"라고 말한 뒤 상황을 넘겼지만, 앞으로도 이런 호기심을 가질까봐 걱정됩니다. 성교육을 시작해야 할지, 성에 눈을 뜨게 될까봐 여러모로 불안합니다. 어떻게 해야 할까요?

A 아이가 자신의 성기를 관찰하는 모습을 보고 놀라고 불안해지는 건 아주 자연스러운 반응입니다. 갑작스러운 상황에 "뭐 하는 거야!"하고 반사적으로 외치는 것도 충분히 있을 수 있습니다. 하지만 아이의 행동은 성에 눈을 떴다기보다, 자기 몸을 알아가려는 건강한 호기심의 표현일 가능성이 큽니다.

"뭐 하는 거야!" 대신 "궁금했구나"

사람은 태어날 때부터 몸을 탐색하며 살아갑니다. 영아 시기에 손과 발을 만지듯, 눈에 잘 보이지 않는 성기에 관심을 갖는 것도 자연스러운 성장 과정입니다. 특히 초등 고학년이 되면 자아와 신체에 대한 관심이 커지고, 성교육 책의 내용을 따라 해보거나 성 기관의 변화에 대해 궁금해하는 일이 생깁니다. 이는 남녀를 불문하고 누구에게나 나타날 수 있는 자기 탐색의 과정입니다.

성기도 내 몸의 일부, 제대로 알아야 지킬 수 있어요

성기를 이해하는 것은 건강한 성 의식을 형성하는 데 중요한 시작점입니다. 손이나 심장의 구조를 배우듯, 성기의 구조와 기능도 올바르게 알려줘야 합니다. 성기는 생명의 근원이자 보호해야 할 신체의 중요한 부분이며, 그 의미와 역할을 이해할 때 아이는 자기 몸을 소중히 여기고 존중하는 태도를 자연스럽게 익히게 됩니다.

요즘 아이들은 자극적인 미디어 정보에 쉽게 노출됩니다. 왜곡된 시각이 성기에 대한 잘못된 인식을 심어줄 수 있기 때문에, 정확하고 긍정적인 이해를 갖는 것이 외부 정보에 흔들리지 않는 가장 강력한 보호막이 됩니다.

첫 반응이 아이의 인식을 결정합니다

부모가 깜짝 놀라 "뭐 하는 거야!"라고 소리치면, 아이는 자신의 행동이 잘못된 것이라 여기고 성기에 대해 부정적인 감정을 갖게 될 수 있습니다. 이후 성에 대해 질문하거나 이야기하는 것을 꺼리게 되며, 부모와 아이 사이에 침묵의 벽이 생길 수도 있습니다.

혹시 이미 당황해서 소리쳤다면, 지금이라도 이렇게 말해주세요.

"아까는 엄마가 놀라서 그런 거야. 너도 많이 놀랐지? 사실 자기 몸에 궁금증이 생기는 건 아주 자연스러운 거야."

이런 대화를 통해 아이가 어떤 계기로 그런 행동을 했는지, 혹시 불편감이나 불안이 있었는지, 외부 정보에 영향받았는지 등을 자연스럽게 살펴볼 수 있습니다.

관찰은 OK, 하지만 이것만은 꼭 알려주세요

아이가 자기 몸을 관찰하는 것은 문제가 되지 않지만, 안전하고 건강하게 호기심을 풀어갈 수 있도록 아래의 규칙을 알려주세요.

나만의 공간에서: 내 몸은 소중하므로, 관찰은 내 방이나 욕실처럼 개인 공간에서 문을 닫고 하는 것이 좋아요.

깨끗한 손으로 조심스럽게: 성기를 만질 때는 손을 깨끗이 씻고, 다치지 않도록 조심스럽게 다뤄야 해요.

거울은 OK, 카메라는 NO!: 디지털 기기로 성기를 촬영하는 것은 매우 위험해요. 사진은 완전히 삭제되지 않을 수 있고, 외부로 유출될 위험이 있어요. 관찰은 눈으로 직접 보거나 거울을 사용하는 방식으로만 하도록 알려주세요.

호기심을 성교육의 출발점으로 삼으세요

성교육 책에서 '성기를 관찰해보라'는 안내는 단순한 행동 권장이 아니라, 자기 몸을 있는 그대로 이해하고 존중하는 경험을 돕기 위한 것입니다. 아이는 순수하고 건전한 마음으로 자기 몸을 알고 싶어 합니다. 이 호기심을 부모가 따뜻한 관심과 올바른 정보로 채워준다면, 아이는 자기 몸을 소중히 여기며 건강한 성 의식을 키워갈 수 있습니다.

무엇보다 성에 관한 이야기를 자연스럽게 나눌 수 있는 신뢰 관계가 형성된다면, 앞으로 어떤 상황이 닥치더라도 부모와 아이가 함께 지혜롭게 해결해 나갈 수 있습니다.

아이의 몸에 대한 호기심은 성교육을 시작할 수 있는 가장 좋은 기회입니다.

아들이 자위를 시작한 것 같은데, 어떻게 대화해야 할까요?

Q 초등학교 6학년 아들을 둔 엄마입니다. 최근 방 청소를 하다 보니 휴지와 물티슈가 휴지통에 많이 쌓여 있는 걸 몇 번 발견했습니다. 사춘기 변화일 수 있겠다 싶어 남편에게 먼저 얘기해보라 했고, 며칠 뒤 아이가 혼자 방에 있는 걸 보고 조심스럽게 자위에 관해 물었지만 아이는 부인했습니다. 저는 자위가 자연스러운 성장 과정이고 부끄러운 게 아니라는 점, 영상물은 건강하게 바라봐야 한다는 정도만 이야기했는데요. 이후 어떻게 대화를 이어가야 할지 고민입니다.

A 사춘기 아이에게서 신체 변화나 성적인 행동의 흔적을 발견하면 많은 부모가 당황합니다. 때로는 '못 본 척'하고 싶기도 하고, 어떻게 말해야 할지 몰라 머뭇거리게 되지요. 하지만 이 시기는 단순히 행동을 바로잡는 시간이 아니라, 아이와의 관계를 한층 깊게 다지고 건강한 성 가치관을 심어줄 중요한 기회입니다.

자위는 정상적인 성장 과정의 일부입니다

자위는 자기 몸을 스스로 자극해 신체 반응을 경험하는 행위로, 신체에 대한 관심과 이해의 표현입니다. 시작은 단순합니다. 음란물이나 친구의 영향도 있지만, 성기는 신경세포가 밀집된 부위라 우연한 접촉만으로도 기분 좋은 감각을 느끼게 되고, 반복되는 경우가 많습니다.

처음엔 신기하거나 재미있어 시작하지만, 점차 스트레스나 불안을 해소하려는 방식으로 이어지기도 합니다. 이때 자위를 부정적으로 여기면 아이는 수치심이나 혼란을 느낄 수 있고, 자기 몸에 대해 왜곡된 인식을 갖게 될 수도 있습니다.

부모가 살펴봐야 할 세 가지 기준

자위에 대해 건강하게 접근하고 있는지 판단할 수 있는 기준은 다음과 같습니다.

장소는 적절한가?

자위는 아주 개인적인 행위입니다. 공공장소나 문이 열려 있는 공간에서 이뤄졌다면 반드시 대화가 필요합니다. "하지 마"보다는, 어떤 공간에서 가능하고 어디에서는 안 되는지를 구체적으로 설명해주세요.

안전하게 하고 있나?

방법: 너무 세게 하거나 반복해서 통증이 생긴다면 건강하지 않은 방식입니다. 자기

손으로, 천천히 감각을 느끼며 진행하는 것이 가장 안전합니다.

횟수: 잠을 미루거나 숙제를 제때 하지 못할 정도라면 조절이 필요합니다.

위생: 자위 전후 손을 씻고 주변을 정리하는 기본적인 위생 교육도 필요합니다.

음란물 없이 하고 있나?

자위는 내 몸의 감각을 느끼는 것이 핵심입니다. 음란물에 의존하면 자극에 대한 기준이 영상으로 옮겨가고, 점점 더 강한 자극을 찾게 되는 악순환이 생길 수 있습니다.

아이와 이렇게 대화해보세요

장소에 대한 대화 - "네 몸을 아끼는 마음으로!"

"자위는 누구나 할 수 있는 자연스러운 행동이야. 하지만 아주 개인적인 일이기 때문에 혼자 있는 공간에서 해야 해. 엄마 아빠는 네가 스스로 몸을 알아가는 걸 존중하지만, 장소는 꼭 지켜줘야 해."

안전에 대한 대화 - "급하지 않아도 괜찮아."

"몸이 반응하고 궁금해지는 건 자연스러운 일이야. 자위는 네 몸을 잘 느끼는 게 목적이지, 세게 하거나 자주 하는 게 중요한 건 아니야. 혹시 너무 자주 해서 잠을 못 자거나 다른 일에 방해가 된다면, 어떻게 조절할 수 있을지 같이 고민해보자."

"친구들 사이에서 음란물을 보는 일이 흔할 수도 있어. 하지만 자위는 네 몸의 감각을 느끼는 거야. 영상 없이도 충분히 할 수 있고, 오히려 그게 더 건강해."

금지가 아니라, 건강한 균형의 문제입니다

자위는 해도 되는가, 안 되는가를 판단하는 문제가 아닙니다. 자기 몸을 어떻게 다루고 조절할 수 있는지를 배우는 '관리의 영역'입니다. 직접적인 통제보다는 아이가 자율적으로 조절할 수 있도록 환경과 심리적 여유, 대화 분위기, 다양한 경험 기회를 제공하는 것이 더 효과적입니다.

자위가 삶의 중심이 되지 않도록, 아이가 관심을 가질 수 있는 활동이나 즐거운 자극을 경험할 수 있게 도와주세요. 이것이 건강한 성장을 위한 진짜 교육입니다.

열린 마음으로 기다려주세요

자위 행동을 발견했을 때 가장 중요한 것은 부모의 태도입니다. 자위를 문제로 여기기보다는, 아이가 신체 변화를 건강하게 받아들이도록 돕는 자세가 필요합니다. 부모의 따뜻하고 이해하는 반응은 아이가 자신의 성과 몸을 긍정적으로 받아들이는 데 결정적인 역할을 합니다.

세 가지 기준(장소의 적절성, 안전성, 음란물과의 분리)을 바탕으로 아이의 행동을 살펴보세요. 기준이 잘 지켜지고 있다면 크게 걱정하지 않아도 됩니다.

하지만 그중 하나라도 반복적으로 벗어나고 있다면, 그 지점에 초점을 맞춰 아이와 이야기를 나눠보세요.

옳고 그름을 나누기보다는, 아이가 자율성과 책임감을 함께 키워갈 수 있도록 지켜봐주는 부모의 태도가 무엇보다 중요합니다.

자위는 아이가 자기 몸을 이해하고 조절하는 법을 배우는 자연스러운 성장 과정입니다.

거실에서 성기를 만지는 아이, 사회적 규칙을 알려주고 싶어요

Q 저녁 시간, 온 가족이 거실에 모여 TV를 보고 있는데, 초등학교 2학년 아들이 갑자기 팬티 안으로 손을 넣고 성기를 만지기 시작했습니다. 순간 너무 놀라서 말도 못 하고 눈치만 줬어요. 자위가 자연스러운 행동이라는 말은 들었지만, 이런 장소에서 해도 되는 건지 혼란스럽고, 아이에게 어떻게 알려줘야 할지 막막합니다. 상처 주지 않으면서도 꼭 알려줘야 할 것 같은데, 어떻게 말해야 할까요?

A 초등 저학년 아이가 가족이 함께 있는 공간에서 성기를 만지는 모습을 보면 부모는 당황할 수밖에 없습니다. "이게 잘못된 습관이 아닐까?", "다른 사람 앞에서 이런 행동을 해도 되는 걸까?" 하는 걱정이 드는 것도 자연스러운 반응입니다. 하지만 이 시기의 자위는 성적인 문제라기보다, 아이가 자기 몸을 탐색하고 감각을 익혀가는 정상적인 발달 과정의 일부입니다. 이 상황을 어떻게 이해하고 반응하느냐에 따라, 아이의 성 인식이 건강하게 자리 잡을 수 있습니다.

몸을 탐색하고 이해하는 중이에요

초등 저학년의 자위는 성인의 성적 행동과는 의미가 다릅니다. 이 시기 아이들은 성적인 상상이나 타인의 시선을 의식하기보다, 단순히 몸에 대한 호기심과 편안한 감각을 추구하는 과정에 있습니다. 성기를 만졌을 때 느끼는 감각은 자연스럽지만, 그것을 언제 어디서 표현해야 하는지는 아직 배우는 중입니다.

발달 심리학적으로도 이 시기는 '신체 경계감(body boundary)'을 형성하는 중요한 시기입니다. 자기 몸을 탐색하고 이해하는 과정은 건강한 자아 개념 형성에 꼭 필요한 경험입니다. 다만, 이 탐색이 사회적 맥락 안에서 적절하게 이루어질 수 있도록 부모의 따뜻한 안내가 필요합니다.

먼저 수용하고, 그다음 알려주세요

부모가 아이의 행동을 부끄러운 일로 여기거나 성적인 문제로 낙인찍으면, 아이는 죄책감이나 수치심을 느낄 수 있습니다. 아이는 부모의 말과 표정을 통해 "이 행동이 위험하거나 부끄러운 일인가?"를 학습하게 되기 때문입니다.

따라서 먼저 아이의 호기심을 인정해주세요.

"사람은 누구나 자기 몸이 궁금해질 수 있어. 만졌을 때 편안하거나 기분 좋은 느낌이 드는 것도 자연스러운 일이야. 그런 게 나쁜 행동은 아니야. 엄마는 네가 그런 걸 부끄럽게 여기지 않고, 네 몸에 대해 잘 알아가는 사람이 되었으면 좋겠어."

장소와 상황의 중요성을 알려주세요

성기를 만지는 행동은 자연스러워도, 모든 장소에서 할 수 있는 행동은 아닙니다. 특히 가족이 함께 있는 거실이나 외부 공간에서는 타인을 배려하는 사회적 규칙이 필요합니다.

행동 자체를 금지하거나 혼내기보다, 상황에 따른 기준을 차분히 알려주세요.

"내 몸을 만지는 행동은 자연스러운 일이야. 그런데 모든 행동에는 상황과 장소가 있어. 밥은 식탁에서, 잠은 침대에서 자듯이, 성기를 만지는 것도 혼자 있을 때 조용한 공간에서 하는 게 좋아. 가족이 다 같이 있는 곳에서는 다른 사람이 불편할 수도 있거든. 엄마는 네가 그런 사회적 규범도 배워가면 좋겠다고 생각해."

일관된 태도로 자기 조절 능력을 키워주세요

아이에게 자위는 자기 몸을 탐색하고 감정을 해소하거나 익숙한 감각을 반복하려는 자연스러운 행동입니다. 이 행동이 공개된 장소에서 일어났을 때, 부모가 부정적으로 반응하면 아이는 죄책감과 무력감을 느낄 수 있습니다. 중요한 것은 "나는 필요할 때 이 행동을 멈출 수 있어"라는 자기 조절 능력을 키워주는 것입니다. 같은 상황이 반복된다면, 같은 톤과 태도로 일관되게 반응해주세요. 어떤 날은 화를 내고, 어떤 날은 웃어넘기면 아이는 혼란스러워합니다.

"엄마는 네가 잘못해서 이 얘기를 하는 게 아니야. 오히려 스스로 이런 걸 알아가고 조절할 수 있다는 걸 믿기 때문에 이야기하는 거야. 누구나 자기 몸에 관심이 생기고, 성기를 만질 수도 있어. 그런데 그걸 언제, 어떻게 할지 스스로 판단할 수 있게 되는 게 더 중요해. 엄마는 네가 그런 힘을 키워가는 과정에 있다고 생각해."

이해와 규범을 배워가는 기회

공개된 장소에서 자위하는 아이의 행동은 잘못된 습관이 아니라, 자기 몸에 대한 자연스러운 탐색과 사회적 규범 학습이 겹치는 시기적 특성에서 비롯됩니다. 이 시기의 핵심은 자위 자체를 통제하려 하기보다, '어디서, 어떻게' 표현하는 것이 적절한지를 알려주는 것입니다.

부끄럽게 만들지 않고, 차분하게 맥락을 설명하면 아이는 스스로 조절하는 감각을 배워갑니다. 이런 과정을 통해 아이는 자기 몸을 긍정적으로 받아들이고, 동시에 타인과의 관계 속에서 자신을 조절하는 힘을 키워갑니다.

아이의 행동은 부끄러운 일이 아니라, 사회적 규범을 배워가는 성장의 일부입니다.

초등 저학년 아이가 바닥에 몸을 비비며 자위해요

Q 초등학교 2학년 아들이 방에서 바닥에 엎드려 몸을 비비며 자위하는 모습을 보았습니다. 땀을 흘리고 신음소리까지 내며 매우 집중한 상태였고, 자주는 아니지만 가끔 이런 방식으로 자위를 하곤 합니다. 남자아이들이 자위를 많이 한다는 이야기는 들었지만, 이렇게 어린 나이에 시작할 줄은 몰랐고, 벌써 이런 행동을 하면 나중에 얼마나 더 자주 하게 될지 걱정이 됩니다. 초등 저학년부터 자위해도 되는 건지, 멈추게 해야 하는 건지 알고 싶습니다.

A 아직 어린아이로만 생각했던 아들이 바닥에 엎드려 몸을 비비며 몰입하는 모습을 본 순간, 부모로서 당황스럽고 걱정스러운 마음이 드는 건 너무나 자연스러운 반응입니다. 어떻게 반응해야 할지 막막해지기도 하지요. 하지만 아동기의 자위는 감각을 탐색하고 자기 몸을 이해해가는 과정의 일부로, 반드시 제지해야 할 행동이라기보다 아이가 안전하고 건강하게 조절할 수 있도록 도와주는 것이 중요합니다.

255

아이의 자위, 생각보다 이른 시기에 시작될 수 있어요

자위는 사춘기나 성인에게만 나타나는 행동이 아닙니다. 태아기부터 영아기, 아동기, 청소년기까지 다양한 시기에 일부 아이들에게 자연스럽게 나타날 수 있는 감각 탐색의 한 형태입니다. 성기를 만졌을 때 느껴지는 쾌감에 관심을 갖고 반복하다 보면 습관이 되기도 합니다.

어떤 아이는 유아기부터, 어떤 아이는 초등학교 입학 후 처음 시작하기도 합니다. 아동기에 자위한다고 해서 성행위가 빨라지거나 빈도가 비정상적으로 늘어나는 것은 아닙니다. 성장 과정 속에서 빈도나 방식은 달라질 수 있고, 다양한 관심사로 전환되기도 합니다.

하루에 한두 번 정도는 흔한 일이지만, 일상생활을 방해할 만큼 지나치다면 전문가 상담이 필요합니다.

야단치면 오히려 더 숨겨요

아이의 자위 행위를 강하게 제지하거나 야단치면, 아이는 자신이 잘못된 행동을 했다고 여기게 됩니다. 이로 인해 자위를 더 은밀하게 하거나, 불안과 스트레스를 해소하기 위한 수단으로 변질될 수 있습니다.

또한 성에 대한 부정적인 인식을 심어주고, 부모와의 신뢰 관계에도 영향을 줄 수 있습니다. 자위는 성장 과정의 일부로 받아들이고, 차분하게 반응하는 태도가 필요합니다.

금지는 NO, 안전한 방법은 YES

아이가 자위를 할 때 신체에 무리가 갈 수 있다는 점을 인식하지 못할 수 있습니다. 안전하고 건강한 방법을 알려주는 것이 중요합니다.

몸에 무리가 가지 않도록

딱딱한 바닥에 몸을 비비는 방식은 몸의 체중이 성기 쪽으로 실려, 피부에 상처나 염증을 유발할 수 있습니다.

→ "몸에 무리가 가지 않도록 조심해야 해."

혼자 있는 공간에서만

자위는 지극히 사적인 행동입니다.

→ "네 방이나 욕실처럼 혼자 있을 수 있는 곳에서 하는 거야."

이런 설명을 통해 아이는 공적인 상황과 사적인 행동을 구분하는 법을 배우게 됩니다.

다른 즐거운 활동으로 자연스럽게 전환해요

아동기는 다양한 경험을 통해 몸과 마음이 균형 있게 성장하는 시기입니다. 자위에만 지나치게 집중하면 성장의 기회를 놓칠 수 있습니다.

부모가 "오늘은 같이 공기놀이해 볼까?", "공원에 가서 자전거 타자!"처럼 재미있는 대안을 제시하면, 아이는 자연스럽게 관심을 다른 활동으로 옮기게 됩니다. 이렇게 스스로 전환하는 경험을 통해 균형 잡힌 행동을 익혀나갈 수 있습니다.

자위는 아이가 자기 몸을 이해하고 조절하는 법을 배우는 하나의 단계입니다.

자위 횟수가 늘어난 것 같은데, 어떻게 줄일 수 있을까요?

Q 초등학교 6학년 아들을 둔 부모입니다. 최근 아이가 방에 혼자 있는 시간과 화장실 이용 시간이 늘었고, 평소보다 피곤해하고 예민해하는 모습을 보입니다. 방 청소 중 책상에 티슈가 자주 쌓여 있는 걸 보니 자위 횟수가 증가한 게 아닌가 싶습니다. 이야기를 꺼내기에 조심스럽고 간섭으로 보일까 우려되어 지켜보고만 있습니다. 자위가 너무 잦으면 문제가 되는지, 어떻게 도와야 하는지 궁금합니다.

A 사춘기 아이가 자위를 자주 한다는 걸 알게 되면, 부모로서는 누구나 혼란스러울 수 있습니다. 눈에 띄게 횟수가 늘어나거나, 마치 일상처럼 반복될 때면 '혹시 중독된 건 아닐까?', '건강에 문제는 없을까?' 하는 걱정이 앞서게 됩니다. 하지만 이 시기의 자위는 단순히 성적인 호기심 때문만은 아닙니다. 감정이 불안하거나 스트레스받을 때, 습관처럼 반복되는 경우도 많습니다. 그래서 억지로 막거나 문제로만 보기보다, 그 행동이 어떤 감정이나 상황 속에서 나타나는지를 이해하는 게 먼저입니다.

횟수보다 신호를 읽어주세요: 자위는 감정의 출구입니다

사춘기 초입의 자위는 대부분 정상적인 발달 과정에서 나타나는 자연스러운 행동입니다. 특히 초등학교 고학년 시기는 신체적 변화와 함께 정서적 변화도 급격히 일어나는 시기입니다. 아이는 몸의 변화에 대한 호기심으로 자신의 신체를 탐색하게 되고, 이때 느낀 '기분 좋은 경험'은 기억에 남아 반복으로 이어질 수 있습니다. 이러한 기억은 반복을 낳고, 반복은 습관이 됩니다.

이 시기의 자위는 성적 자극 반응에 그치지 않고, 스트레스를 해소하거나 무료함을 달래고, 복잡한 감정을 정리하는 방식으로 사용되기도 합니다. 중요한 것은 '얼마나 자주 하느냐?'가 아니라, '그 행동을 통해 아이가 무엇을 해결하려 하는가?'를 함께 들여다보는 것입니다.

자위의 이유 파악: 아이 마음의 '감정-행동 패턴' 읽기

자위가 자주 나타나는 시간대나 상황을 관찰하며 감정과 행동 사이의 패턴을 파악해보세요. 숙제를 마친 후 혼자 있을 때, 친구와 갈등이 있었던 날, 시험 기간처럼 스트레스가 많은 시기에 자위 빈도가 높아진다면, 이는 자위가 감정 조절의 수단으로 사용되고 있음을 의미할 수 있습니다.

대화해보기 : "사람이 기분이 답답하거나 불안할 때, 익숙한 행동을 반복하게 되는 경우가 많아. 혹시 자위를 하게 되는 상황이나 기분이 정해져 있는 것 같니? 심심할 때라든가, 스트레스 받았을 때 같은 거. 만약 그런 기분을 느낄 때마다 몸이 반응하는 거라면, 자위를 통해 네 감정을 다루고 있다는 걸 자신도 알 수 있을 거야."

실천 팁: 자위가 나타나는 시간대와 감정을 메모해보며 '감정-행동 일기'를 써보도록 도와주세요. 아이가 자위를 통해 어떤 기분을 조절하고 있었는지 먼저 알아차릴 수 있도록 돕는 것이 중요합니다.

습관을 바꾸는 환경 조성해주기

자극적인 콘텐츠에 무방비로 노출되어 있거나, 혼자 있는 시간이 많고 활동량이 적으면 자위가 가장 손쉬운 감정 해소 방법으로 자리 잡을 수 있습니다. 이럴 때는 자위를 금지하는 대신, 에너지를 다양한 방식으로 표현할 수 있는 환경을 조성해주는 것이 효과적입니다.

대화해보기: "영상이나 스마트폰처럼 자극적인 걸 보면 자위 생각이 더 많이 들 수 있어. 그래서 그런 자극을 덜 보게 하거나, 손이 바쁜 활동을 해보는 것도 도움이 될 수 있어. 자위를 못 하게 하자는 게 아니라, 너한테 더 좋은 방법도 있다는 걸 알려주고 싶은 거야."

실천 팁: 자위가 자주 나타나는 시간에 산책이나 운동, 만들기 등 손을 사용하는 활동을 함께 의논해보세요. '하지 말자'보다 '이걸 해보자' 식의 제안이 효과적입니다.

수치심을 걷어내는 열린 대화법

자위를 무조건 숨겨야 하는 행동, 들키면 혼나는 행동으로 만들면 아이는 부모와의 대화를 차단하게 됩니다.

반대로, 자위가 자기 몸에 대한 자연스러운 탐색이며, 자신을 관리하는 과정이라는 점을 인식시켜주면, 아이는 자기 행동을 부정하거나 숨기지 않고 조절하는 방향으로 나아갈 수 있습니다.

대화해보기: "자위는 네 몸을 네가 알아가는 과정이야. 그리고 네 몸은 네 거니까, 어떻게 다룰지 스스로 판단하는 연습이 중요해. 엄마는 자위가 나쁜 행동이라고 생각하지 않아. 다만 네 몸에 무리가 되지 않게, 영상 없이도 네 감각에 집중하는 게 더 건강하다고 생각해."

실천 팁: 부모가 먼저 민감한 주제에 편안하게 접근할수록 아이도 마음을 열게 됩니다. '된다/안 된다'보다 '어떻게 하면 더 건강하게 다룰 수 있을까'로 시선을 전환해 주세요.

전문가의 도움이 필요한 경우

대부분의 경우, 자위는 정상적인 발달 과정의 일부입니다. 하지만 아래와 같은 상황에서는 청소년 상담 전문가의 도움을 고려해보세요.

- 자위가 일상생활(학업, 사회적 관계, 수면 등)에 지장을 줄 정도로 과도한 경우
- 자극적인 콘텐츠에 지나치게 의존하거나, 강박적으로 자위를 반복하는 모습이 보이는 경우
- 아이가 자위로 인해 죄책감이나 자존감 저하를 심하게 느끼는 경우
- 부모-자녀 간 대화가 어려워 소통이 단절된 경우

함께 성장해나가는 시간

자위는 아이가 자기 몸과 감정을 탐색하고 조절해나가는 자연스러운 성장 과정의 일부입니다. 횟수가 늘어난다고 해서 문제라고 단정 짓기보다는, 그

이면에 감춰진 감정의 흐름이나 일상의 패턴을 함께 살펴보는 시선이 필요합니다. 아이가 스스로 자위를 조절하고 균형 있게 다룰 수 있도록 도와주는 것은, 단순한 금지나 통제가 아닌 공감과 안내, 그리고 대안적 경험을 제시하는 일상적인 실천을 통해 가능해집니다. 부모가 먼저 이 주제에 대해 편안하고 열린 태도를 가질 때, 아이도 자신의 변화를 자연스럽게 받아들이고 건강하게 관리할 수 있게 됩니다.

자위가 반복될수록 그 행동의 빈도보다, 아이가 무엇을 느끼고 풀어내려는지를 함께 읽어주는 것이 중요합니다.

딸이 음란물을 보며 자위하는 모습을 봤어요

Q 초등학교 6학년 딸이 스마트폰으로 음란물을 보며 자위하는 모습을 보았습니다. 너무 놀란 나머지 아이에게 소리를 지르며 혼을 냈고, 아이는 당황한 채 방에 틀어박혔습니다. 그날 이후 아이는 저와 눈도 마주치지 않고, 말도 하지 않습니다. 저 역시 아이와 마주하는 것이 어색하고, 어떻게 대화를 시작해야 할지 막막합니다. 요즘 아이들이 자위를 많이 한다는 이야기는 들었지만, 막상 제 딸이 그런 행동을 하는 걸 보니 받아들이기 어렵습니다. 어떻게 해야 할까요?

A 갑작스러운 상황에 놀라고 당황할 수 있습니다. 자위에 대한 부정적인 인식이 강한 부모 세대에게는 아이의 행동이 충격적으로 느껴질 수 있습니다. 하지만 지금 가장 중요한 것은 아이와의 관계를 회복하고, 성에 대해 건강하게 소통할 기회를 만드는 일입니다.

자위는 누구나 경험하는 자연스러운 행동입니다

자위는 자기 몸에 대한 탐색과 감각을 느끼는 자연스러운 과정입니다. 영유아기부터 시작되는 신체 호기심은 사춘기에 접어들며 성적 욕구로 이어지고, 자위를 통해 이를 해소하게 됩니다. 이는 인간의 본능적인 반응이며, 누구나 다양한 방식으로 자신의 감각을 경험할 수 있습니다.

따라서 부모는 자위에 대한 부정적인 시각을 내려놓고, 이를 자연스러운 성장의 일부로 받아들이는 태도가 필요합니다. 그래야 아이의 행동을 이해하고, 건강한 대화를 시작할 수 있습니다.

아이의 자위가 음란물과 함께 나타났다면, 이는 단순한 호기심이 스마트폰을 통해 자극적인 콘텐츠에 노출되면서 표현된 결과일 수 있습니다. 아이의 행동을 단편적으로 판단하기보다, 그 배경과 감정을 함께 살펴보는 시각이 필요합니다.

아이의 마음을 먼저 안아주세요

이럴 때 필요한 것은 훈계가 아니라 회복입니다. 부모가 먼저 용기를 내어 그날의 반응에 대해 사과하고, 아이의 마음을 다독여주세요. 아이는 부모의 큰 반응으로 인해 깊은 수치심과 죄책감을 느끼고 있을 수 있습니다. 그 기억은 오랫동안 마음에 상처로 남을 수 있습니다.

"엄마(아빠)가 갑자기 소리를 질러서 정말 미안해. 갑작스러운 상황에 놀라서 당황한 거였어. 네 잘못이 아니야."

이런 말은 아이에게 '나는 너를 이해하려고 노력하고 있어'라는 메시지를 전합니다. 아이가 부모에게 성에 대한 고민을 털어놓지 못 하게 되면, 결국 인터넷의 자극적인 정보에만 의존하게 되고, 건강한 성 의식을 형성할 기회를 잃게 됩니다.

비난보다 이해, 대화의 문을 여는 질문이 필요해요

이 상황을 부정적인 사건으로만 받아들이지 마세요. 오히려 아이와 성에 대해 진솔하고 건강한 대화를 시작할 기회로 삼아보세요. 대화할 때는 아이를 비난하거나 훈계하기보다, 아이의 마음과 호기심을 있는 그대로 받아들이는 따뜻한 자세가 필요합니다.

"요즘 키도 많이 크고 목소리도 변하고 있는데, 몸에서 느껴지는 변화가 있니?"

"궁금하거나 이상한 점이 있으면 언제든 엄마(아빠)한테 편하게 물어봐도 돼."

"스마트폰 보다가 헷갈리거나 궁금했던 게 있었어?"

이런 질문은 아이에게 '부모는 내 이야기를 들을 준비가 되어 있다'는 신호가 됩니다. 부모가 먼저 마음을 열면, 아이도 조금씩 자신의 이야기를 꺼낼 수 있게 됩니다.

건강하고 안전한 자위를 위한 가이드

자위 자체를 금지하기보다, 건강하고 안전한 방법을 알려주는 것이 중요합니다.

위생 관리: 자위 전후에는 손과 성기를 깨끗이 씻고, 분비물도 위생적으로 처리해야 합니다. 청결은 기본입니다.

공간 에티켓: 자위는 개인적인 행위이므로, 타인에게 노출되지 않도록 방이나 욕실 등 사적인 공간에서만 해야 함을 알려주세요.

일상 조절: 자위는 에너지를 소모하는 행위입니다. 과도하게 몰두하면 학업이나 일상에 영향을 줄 수 있으므로, 적절히 조절하는 습관을 들이는 것이 필요합니다.

음란물과 분리하기: 자위를 할 때는 자극적인 영상보다 자기 몸과 감각에 집중하는 것이 중요합니다. 몸에 집중하지 못한 채 흥분된 상태에서 음란물에 의존해 성기를 강하게 자극하면 조절력이 약해지고, 몸에 무리를 주는 습관으로 이어질 수 있습니다.

왜 음란물 없는 자위여야 할까?

음란물은 성을 왜곡하고 과장하여 상업적으로 제작된 콘텐츠입니다. 존중이나 친밀감보다는 자극적인 장면을 극대화하는 데 초점이 맞춰져 있어, 이를 반복적으로 접하면 아이는 왜곡된 성 관념을 무의식적으로 받아들이게 됩니다.

자극적인 영상에 의존하게 되면, 자기 몸이 느끼는 감각을 조절하는 능력을 키우지 못하고, 점점 더 강한 자극을 찾게 되어 자위가 중독적으로 변할 수 있습니다. 또한 음란물 속 비현실적인 신체 이미지나 성행위 방식은 아이에게 불필요한 죄책감과 수치심을 유발할 수 있습니다.

'나는 왜 저렇지 않을까?', '내 몸은 왜 다를까?'라는 생각은 자존감을 떨어뜨리고, 자신을 부정적으로 바라보게 만듭니다.

미래의 관계에도 영향을 미칩니다

왜곡된 성 의식은 자위행위에만 영향을 미치는 것이 아닙니다. 훗날 실제 관계에서도 상대방을 존중하지 못하거나, 동의 없이 자극적인 행위를 시도하는 등 건강하지 못한 성적 태도로 이어질 수 있습니다.

성은 상대방과의 소통과 존중, 감정적 유대를 바탕으로 이루어지는 것이며, 음란물처럼 일방적이고 자극적인 행위가 아니라는 점을 분명히 알려주세요.

부모가 전해야 할 메시지

부모는 음란물 속 성의 표현이 현실과 다르다는 점을 분명히 교육해야 합니다.

"음란물은 영화처럼 꾸며진 것이고, 실제 성은 서로를 존중하고 배려하는 관계 속에서 이루어지는 거야."

"모든 사람의 몸은 다르며, 그 자체로 소중해."

이런 메시지를 반복해서 전달해주세요. 그리고 자위를 할 때는 자극적인 영상보다 자신의 감각에 집중하는 것이 건강한 방법임을 알려주세요. 감각을 느끼고 조절하는 능력을 키우는 것이 건강한 자위의 핵심입니다.

당황스러운 순간일수록 아이의 마음을 먼저 안아주고, 건강한 성교육의 기회로 삼는 것이 좋습니다.

강제로 당하면 재밌겠다는 딸의 일기, 어떻게 대화해야 할까요?

Q 초등학교 6학년 딸의 일기를 우연히 보게 되었습니다. 그런데 그 안에는 전혀 예상하지 못한 내용들이 적혀 있었습니다. '친구에게 맞거나 꼬집힐 때 흥분된다', '강제로 당하면 재미있겠다'는 등 성적인 상상들이었습니다. 일기를 덮는 순간 가슴이 철렁 내려앉았습니다. '내 아이에게 무슨 일이 있는 걸까?', '이대로 두면 안 되는 거 아닐까?' 하는 두려움이 밀려왔습니다. 어떻게 접근해야 할지, 어디서부터 시작해야 할지 막막하기만 합니다.

A 딸의 일기에서 예상치 못한 성적 표현을 발견한다면 충분히 당혹스러울 수 있습니다. 아직 어린 딸이 이런 상상을 했다는 사실이 두렵고, 혹시 잘못된 방향으로 발달하고 있는 것은 아닌지 염려될 것입니다. 하지만 아이의 표현을 성급히 '이상하다'고 단정하기보다, 그 안에 담긴 감정과 배경을 차분히 들여다보는 것이 필요합니다. 이번 기회를 아이와 성에 대해 솔직하고 안전한 대화를 시작하는 계기로 삼아보세요.

아이의 일기, 무엇을 말하고 있을까?

강렬한 감각을 혼동하는 아이들

아직 성적인 감정을 명확히 인지하지 못하는 아이들은 고통, 두려움, 긴장과 같은 강렬한 생리적 반응을 성적 흥분으로 혼동할 수 있습니다. 맞거나 꼬집힐 때 분비되는 아드레날린은 심박수를 높이고 극도의 긴장 상태를 유발합니다. 아이는 이 반응을 '흥분'이라는 이름으로 잘못 해석하고 있을 수 있습니다. 신체 반응을 올바르게 이해하고 이름 붙이는 교육이 필요합니다.

통제에서 벗어나고 싶은 복잡한 심리

'강제로 당하는 상황'에 대한 상상은 역설적으로 들릴 수 있지만, 일상의 책임과 선택의 부담에서 잠시 벗어나고 싶은 욕구가 성적으로 변형되어 나타난 것일 수 있습니다. '내가 선택하지 않았으니 책임도 없다'는 심리적 안전장치를 만들면서도, 동시에 강렬한 경험을 상상하는 것입니다.

정서적 결핍과 보상적 판타지

건강한 관심과 애정을 충분히 경험하지 못한 아이는 정서적 불안이나 애정 결핍을 느낄 수 있습니다. 이러한 내면의 불안감을 해소하고 해방감이나 쾌감을 얻으려는 방법으로 폭력적인 상상을 선택하기도 합니다. 또한 죄책감을 느끼는 아이는 무의식적으로 '처벌'을 통해 '용서'를 받는 시나리오를 상상하며 안도감을 느끼려 할 수 있습니다. 이는 복잡한 자기 처벌 심리로, 전문가의 도움이 필요할 수 있습니다.

아이와 나눠야 할 성에 대한 진짜 이야기

'강렬한 자극'과 '성적 쾌감'은 다르다

아이에게 고통과 불안으로 인한 긴장과, 안전함과 선택에서 오는 성적 쾌감은 완전히 다른 것임을 명확히 설명해야 합니다. 성적 기쁨은 안전하고 편안한 상황에서, 스스로 원할 때 느껴지는 감정이라는 점을 강조해주세요.

미디어와 현실의 폭력적 메시지 분리하기

웹툰, 로맨스 소설, SNS 숏폼 영상 등 청소년들이 접하는 콘텐츠에는 '강제적인 상황이 결국 사랑으로 포장되거나, 거부하는 사람이 결국 끌리는' 식의 동의 없는 행동을 로맨틱하게 묘사하는 장면이 많습니다. 아이는 이런 메시지를 통해 '진정한 감동은 통제력을 잃었을 때 발생한다'는 잘못된 인식을 형성했을 수 있습니다.

성적 판타지는 타인과의 윤리적 관계임을 인지하기

성은 나 혼자만의 상상이 아니라, 타인과의 관계 속에서 발생하는 윤리적 문제임을 인지시켜야 합니다. 공감과 동의의 관점을 함께 교육하는 것이 중요합니다.

어떻게 말을 꺼내야 할까? 단계별 대화법

1단계: 사생활 침해에 대한 인정과 사과

일기는 아이의 가장 사적인 공간입니다. 대화의 시작은 일기장을 본 것에 대한 진심 어린 사과여야 신뢰를 기반으로 대화를 이어갈 수 있습니다.

"엄마/아빠가 네 일기를 우연히 보게 되었어. 네 사생활을 존중해야 했는데 미안해. 하지만 네 마음과 생각이 궁금해서 이야기해보고 싶어."

2단계: 감정의 스펙트럼 교육과 신체 이해

'흥분'이라는 표현이 단순한 긴장감인지, 성적 감정인지 구분할 수 있도록 도와주세요. 위험한 상황에서의 불안 반응과, 안전한 환경에서의 성적 즐거움은 전혀 다른 감정임을 알려주는 것이 중요합니다.

"네가 느낀 그 '흥분'은 사실 긴장감일 수 있어. 놀이기구를 탈 때의 두근거림과 비슷한 거야. 진짜 성적인 기쁨은 안전하고 편안하고, 네가 원할 때 느껴지는 거란다."

3단계: 미디어 리터러시와 동의의 중요성 강조

'강제는 폭력이며, 사랑이나 쾌감이 될 수 없다'는 명제를 확고히 심어주세요. 아이가 미디어의 왜곡을 스스로 분석할 수 있도록 유도하고, 건강한 관계는 존중과 자발적인 동의 위에 세워진다는 점을 강조합니다.

"웹툰이나 드라마 장면 중에 '싫다는데도 계속하는' 장면이 있었니? 현실이라면 어떤 문제가 생길까? 진짜 사랑은 상대방의 '싫어'를 존중하는 거란다."

4단계: 상상을 타인의 관점으로 확장하기

성은 서로 존중하고 배려할 때 비로소 아름다운 것임을 이야기해주세요.

"만약 네가 원하지 않는데 누군가가 너에게 강제로 무언가를 한다면 어떤 기분일까? 무서울까, 기쁠까?"

언제 전문가 도움을 받아야 할까?

다음과 같은 경우에는 전문가의 도움을 고려해야 합니다.

- 성적 표현이 매우 구체적이고 반복적이며, 상상과 현실의 경계가 모호할 때
- 특정 음란물 장면을 묘사하거나, 실제 성적 행동을 강하게 상상할 때
- 자해, 공격적 행동, 극단적인 정서 변화가 함께 나타날 때
- 성폭력 피해가 의심되는 단서(구체적인 묘사, 두려움 표현 등)가 있을 때

충격을 건강한 성장의 기회로

아이의 성적 상상을 발견하는 순간은 부모에게 큰 충격일 수 있습니다. 그러나 이것은 동시에 성교육을 시작할 수 있는 중요한 계기입니다. 성교육의 목표는 아이가 자기 몸과 감정을 이해하고, 성적 상상을 건강하게 해석하며, 현실에서는 안전하고 동의에 기반한 행동을 하도록 돕는 것입니다.
성은 숨겨야 할 금기가 아니라, 삶 속에서 자연스럽게 배워야 할 주제입니다. 부모의 차분한 태도와 열린 대화는 아이가 건강한 성 가치관을 세우는 데 결정적인 역할을 합니다.

폭력적 성에 대한 상상은 부모가 아이의 감정, 성 인식, 미디어 영향을 함께 이해하며 도와야 할 중요한 신호입니다.

밖에서 성기 노출하는 행동을 반복합니다

Q 놀이터에서 또 바지를 내렸다네요. 초등학교 4학년 아들이 학교, 학원, 놀이터에서 성기를 노출하는 행동을 반복합니다. 야단도 치고 성교육도 해봤지만 멈추지 않습니다. 아이는 사람들이 놀라는 게 재미있고, 그럴 때 기분이 좋다고 말합니다. 혹시 노출증 같은 이상 행동일까요?

A 아이가 공공장소에서 성기를 노출하는 모습을 보면 '혹시 문제가 있는 건 아닐까?' 하는 불안이 앞설 수밖에 없습니다. 하지만 이 시기의 성기 노출 행동은 성인의 노출증과는 전혀 다른 맥락에서 이해해야 합니다. 성적 호기심이 활발해지는 시기이면서도 사회적 규범을 배우는 과도기이기 때문에, 병리적 현상으로 단정하기보다는 발달 과정의 일부로 바라보는 것이 필요합니다.

아동기에서 사춘기로 넘어가는 시기, 아이는 혼란을 겪습니다

아이는 아동기에서 사춘기로 넘어가는 길목에 있습니다. 성에 대한 호기심은 어른 못지않지만, 판단력과 충동 조절 능력은 아직 미숙합니다. 사회적 예의나 타인과의 경계선을 충분히 내면화하지 못한 상태에서, 성적 충동이 생기면 이를 행동으로 옮기려는 경향이 강합니다. 그런데 주변에서는 아이를 '다 큰 아이'로 인식하기 시작하고, 그에 따른 행동 기준도 더욱 엄격해집니다. 아이로서는 참으로 혼란스러운 시기인 셈입니다.

이 시기에는 특히 주의해야 할 점이 있습니다. 외부에서 아이의 행동을 목격한 사람들이 문제의 심각성을 제기하면서 사건화될 가능성이 있다는 것입니다. 아이에게는 단순한 장난이나 호기심이었더라도, 타인에게는 심각한 문제 행동으로 받아들여질 수 있습니다.

성기 노출 행동에는 다양한 심리가 얽혀 있습니다

심리 요인	설명
관심받고 싶은 마음	타인의 놀라는 반응을 통해 자신에게 집중되는 관심을 즐깁니다. 부정적 반응도 '나를 봐주는' 신호로 받아들일 수 있습니다.
자극과 즐거움 추구	신체 노출에서 오는 흥분감이나 자극을 반복적으로 경험하려는 경향이 있습니다.
충동 조절의 어려움	'하면 안 되지만 자기도 모르게 자꾸 한다'는 아이의 말처럼, 순간적인 충동을 억제하는 데 어려움을 겪습니다.

"안 돼!" 대신 '왜 안 되는지' 알려주세요

아이의 성행동에 대해 과도하게 놀라거나 화를 내는 것은 오히려 역효과를 낳습니다. 아이에게는 부정적인 형태든 어떤 형태든 관심받는 것 자체가 행동을 강화하는 보상이 될 수 있기 때문입니다. 웃으면서 반응하거나 재미있어하는 모습 역시 행동을 더욱 강화할 뿐입니다.

대신 차분하지만 단호한 태도로 '다른 사람들 앞에서 성기를 노출하는 것은 잘못된 행동'이라는 점을 분명히 전달해야 합니다. 이러한 행동이 타인에게 불쾌감을 줄 수 있고, 때에 따라서는 법적 문제가 될 수도 있음을 아이의 수준에 맞춰 설명해주세요.

사적인 공간과 공적인 공간의 개념을 알려주세요

성적인 행동은 장소와 상대에 따라 허용 기준이 달라집니다. 아이에게 사적 공간과 공적 공간의 차이를 명확히 알려주세요.

"우리 몸의 소중한 부분은 다른 사람에게 보여주지 않는 게 예의야."

"집 안 내 방이나 화장실에서는 괜찮지만, 학교나 놀이터처럼 다른 사람들이 있는 곳에서는 안 돼."

단순히 "하지 마"가 아니라 '왜 하면 안 되는지'에 대한 이유를 함께 설명하는 것이 핵심입니다.

성기 노출 대신 감각과 관심을 채울 건강한 활동을 제시하세요

아이가 감각적 쾌감이나 관심 끌기를 위해 성 행동을 한다면, 이를 대체할 수 있는 건전한 활동들을 제시해야 합니다.

신체 활동: 태권도, 수영 등 에너지를 발산할 수 있는 운동

집중 놀이: 레고, 퍼즐 등 손을 사용하는 놀이

취미 활동: 아이가 흥미를 느끼는 분야를 함께 탐색

또한 긍정적인 방식으로 관심과 인정받을 기회를 자주 만들어주는 것이 좋습니다.

긍정 행동은 칭찬하고, 부적절한 행동은 즉시 제지하세요

성행동을 보였을 때는 관심을 보이지 말고, 즉시 단호하게 '하면 안 된다'고 말하며 행동을 중단시켜야 합니다. 아이가 다른 긍정적인 행동을 했을 때는 충분히 관심을 보이고 칭찬해주어야 합니다. 이를 통해 아이는 어떤 행동이 바람직한지 자연스럽게 학습하게 됩니다.

평소 아이와 함께하는 시간을 늘리고, 대화를 통해 아이의 마음을 이해하려 노력해주세요. 앞서 언급했듯이, 아이가 충분한 관심과 사랑을 받고 있다는 안정감을 느낄 때 부적절한 방법으로 관심을 끌려는 행동이 자연스럽게 줄어듭니다.

지금이 아이에게 맞는 성교육을 시작할 적기입니다

이 시기의 아이에게는 나이에 적합한 성교육이 필요합니다. 자기 몸에 대한 소중함, 사적 공간과 공적 공간의 구분, 타인의 몸과 마음을 존중하는 법, 성적 호기심에 대한 건전한 해결 방법 등을 아이의 수준에 맞춰 차근차근 교육해야 합니다.

아이가 성에 대해 궁금증을 느꼈을 때 부모에게 자연스럽게 질문할 수 있는 분위기를 만들어주세요. 그때 올바르고 정확한 정보를 차분히 전달하면, 아이가 성을 부끄럽거나 숨겨야 할 것이 아닌 자연스럽고 긍정적인 것으로 인식하게 됩니다.

다음과 같은 경우에는 전문가의 상담이 필요합니다

다음과 같은 상황에서는 전문가의 상담을 받아보길 권합니다.

- 행동의 빈도와 강도가 계속 증가하는 경우
- 다른 부적절한 성행동이 동반되는 경우
- 일상생활에 심각한 지장을 주는 경우
- 아이가 극심한 심리적 고통을 받는 경우

전문가와의 상담은 아이에게 문제가 있다는 것을 의미하지 않습니다. 오히려 아이의 건강한 성장을 위한 적극적인 투자라고 생각하길 바랍니다.

성기 노출 행동은 문제보다 성장 과정으로 이해해야 합니다

아이의 성기 노출 행동은 성장 과정에서 나타날 수 있는 자연스러운 현상입니다. 중요한 것은 이 행동 하나만으로 아이를 문제아로 단정하거나 과도하게 걱정하지 않는 것입니다.

아이는 여전히 배우고 성장하는 중입니다. 인내심을 가지고 아이의 마음을 이해하려 노력하면서, 단호하고 일관된 교육을 통해 올바른 행동 규범을 내면화할 수 있도록 도와주세요. 필요하다면 전문가의 도움을 받아 개별적인 접근 방법을 찾는 것도 좋은 방법입니다.

무엇보다 아이에 대한 사랑과 믿음을 바탕으로 한 꾸준한 관심과 교육이 아이가 건강한 성인으로 성장하는 데 가장 중요한 밑거름이 됩니다.

♥〰〰〰

아이의 성기 노출 행동은 '문제'가 아니라, 올바른 교육과 관심으로 다듬어야 할 '성장'의 일부입니다.

아들이 엄마 속옷으로 자위를 해요

Q 속옷이 없어졌기에 찾았더니, 아이 책상 서랍에 있었어요. 초등학교 6학년 아들이 엄마의 속옷을 몰래 가져와 자위 행위에 사용하는 모습을 발견했습니다. 여러 차례 야단을 쳤지만 행동은 반복되고, 최근에는 사용한 속옷을 대충 닦아 다시 제자리에 놓기까지 했습니다. 아이가 성적으로 문제가 있는 건 아닐까 두렵고, 어떻게 교육해야 할지 막막합니다.

A 이런 상황에서 부모가 느끼는 당황스러움과 분노는 매우 자연스러운 반응입니다. 그러나 아이의 행동을 섣불리 '비정상'이나 '변태적'으로 판단하기보다, 사춘기 성 발달 과정에서 일어날 수 있는 미성숙한 시행착오로 이해하고 올바른 방향으로 이끌어야 합니다. 이를 위해 부모는 먼저 자신의 감정을 가라앉힌 뒤, 차분하고 안정된 태도로 아이와 대화를 나누는 것이 좋습니다.

성적 호기심은 자연스럽지만, 충동 조절은 아직 미숙합니다

사춘기에 접어든 아이들은 신체적 성숙과 함께 강렬한 성적 충동을 경험하게 됩니다. 하지만 이때 감정과 충동을 조절하고 이성적으로 판단하는 뇌영역은 아직 완전히 발달하지 않은 상태입니다. 충동 조절 능력과 판단력이 성인보다 현저히 부족한 시기지요. 마치 고성능 엔진을 단 자동차에 미숙한 운전자가 앉아 있는 것과 같은 상황입니다.

이러한 성장 발달의 불균형 때문에 아이들은 성적 호기심을 적절히 조절하지 못하고, 때로는 사회적 규범을 벗어나는 행동을 시도하기도 합니다.

왜 엄마의 사적인 물건을 사용할까?

성적 쾌감은 뇌의 작용과 감각 경험을 통해 형성되며, 그 요인과 대상은 사람마다 무궁무진하게 다양합니다. 인간의 뇌는 성적 판타지를 끊임없이 만들어낼 수 있기 때문에, 특정한 물건이나 상황, 대상 등이 성적인 자극으로 작용할 수 있습니다.

예를 들어, 우연히 부드러운 옷감이 피부에 닿아 강렬한 성적 흥분을 경험했다면, 이후 특정 재질의 옷을 보거나 만지는 것이 성적 쾌감으로 연결되어 자위 행위에 활용될 수도 있습니다. 이러한 맥락에서 엄마의 속옷 역시 집에서 쉽게 접근할 수 있는 성적 호기심의 대상으로 작용할 수 있습니다. 혹은 아이가 타인의 사적인 영역에 대한 호기심을 부적절한 방식으로 해소하는 과정으로 이해할 수도 있습니다.

따라서 이러한 행동을 단순히 '변태'로 낙인찍거나 수치심을 유발하는 방식으로 대처하는 것은 부정적인 영향을 끼칠 수 있습니다. 오히려 아이의 입장을 다각적으로 이해하고, 발달 과정에서 나타나는 복합적인 경험으로 바라보는 태도가 필요합니다.

화내기 전에 해야 할 일

아이의 행동에 충격받고 화가 날 수 있습니다. 하지만 아이의 행동을 '성적으로 문제가 있다'고 받아들이면 아이는 자기 성에 대해 수치심을 갖게 되고, 부모와의 대화를 단절하게 됩니다. 부모가 감정을 진정시키지 못한 채 강압적으로 억제하거나 통제하려 하면 오히려 다른 문제 행동을 유발하거나 성적 행동이 강화될 수 있습니다.

아이는 지금 '이런 충동과 감정을 어떻게 다뤄야 할지' 몰라서 시행착오를 겪는 중임을 기억해야 합니다. 또한 자위 행위에 대한 과도한 집착이나 부적절한 도구 사용은 때로 정서적인 불안정함이나 외로움의 신호일 수 있습니다. 아이가 학교생활이나 친구 관계에서 스트레스를 받고 있는지 점검해볼 필요가 있습니다.

'나'와 '타인'의 경계를 명확히 가르쳐야 합니다

엄마의 속옷을 성적 대상물로 사용하고, 훔치는 행동은 부적절하며 잘못된 행동이라는 점을 단호하게 알려주세요. 엄마의 속옷은 엄마의 사적인 물건이며, 아이의 행동은 가족 관계와 타인의 사생활 경계를 침범한 것입니다. 또한 타인의 물건을 동의 없이 몰래 훔쳐서 사용하거나 훼손하는 것은 상대방에게 불쾌감과 피해를 줄 수 있는 행동임을 설명하면서, 타인의 권리와 사생활을 존중하는 교육을 함께 해야 합니다.

건강한 성적 자극의 방향을 제시하세요

성장 과정 속에 성적 충동과 호기심, 관심은 당연한 것이지만, 이를 건강하게 해소하는 것 역시 자신의 몫임을 알려주세요. 유해하거나 타인과의 관계에 부정적 영향을 줄 수 있는 자극(타인의 사적인 물건 등)에 집착하지 않도록 해야 합니다.

성에 대한 긍정적이고 건강한 정보를 접하고, 자신의 성적 욕구를 스스로 책임지고 조절하는 방법을 배울 수 있도록 지도하는 것이 필요합니다.

건강한 자위의 방향을 알려주세요

타인의 물건이나 특정 사물에 의존하지 않고, 자신의 성적인 느낌과 감각에 집중하여 조절 능력을 키우는 과정으로써의 자위행위 방향을 알려주세요. 또한 건강하지 못한 자위 습관은 앞으로의 성관계도 잘못된 방식으로 이어지게 할 수 있다는 점을 함께 가르쳐주세요. 더불어 사적인 공간(개인의 방 등)에서 행하는 공간 에티켓과 위생 관리의 중요성을 강조하면서, 자신의 성적인 욕구를 건강하게 발산해갈 수 있도록 지도해야 합니다.

성 욕구 조절의 중요성을 가르칠 기회

아이의 성적 행동은 복합적인 요인과 미성숙한 조절 능력으로 인해 부적절하게 표현되었을 가능성이 큽니다. 이번 기회를 통해 올바른 성 지식, 안전한 경계선, 성 욕구 조절의 중요성을 지속적으로 가르친다면, 아이는 건강한 성 의식을 바탕으로 안전하고 즐거운 성적 발달을 이룰 수 있습니다.

혼내기보다는 아이의 입장을 먼저 듣고, 부끄러움 대신 배움의 기회로 연결해주세요. 비록 부모의 마음이 힘들고 복잡하더라도, 아이의 상황을 이해하고 신뢰를 회복하며 대화를 해나갈 수 있는 양육자가 되어주어야 합니다.

만약 이러한 행동이 지속되거나 다른 문제 행동이 동반된다면, 학교 상담 교사나 청소년 전문 상담 기관 등 전문가의 도움을 받는 것도 고려해보는 것이 좋습니다.

아이의 성적 행동은 미성숙한 시행착오를 겪는 과정입니다.

아이가 몸에 물건을 넣는 것 같아요

Q 아이 방을 청소하던 중 이상한 냄새가 나서 침대 옆 벽 틈을 살펴보니 비닐봉지 뭉치가 보였습니다. 봉지를 열자 고약한 냄새와 함께 비닐장갑, 연필, 물티슈가 나왔습니다. 아이가 이 물건들을 항문에 넣은 것 같아 너무 충격적입니다. 남자아이들이 흔히 하는 자위행위는 이해할 수 있지만, 항문에 무언가를 넣었다는 사실은 도저히 받아들이기 어렵습니다. 혹시 아이가 동성애자인가 하는 생각도 들어서, 어떻게 대화를 시작해야 할지 모르겠습니다.

A 아이의 행동을 보았을 때 양육자로서 큰 충격과 함께 성적 지향에 문제가 있는 것은 아닌지 걱정이 드는 것은 자연스러운 반응입니다. 이러한 감정 때문에 아이와 차분하게 대화하기가 어려울 수 있습니다. 하지만 양육자가 감정적으로 반응하면 아이와의 소통은 단절되고 관계만 멀어집니다. 아이에게 건강한 성 가치관을 전하고 진솔한 대화를 나누려면, 우선 마음을 진정시키고 차분한 태도로 다가가야 합니다.

자위는 아이마다 다르게 나타납니다

자위 행위는 자기 몸을 탐색하는 자연스러운 과정입니다. 같은 몸이라도 사람마다 다양한 자극 방법과 반응을 보입니다. 인간의 몸 전체가 성감대라고 할 정도로, 우리는 다양한 부위에서 성적 쾌감을 느낄 수 있습니다. 항문 역시 많은 신경이 분포되어 있어 남녀 모두에게 민감한 부위입니다.

아이들이 성장 과정에서 성기뿐만 아니라 다른 신체 부위도 탐구해보는 것은 흔한 일입니다. 손가락이나 물건으로 항문을 자극해보거나, 비데 물줄기를 이용하거나, 젖꼭지 등 특정 부위를 만지며 쾌감을 느끼는 경우도 있습니다.

자위 방식과 성적 지향은 별개의 문제입니다

부모로서 '혹시 우리 아이가 동성애자인가?'라는 생각이 들 수 있습니다. 하지만 항문을 자극하는 자위 행위는 성적 지향과는 무관한 행동입니다.

성적 지향은 '누구에게 끌리는가'에 대한 감정적, 심리적, 관계적인 성향이나 태도를 말하며, 특정 신체 부위를 자극하는 방식과는 직접적인 관련이 없습니다. 따라서 항문 자위를 했다는 이유만으로 아이의 성적 지향을 단정할 수는 없습니다.

"왜 그랬니?"보다 "네 마음은 어땠니?"라고 물어보세요

아이는 자신의 은밀한 행동이 들통났다는 사실만으로도 이미 큰 수치심과 두려움을 느낄 수 있습니다. 이 상황에서 부모가 당황해 화를 내거나 '더럽다', '정상이 아니다'와 같은 표현을 쓰면 아이는 자기 몸이나 감정에 대해 부정적으로 인식하게 됩니다. 더 심각한 것은, 이런 반응이 아이가 성적인 행동을 더욱 숨기게 만들 수 있다는 점입니다.

대신 다음과 같이 대화를 열어보세요.

"엄마(아빠)가 오늘 좀 놀라긴 했지만, 너랑 솔직하게 이야기 나눠보고 싶어."

"몸에 대해 궁금해지는 건 자연스러운 일이야."

"네가 다치지 않게, 건강하게 지낼 수 있었으면 좋겠어."

부드러운 말투, 따뜻한 눈빛, 조용한 공간, 이런 것들이 아이가 마음을 열 수 있는 기본 조건입니다.

아이의 상태를 살피기 위한 조심스러운 질문들

대화는 추궁이 아니라 공감과 이해를 위한 도구입니다. 아래와 같은 질문을 조심스럽게 던져보며, 아이의 상태를 함께 살펴보세요.

- 처음 그런 행동을 하게 된 계기가 있었는지

- 얼마나 자주, 어느 정도의 강도로 하고 있는지

- 어떤 영상이나 내용을 접하고 따라 하게 된 건 아닌지

- 아이가 가지고 있는 성적 상상은 어떤 건지

- 요즘 마음이 불편하거나 스트레스를 받은 일은 없는지

- 혹시 성적인 피해 경험이 있거나, 다른 사람에게 그런 행동을 한 적은 없는지

특히 음란물 노출이나 성적 트라우마 여부는 반드시 확인이 필요합니다. 성인의 성적 콘텐츠를 일찍 접하면 비정상적인 자극 방식에 쉽게 노출되고, 이를 따라 해보려는 행동으로 이어질 수 있습니다.

위험은 알려주되, 몸은 존중받아야 합니다

항문은 배변을 위한 기관으로 예민하고 쉽게 다칠 수 있습니다. 따라서 항문에 연필이나 비닐장갑 등을 넣는 것은 여러 위험을 동반합니다. 항문 조임근 손상이나 상처 발생, 대장균으로 인한 세균 감염, 직장 내벽 손상으로 인한 출혈, 이물질로 인한 알레르기 반응 등의 의학적 위험성이 있습니다. 이런 위험성을 설명할 때는 단순히 금지하는 방식이 아니라, '네 몸을 소중히 여기고 건강하게 관리하는 방법'이라는 관점에서 접근해야 합니다. 아이가 자기 몸을 사랑하고 보호하는 마음을 갖도록 도와주세요.

아이에게 알려줄 수 있는 건강한 성 지식

아이의 성적 호기심과 욕구 자체를 부정하지 말고, 더 안전하고 건강한 방법들을 함께 모색해보세요. 개인위생 관리의 중요성(손 씻기, 청결한 환경 유지, 공용 물건 사용하지 않기 등), 적절한 장소와 시간 등에 대해 구체적으로 안내할 수 있습니다.

또한 나이에 맞는 성교육 도서나 신뢰할 수 있는 자료를 함께 찾아보거나, 필요 시 전문가의 도움을 받는 것도 고려해볼 수 있습니다. 특히 행동이 강박적으로 반복되거나, 일상생활에 지장을 주거나, 심한 죄책감을 보이는 경우 전문가 상담이 필요합니다.

부모의 태도는 아이에게 그대로 전달됩니다

아이가 항문 자위를 했다는 사실은 부모에게 당황스러운 일이지만, 이것이 잘못되거나 '이상한' 일만은 아닙니다. 아이와의 신뢰를 바탕으로 성에 대해 자연스럽고 건강하게 이야기 나눌 수 있다면, 이 경험은 오히려 아이의 성 의식과 자기 몸에 대한 존중을 길러주는 기회가 될 수 있습니다.

양육자가 아이와 지속적으로 대화하며 건강한 성 지식과 안전한 경계선을 알려주고, 성적 욕구 조절 방법을 함께 고민해나간다면 아이는 건강한 성 의식을 바탕으로 안전하고 즐거운 성을 만들어갈 수 있습니다.

무엇보다 아이가 부모에게 언제든지 자신의 고민을 털어놓을 수 있도록, 차분하고 따뜻한 자세로 곁에 있어 주세요. 아이는 그 안에서 성숙하고, 자신을 존중하는 어른으로 자라날 수 있습니다.

아이가 몸에 물건을 넣는 행동은 성적 호기심과 발달 과정에서 나타나는 탐색의 과정일 수 있습니다.

PART 3
내 아이의 연애

관계와 동의, 사랑과 존중을 가르쳐주세요

아들이 여자 친구들에게 몸매에 관한 얘기를 해요

Q 초등학교 5학년 아들을 키우고 있는데, 며칠 전 담임선생님께서 연락을 주셨습니다. 체육 시간에 우리 아들과 남자아이들이 여자 친구들에게 "몸매 좋네", "다리 예쁘다"라는 식으로 말해서 여자아이들이 많이 불편해했다고 하시더라고요. 집에 와서 아들에게 물어보니 "예쁘다고 칭찬한 건데 뭐가 문제야", "친구들도 다 그렇게 말하는데"라고 하더군요. 아들은 정말 악의 없이 말한 것 같은데, 그게 더 걱정스럽습니다. 아이가 왜 그런 말을 하면 안 되는지 전혀 이해하지 못하고 있어서 어떻게 설명해줘야 할지 막막합니다.

A 악의는 없지만, 자기 말이 어떤 의미로 전해졌는지 전혀 모른다는 점이 더 걱정스럽습니다. 초등 자녀를 둔 부모라면 이런 상황에서 고민하게 됩니다. 하지만 이럴 때야말로 아이에게 성 인지 감수성을 가르칠 기회입니다. 성 인지 감수성은 타인의 감정을 이해하고 존중하며, 내 말과 행동이 다른 사람에게 어떤 영향을 미치는지 생각하는 능력을 말합니다.

아이는 관계 속에서 배우고, 실수가 진짜 '배움'이 됩니다

초등학생 아이들은 지금 자신의 세계를 확장해가고 있습니다. 가족이라는 작은 울타리를 벗어나 또래와의 관계에서 소통하고 갈등하며 협력하는 법을 배웁니다.

이 과정에서 아이들은 자연스럽게 실수를 합니다. 아직 정서적, 인지적으로 성장하는 단계에 있기 때문입니다. 자신의 감정도 정확히 표현하기 어려운 나이에, 타인의 마음을 온전히 헤아리기는 더욱 어렵습니다.

질문 사례의 아이가 '칭찬'이라고 생각한 말이 상대방에게는 불편함을 줄 수 있다는 사실을 이해하지 못하는 것도 이런 이유입니다. 하지만 바로 이 시기가 중요합니다. 초등 시기는 자아 정체성과 사회적 관계의 기초가 형성되는 결정적인 시기입니다. 아이들은 또래 친구들과의 상호작용, 놀이, 갈등, 협력을 통해 감정을 조절하고, 관계에서 경계를 배우며, 차이를 이해하는 힘을 키워갑니다.

또래 집단의 영향력은 크지만, 스스로 판단하는 힘을 길러야 합니다

"친구들도 다 그렇게 말하는데"라는 반응에서 또래 집단의 영향력을 확인할 수 있습니다. 초등학생들은 집단 속에서 자신의 정체성을 형성해가며, 동시에 집단의 분위기에 쉽게 휩쓸리기도 합니다. 아이들은 사회적으로 만연한 성차별적 언어나 행동에 무방비하게 노출될 수 있습니다.

이때 부모는 아이가 다수의 의견에 맹목적으로 따르지 않고, 스스로 옳고 그름을 판단할 힘을 길러주어야 합니다.

칭찬인데 왜 불편할까? 성 인지 감수성의 시작

성 인지 감수성, 어렵게 느껴지시나요? 사실은 단순합니다. 나와 다른 누군 가의 마음을 헤아리려는 마음이자, 내 말과 행동이 상대에게 어떤 영향을 줄지 생각하는 태도입니다. 성별 문제를 넘어 모든 관계의 기초가 되는 공 감 능력이며, 건강한 소통의 출발점입니다.

아이의 말	상대방의 느낌
"몸매 좋네."	외모 평가를 받는 불편함
"다리 예쁘다."	신체가 대상화되는 느낌
"나랑 사귀어야 해."	관계적 경계를 침범당하는 경험

이처럼 성 인지 감수성은 특정 성별의 문제가 아니라, 모든 아이가 서로를 존중하며 건강하게 관계 맺는 법을 배우는 과정입니다. 아이가 관계에서 불 편함을 경험했을 때든, 반대로 누군가에게 불편함을 주었을 때든, 이 모든 순간이 배움의 기회가 됩니다.

"네 생각은 어때?" 질문이 아이를 바꿉니다

훈계보다 질문이 더 강력합니다. 아이가 누군가에게 불편함을 주었다면, "그 친구는 그런 말을 들었을 때 어떤 기분이었을까?", "네가 그런 말을 들었 다면 어땠을 것 같니?"처럼 아이가 스스로 생각하고 타인의 입장을 헤아릴 수 있도록 이끌어주세요.

반대로 아이가 관계에서 불편함을 경험했다면, "그 상황이 불편했구나", "그런 말을 들으니 기분이 나빴겠다"처럼 감정을 먼저 인정해주는 것이 중요합니다. "그럴 땐 네가 불편하다고 단호하게 말해야 해"라는 조언은 그다음입니다.

자신의 감정이 틀리지 않았다는 확신을 얻은 아이는 자신을 보호할 용기를 갖게 되고, 타인의 감정도 소중히 여길 수 있게 됩니다. 이런 질문과 공감은 아이의 시선을 자연스럽게 상대방으로 향하게 합니다.

처음엔 "잘 모르겠어요"라고 답할 수도 있습니다. 그럴 땐 "엄마는 그런 말을 들으면 좀 당황스러울 것 같아"처럼 부모가 먼저 자기 생각을 솔직하게 나누어보세요. 아이와 대화할 때는 가르치려는 태도보다 함께 생각해보자는 자세가 필요합니다.

"네 생각은 어때?", "엄마는 이렇게 생각하는데 너는 어떻니?"처럼 아이의 의견을 존중하는 대화는 타인을 배려하고 경계를 존중하는 성 인지 감수성을 키우는 살아 있는 교육이 됩니다.

'노크하기'부터 시작하는 존중 교육

성 인지 감수성은 특별한 수업을 통해서만 기르는 것이 아닙니다. 일상생활에서 서로의 경계를 존중하는 모습을 보여주는 것이 가장 효과적입니다.

"네 방에 들어가기 전에 노크할게", "옷 갈아입을 때는 문 닫을까?", "이 사진 친구들한테 보여줘도 될까?" 같은 작은 배려들이 아이에게는 경계를 존중하는 법을 가르치는 교과서가 됩니다.

"네 몸은 너의 것이고, 네 허락 없이 아무도 만질 수 없어"와 같은 자기 결정권의 메시지를 일관되게 전달해주세요. 옷을 갈아입을 때 문을 닫거나, 허락 없이 다른 사람의 물건을 만지지 않는 등 일상에서 가족 간에도 프라이버시와 경계를 지키는 모습을 보여주는 것이 필요합니다. 이러한 실천을 통해 아이가 자연스럽게 경계 존중의 태도를 내면화하도록 이끌 수 있습니다.

무심한 말 한마디가 가르침이 되는 순간

질문 사례의 상황으로 다시 돌아가 보겠습니다. 아이를 비난하지 않으면서도 상대방의 감정을 이해할 수 있도록 돕는 것이 핵심입니다.

"네가 친구를 예쁘다고 칭찬하려고 한 말이구나. 그런데 친구들은 그 말을 들었을 때 어떤 기분이었을까? 너도 누군가 네 몸에 대해 평가하는 말을 한다면 어떤 느낌일까?"

이런 질문을 통해 아이 스스로 답을 찾아가도록 기다려주세요. 아이가 "음… 좀 이상할 것 같아요"라고 답한다면, 이미 성 인지 감수성의 첫걸음을 내디딘 것입니다.

아이가 '예쁘다'고 말한 의도는 칭찬이었지만, 그 말이 상대에게 어떻게 전달되는지를 이해하는 것이 성 인지 감수성입니다.

아들이 실수로 여자 친구 가슴에 손이 닿았는데 모른 척했대요

Q 아들이 교실 문을 나서다 중심을 잃으면서 여자아이의 가슴 부위에 손이 순간적으로 닿았는데, 그냥 모른 척 집에 왔다고 합니다. 여자아이가 많이 놀라고 불쾌했을 것 같은데… 이렇게 아무 생각 없는 아들, 어떻게 가르쳐야 할까요?

A 아들이 '모른 척'한 이유는 당황했거나, 상황의 심각성을 인지하지 못했거나, 혹은 어떻게 대처해야 할지 몰랐기 때문일 수 있습니다. 이는 비난받아야 할 행동이라기보다, 배움이 필요한 순간으로 바라보는 것이 중요합니다. 성교육의 첫걸음은 아이가 자기 행동이 타인에게 어떤 영향을 미칠 수 있는지를 깨닫도록 돕는 것입니다.

단순한 실수로 넘길 수 없는 이유

많은 아이가 "일부러 그런 게 아니었어요"라며 상황을 넘어가곤 합니다. 하지만 성적인 의도가 전혀 없었더라도, 민감한 신체 부위에 접촉이 발생했다면 그것만으로도 상대에게는 불쾌감, 수치심, 불안감을 줄 수 있습니다. 신체 접촉이 일어난 상황과 상대방의 감정은 결코 따로 떼어놓고 생각할 수 없습니다.

초등 고학년 아이들은 신체 변화에 민감하고 타인의 시선이나 접촉에 예민하게 반응합니다. 따라서 이 사건을 단순한 '실수'로 치부하기보다, 그 실수가 상대에게 어떤 영향을 미쳤는지 돌아보는 감수성을 길러주는 것이 핵심입니다. 바로 이 순간이 아이의 성 인지 감수성을 키워줄 기회입니다.

아이가 공감하도록 돕는 질문법

아이가 단순히 '실수였다'로 넘어가지 않도록, 상대방의 입장에서 생각해볼 수 있게 도와주어야 합니다. 부모는 구체적인 질문을 던져 아이의 공감 능력을 키우고, 상황을 진지하게 받아들이도록 이끌 수 있습니다.

"만약 어떤 친구가 네 민감한 부위를 실수로 만졌다면 기분이 어땠을까?"

"그 친구가 아무 말 없이 그냥 갔다면 너는 무슨 생각이 들었을까?"

이런 질문을 통해 아이는 비로소 '아, 그 친구가 기분이 나빴겠구나'라는 깨달음에 도달합니다. 성교육은 바로 상대방의 감정을 존중하고, 상황을 가볍게 넘기지 않는 습관을 기르는 것에서 시작됩니다.

성 감수성은 일상에서 자랍니다

초등학교 고학년부터는 '신체의 경계'와 '동의'에 대한 기본적인 성교육이 필요합니다. 우리 몸은 누구도 허락 없이 만질 수 없고, 실수로 접촉이 있었더라도 그에 대한 사과와 책임 있는 태도가 뒤따라야 한다는 것을 알려주어야 합니다.

"네가 의도치 않게 친구를 불편하게 했다면, 그건 사과해야 할 일이야."

"네가 사과하면 상대방은 '내 감정을 존중해주는구나!' 하고 느낄 수 있어."

이 교육은 성적인 접촉에 국한된 것이 아니라, 인간관계 전반에서 존중과 배려의 기본이 되는 태도를 형성하는 데 중요합니다.

신체의 경계와 동의, 어떻게 가르칠까?

사과는 단순히 "미안해"라고 말하는 것을 넘어섭니다. 아이가 자기 행동을 이해하고, 그에 대해 어떻게 책임질 수 있을지 배우는 과정이 중요합니다. '사과' 교육의 3단계를 알아볼게요.

1단계: 상황 정리하기

아이를 비난하지 않고, 어떤 점에서 배려가 부족했는지 명확하게 짚어주세요.

"네가 일부러 그런 건 아니지만, 친구 몸에 허락 없이 손이 닿았을 때 놀라거나 불쾌할 수 있단다."

2단계: 대안 찾기

"그 상황에서 너는 어떤 선택을 할 수도 있었을까?"와 같은 질문으로 아이가 스스로 대안을 고민하게 하세요.

3단계: 실천 방법 제시하기

아이가 진심을 담아 사과할 수 있도록 구체적인 방법을 함께 찾아주세요. 선생님과 상의해 직접 사과할 기회를 만들거나, 진심이 담긴 편지를 쓰도록 지도할 수 있습니다.

이러한 과정을 통해 아이는 자신의 행동이 타인에게 미치는 영향을 깊이 생각하고, 책임감 있는 태도를 배우게 됩니다.

성 감수성은 일상에서 자랍니다

타인의 몸을 존중하고, 내 행동이 상대방에게 어떤 영향을 미치는지 이해하며 책임지는 태도를 배우게 하는 것이야말로 진정한 성교육입니다. 성 인지 감수성은 타고나는 것이 아니라, 일상 속 대화와 반복된 훈련을 통해 자라납니다.

TV나 영화를 함께 보며 나누는 대화, 친구들과의 관계에서 일어나는 크고 작은 사건들 모두가 성 감수성을 길러줄 교육의 기회가 됩니다.

누구나 실수할 수 있습니다. 하지만 그 실수를 통해 '사람과 사람 사이의 경계', '상대방의 감정', 그리고 '책임감 있는 태도'를 배운다면, 그것은 단순한 실수가 아닌 성장의 기회가 됩니다.

부모는 아이가 이러한 경험을 무의식적으로 넘기지 않도록 돕고, 올바른 시각과 책임 있는 행동을 스스로 선택할 수 있도록 안내해야 합니다. 작은 사건 하나에도 아이의 성 감수성과 인격은 자라납니다.

아이가 실수했을 때, 그 상황을 외면하지 않고 책임감 있게 대처하는 법을 알려줘야 합니다.

동의에 대한 기준은
어떻게 설명해야 할까요?

Q 초등 아들과 친한 여자아이가 있어요. 집으로 오는 길에 공사 중인 도로가 있어 혹시 넘어질까봐 아들이 여자 친구 손을 잡았대요. 그런데 그 친구가 크게 화를 냈다는 거예요. 아들은 좋은 마음으로 한 행동인데 오히려 화를 내니 무척 속상해합니다. 아들에게 어떻게 설명해줘야 할까요?

A 좋은 의도라 할지라도 상대방의 허락 없는 신체 접촉은 불편감을 줄 수 있습니다. 초등 시기의 아이들은 타인의 감정과 경계를 이해하는 능력이 발달하는 중요한 단계에 있으므로, 이러한 경험을 통해 건강한 인간관계의 기초를 배울 수 있습니다.

"네 마음은 멋졌어" 아이의 속상한 마음을 먼저 안아주세요

아이가 좋은 의도로 행동했는데 오해받았을 때, 가장 먼저 해야 할 일은 아이의 마음에 공감하는 것입니다. 아들이 친구를 걱정하며 손을 잡은 행동은 칭찬받아 마땅한 배려입니다. 하지만 친구가 화를 내며 손을 뿌리쳤다면, 아이는 '내가 잘못한 게 아닌데 왜?'라며 억울하고 혼란스러울 수 있습니다. "친구가 다칠까봐 손을 잡아준 네 마음, 정말 따뜻하고 멋졌어. 엄마는 네가 친구를 생각하는 마음이 참 기특해. 그런데 친구가 화를 내서 속상했지? 마음이 많이 아팠을 거야."

이런 말은 아이의 선한 의도를 인정하면서도, 속상한 감정을 받아주는 역할을 합니다. 아이는 자신의 마음이 이해받았다고 느끼며, 부모의 다음 조언을 더 쉽게 받아들일 준비가 됩니다.

동의란 무엇일까? 아이 눈높이에 맞춘 설명

동의는 한 사람이 다른 사람의 행동이나 요청에 대해 자발적이고 명확하게 '괜찮다'는 의사를 표현하는 것입니다. 초등학생에게는 이를 간단하고 이해하기 쉽게 설명해야 합니다.

동의의 핵심 요소	설명
명확하고 자발적인 표현	상대가 "좋아", "괜찮아"라고 말하거나 고개를 끄덕이는 것
매번 새롭게 필요함	과거의 동의가 현재의 동의를 보장하지 않음
감정과 동의는 별개	좋아하는 마음이 곧 접촉 허락은 아님
언제든 철회 가능	"이제는 싫어"라고 말하면 즉시 멈춰야 함

초등 저학년(7~9세): "친구를 도와주고 싶을 때 '손잡아도 괜찮아?'라고 물어보면 친구도 마음이 편할 거야."

초등 고학년(10~12세): "사람마다 손을 잡는 걸 좋아하거나 싫어할 수 있어. 그래서 먼저 물어보는 게 중요해. 친구가 싫다고 하면, 그 마음을 존중해야 해."

방법도 배려해야 한다는 걸 알려주세요

아이들은 종종 "내가 좋은 마음으로 했는데 왜?"라고 묻습니다. 이때는 좋은 의도만으로는 충분하지 않다는 점을 따뜻하게 알려줄 필요가 있습니다. 친구를 보호하려는 마음 자체는 훌륭했지만, 친구는 허락 없이 손을 잡히는 것을 불편하게 느꼈을 수 있습니다.

"네가 친구를 걱정해서 손을 잡은 건 정말 좋은 마음이었어. 하지만 손을 잡는 건 누군가에겐 특별한 행동일 수 있어. 그래서 먼저 '잡아도 괜찮아?'라고 물어보면, 친구도 네 마음을 더 잘 이해할 수 있을 거야."

손잡기뿐 아니라 '친구 사진을 찍기 전에 먼저 물어보기', '친구 물건을 빌리기 전에 허락받기' 같은 사례를 함께 이야기하면, 아이가 '배려는 마음뿐 아니라 방법도 중요하다'는 점을 자연스럽게 배울 수 있습니다.

동의의 핵심은 'No'도 존중하는 것

동의의 핵심은 상대방의 'Yes'뿐 아니라 'No'도 존중하는 것입니다. 친구가 "싫어!"라고 말하거나 화를 냈다면, 이는 그 친구의 경계를 표현한 것입니다. 아이에게 "No"라고 말할 권리가 자신에게 있듯, 친구에게도 그 권리가 있다는 점을 알려주세요.

"친구가 '싫어'라고 말했으면, 그건 친구가 불편했거나 놀랐기 때문일 수 있어. 그럴 땐 '알겠어, 미안해'라고 말하고, 친구의 마음을 존중해주는 거야. 그게 진짜 멋진 행동이야."

아이에게 거절을 당했을 때 화내지 않고, "알겠어"라고 대답하거나 다른 방법으로 도울 수 있는지 생각해보는 연습을 가르쳐주세요. 예를 들어, "손을 잡는 대신 '조심해서 걸어!'라고 말해줄 수도 있지"라고 제안할 수 있습니다.

친구와의 관계 회복: 사과와 대화도 배움입니다

친구가 화를 냈다면, 그 관계를 회복하는 것도 중요한 학습 과정입니다. 아이에게 친구에게 사과하고, 앞으로 동의를 구하겠다고 약속하는 방법을 가르쳐주세요.

"내일 친구한테 이렇게 말해볼까? '어제는 미안했어. 너를 도와주고 싶었는데, 먼저 물어보지 않아서 기분이 나빴구나. 앞으로는 꼭 물어볼게'라고."

사과는 아이가 자기 행동을 돌아보고, 상대방의 감정을 존중하는 법을 배우는 성장의 기회입니다. 동시에, 친구와의 관계를 더 단단히 만드는 계기가 될 수 있습니다.

'좋은 마음'이 '좋은 방법'을 만날 때

동의는 단순한 규칙이 아니라, 타인을 존중하고 건강한 관계를 만드는 기초입니다. 아들이 친구를 도우려는 좋은 마음으로 손을 잡았지만 친구의 반응에 속상해했다면, 바로 지금이 동의와 경계에 대해 가르칠 때입니다. 부모가 아이의 마음에 공감하면서 동의를 구하는 다양한 방법을 구체적으로 알려준다면, 아이는 타인의 감정을 존중하는 습관을 자연스럽게 익힐 것입니다.

아이들은 늘 실수합니다. 중요한 것은 그 실수에서 배우고, 더 나은 소통 방법을 익히는 과정입니다. 이번 일을 계기로 아이는 '좋은 마음'뿐 아니라 '좋은 방법'도 중요하다는 것을 깨달았습니다. 부모의 따뜻한 위로와 지도를 통해, 아이는 상대방의 마음을 헤아리는 멋진 사람으로 자라날 것입니다.

Tip
실생활에서 동의 연습하기: 일상 속 작은 습관

동의는 한 번의 대화로 끝나는 주제가 아닙니다. 일상에서 자연스럽게 연습할 기회를 만들어주세요. 부모가 먼저 동의를 구하는 모습을 보여주면 아이는 이를 자연스럽게 체화합니다.

집에서 연습하는 '동의의 말'
아이를 껴안기 전에: "안아줘도 괜찮아?"
아이 방에 들어갈 때: 문을 두드리고 "들어가도 돼?"
아이의 물건을 사용할 때: "이거 써도 괜찮을까?"

친구들과의 상호작용에서 묻기
장난감을 빌릴 때: "이거 잠깐 빌려도 돼?"
사진을 찍거나 올릴 때: "사진 찍어도 괜찮아? 올려도 돼?"

역할극으로 'No'에 반응하는 연습
부모와 아이가 함께 역할극을 해보며 동의를 구하는 연습을 할 수 있습니다. 부모가 친구 역할을 맡아 "손잡아도 괜찮아?"라는 질문에 "응, 좋아!" 또는 "지금은 싫어"라고 답하며 다양한 상황을 경험하게 하세요. 특히, 거절당했을 때 어떻게 대답하고 행동해야 하는지에 초점을 맞추어 연습하면 큰 도움이 됩니다.

아이가 좋은 마음을 좋은 방법으로 표현할 수 있도록, 지금부터 함께 연습해보세요.

아들이 단톡방에서 여학생들의 외모 평가를 했대요

Q 초등학교 6학년 남학생들이 단톡방에서 같은 반 여학생들의 외모를 평가하고 점수를 매긴 대화가 캡처되어 담임선생님께 연락받았습니다. 다행히 여학생 부모는 학폭위 신고는 하지 않았고, 재발 방지를 위한 교육과 사과를 원한다고 합니다. 아이에게 어떻게 교육해야 할까요?

A 이런 일을 '남자아이들끼리의 장난'으로 넘길 수 없는 시대입니다. 외모 평가는 단순한 장난이 아니라 타인의 인권을 침해하는 행위이며, 그 상처는 예상보다 깊고 오래 남습니다. 이번 일을 계기로 아이가 타인을 존중하는 태도와 디지털 시민의식을 배울 수 있도록 지도해야 합니다.

장난처럼 보이지만, 그 안에 숨은 심리

초등 고학년은 정체성을 형성해가는 시기입니다. 또래 집단에서 소속감을 느끼고 싶어 하며, 이성에 대한 호기심도 생겨납니다. 이 과정에서 자신도 모르게 타인을 평가하거나 비교하는 행동을 하기도 합니다.

특히 남학생들은 또래 앞에서 자신을 드러내고 우월감을 확인하려는 심리가 강해지면서, 부적절한 방식으로 관심을 표현하는 경우가 있습니다. 여학생에 대한 외모 평가는 이러한 심리의 연장선에서 나타나는 경우가 많습니다.

'얼평'은 폭력! 캡처되는 순간, 되돌릴 수 없습니다

'얼평(얼굴 평가)'이나 '몸평(몸매 평가)'은 단순한 관심 표현이 아닙니다. 이는 타인의 고유한 특성을 자의적인 기준으로 평가하고 차별하는 행위로, 인간의 존엄성을 훼손하는 인권 침해입니다.

교실에서 흔히 일어나는 외모 평가는 종종 특정 무리가 소외된 친구를 차별하고 혐오하는 집단 따돌림으로 이어지기도 합니다. 피해 학생은 자신의 존재 가치마저 의심하게 될 수 있습니다.

온라인 대화는 의도와 상관없이 캡처되어 빠르게 퍼질 수 있습니다. 유포 목적이 아니더라도, 한 번 업로드된 내용은 통제할 수 없을 만큼 확산하며, 돌이킬 수 없는 상처를 남깁니다. 온라인에서 시작된 괴롭힘은 오프라인으로 이어져 2차 가해로 발전할 가능성도 높습니다.

외모지상주의와 성차별, 아이에게 심어진 왜곡된 가치관

아이들이 외모 평가를 자연스럽게 여기는 이유는 우리 사회에 만연한 외모지상주의와 성 역할 고정관념 때문입니다. 미디어에서 보여주는 획일적인 미의 기준과 성별에 따른 역할은 아이들 가치관 형성에 큰 영향을 줍니다. 예를 들어, 키 크고 잘생긴 캐릭터는 주인공이나 영웅으로 등장하고, 주변 인물들은 외모나 성격에서 차이를 보이며 조연으로 그려집니다. 이러한 이미지가 반복되면서 아이들은 특정 외모나 성별에 대한 편견을 무의식적으로 내면화하게 됩니다.

가치관이 아직 만들어지지 않은 아이들이 이러한 왜곡된 인식에 지속적으로 노출되면, 자신이나 타인이 외모로 평가받는 상황을 당연하게 받아들이게 됩니다. 심지어 자신이 존엄성을 침해당하고 있다는 사실조차 인식하지 못할 수 있습니다.

존중을 가르치는 6단계 대화법

1단계: 감정적으로 대응하지 않기

"오늘 선생님께 연락받았어. 단톡방에서 있었던 일에 관해 이야기 좀 하자."
차분하게 시작하세요. 감정적으로 폭발하면 아이는 방어적으로 변하거나 입을 닫습니다.

2단계: 아이의 이야기를 먼저 듣기

"무슨 일이 있었는지 네가 먼저 이야기해볼래?"

아이의 설명을 들으며 상황과 아이의 생각을 파악하세요. "그때 너는 어떤 생각이었어?" 같은 질문으로 아이가 스스로 행동을 돌아보게 유도합니다.

3단계: 왜 문제인지 명확하게 설명하기

"다들 그래요", "장난이었어요"라는 변명은 단호하게 차단하세요.

"다른 사람들도 한다고 해서 잘못이 정당화되지는 않아. 상대방이 상처받았다면, 그건 이미 장난이 아니야."

"네가 친구들 단톡방에서 네 외모를 평가하는 걸 알게 되면 기분이 어떨 것 같아?"

"여학생들만 평가 대상으로 삼은 것도 문제야. 이건 성차별적인 행동이야."

4단계: 디지털 공간에서도 책임이 있다는 점 강조하기

"채팅방에서 한 대화도 현실이야. 화면 너머에도 감정을 가진 사람이 있다는 걸 기억해야 해."

디지털 시민의식을 강조하며, 온라인에서도 예의와 존중이 필요하다는 점을 알려주세요.

5단계: 진심 어린 사과의 중요성 알리기

진짜 사과는 잘못을 정확히 인식하고, 상대방의 감정을 공감하며, 다시는 반복하지 않겠다는 다짐이 담겨야 합니다. 사과문에는 다음 네 가지가 포함되도록 도와주세요.

- 무엇을 잘못했나?

- 상대방의 기분에 대한 공감

- 왜 그것이 잘못된 행동인가?

- 앞으로의 행동 계획

6단계: 앞으로의 행동 변화를 구체적으로 약속하기

"앞으로 너는 어떻게 행동할 거야?"라는 질문으로 구체적인 행동 계획을 세우도록 도와주세요.

- 단톡방에서 외모 평가가 시작되면 어떻게 반응할 것인지

- 온라인에서 메시지를 보내기 전에 어떤 점을 생각할 것인지

"다음에 친구들이 또 그런 이야기를 시작하면, '그건 좀 아닌 것 같아', '기분 나빠할 것 같은데'라고 말하거나, 그 대화에 참여하지 않을 수 있겠니?"라고 다짐을 확인하세요.

부모의 태도가 곧 아이의 교과서입니다

이번 사건은 아이가 타인을 존중하는 방법을 배울 좋은 기회입니다. 단순히 꾸짖는 것으로 끝내지 말고, 외모·성별·장애·인종에 상관없이 모든 사람이 존엄하게 존중받아야 한다는 인권의 가치를 자연스럽게 깨닫게 하는 교육의 계기로 삼아야 합니다.

타인을 존중하는 태도는 결국 자신을 보호하고 존중받는 길이라는 점을 강

조하며, 건강한 인간관계를 맺을 수 있는 성숙한 사람으로 성장할 수 있도
록 지지해주세요.

외모 평가가 장난이 아닌 인권 침해라는 사실을 깨닫게 해주세요.

외모 비하와 혐오 문화 속에서
우리 아이를 어떻게 지켜야 할까요?

Q "여자애들이 남자애들 몸을 놀렸대요. 그런데 남자애들이 먼저 '빨아놓은 거같이 생긴 게 잘난 척한다'고 놀려서 화가 나서 같이 했다고 하네요."
아이들 사이에서 오간 대화를 확인해보니 "드럼통이 형님 하겠다" 같은 표현까지 등장했습니다. 벌써 이런 혐오 표현을 사용한다는 사실에 큰 충격을 받았습니다.

A 이건 단순한 말다툼이 아닙니다. 성별 고정관념, 외모 중심 가치관, 혐오의 언어가 뒤섞인 심각한 언어폭력입니다. 특히 '먼저 놀림을 받았기 때문에 똑같이 했다'는 말은 분노를 또 다른 상처로 되돌리는 위험한 악순환을 만들 수 있습니다. 아이들은 아직 감정을 건강하게 표현하는 법을 배우는 중이므로, 어른이 옆에서 방향을 잡아주고 함께 감정을 다루는 법을 익혀야 합니다.

외모 비하가 남기는 상처는 깊습니다

외모 비하를 당한 아이는 단순히 기분이 나쁜 것을 넘어 '나는 못생겼나?', '내 몸에 문제가 있나?'라는 의문을 품게 됩니다. 이는 자존감 저하와 사회적 위축으로 이어지며, 심한 경우 우울감이나 불안으로 발전할 수 있습니다. 초등 시기는 신체 이미지가 만들어지는 중요한 시기이므로, 반복적인 외모 비하는 평생 자신을 부정적으로 인식하게 할 수 있습니다.

더 심각한 문제는, 피해 경험이 누적되면 아이가 자신을 무가치하게 여기거나, 자신이 당했던 방식 그대로 다른 아이를 괴롭히는 '또 다른 가해자'로 변할 수 있다는 점입니다. 외모를 비하하는 아이들 역시 건강한 관계를 맺지 못하고, 언제든 자신도 비하의 대상이 될 수 있다는 불안 속에 살아가게 됩니다.

아이들의 일상에 스며든 혐오 표현

원인	설명
미디어와 온라인의 '재미' 포장	아이들은 '뚱뚱한 사람 웃긴 영상', '못생긴 사람 변신 콘텐츠' 등 외모를 조롱하는 콘텐츠에 무방비로 노출됩니다. 이런 콘텐츠가 '재미'로 포장되면서 외모 조롱이 자연스럽게 학습됩니다.
힘 있는 아이가 시작하면 모두 따라 함	외모 비하는 또래 집단 내에서 영향력 있는 아이가 주도하며 확산합니다. 덩치가 크거나 인기가 많은 아이가 시작하면, 소극적인 아이들이 피해자가 되기 쉽습니다.
성적 비하 표현의 확산	"더 세게 되받아쳐야 한다"는 또래 문화 속에서 성적 비하 표현은 손쉬운 공격 수단이 됩니다. 아이들은 부당한 대우를 받았을 때 어떻게 대응해야 하는지 아직 잘 모릅니다.

성별 고정관념이 외모 비하를 강화	"남자애가 왜 그렇게 작아?", "여자애가 왜 그렇게 털털해?" 같은 표현은 성차별과 외모 비하가 뒤섞여 있으며, 초등학교에서는 이런 표현이 일상적으로 사용되면서 성별 간 갈등이 깊어지고 있습니다.

어른들의 말과 행동이 기준이 됩니다.

어른들의 무의식적 외모 평가: 어른들이 무심코 던지는 "예쁘게 생겼네", "살 좀 빼야겠다" 같은 말은 아이들에게 외모로 사람을 평가하는 것이 당연하다는 메시지를 전달합니다. 부모 스스로 일상에서 다른 사람의 외모를 평가하거나 비하하는 표현을 사용하지 않는지 돌아봐야 합니다.

외모 다양성에 대한 교육 부족: 키가 작은 사람, 뚱뚱한 사람, 장애가 있는 사람, 피부색이 다른 사람 모두 존중받아야 할 존재임에도 불구하고, 아이들이 이를 자연스럽게 배우고 경험할 기회는 부족합니다.

오늘부터 우리 집에서: 존중하는 아이로 키우는 대화법

모든 몸은 다르고, 그래서 특별하다

다양한 사람들의 모습을 담은 책이나 영화를 함께 보며 "왜 사람들은 다르게 생겼을까?", "외모가 다르면 능력도 다를까?" 같은 질문을 던져보세요.

외모 말고 다른 걸 보는 연습

"친구의 어떤 점이 좋니?", "너의 장점은 뭐라고 생각해?" 같은 질문으로 내면의 가치에 주목하게 도와주세요.

"오늘 학교에서 친구들이랑 어떻게 지냈어?", "혹시 친구들 사이에서 누군가 놀림을 받거나 기분 나쁜 일은 없었니?" 같은 일상 대화를 통해 부모가 또래 관계에 관심이 있다는 메시지를 전달하세요.

같이 보고, 같이 묻기: 미디어 함께 읽기

아이가 보는 콘텐츠를 함께 시청하며 "이 영상에서 사람들을 어떻게 대하고 있지?", "이 유튜버는 왜 외모를 웃음거리로 만들까?" 같은 질문을 던져보세요. 아이가 콘텐츠를 비판적으로 바라보는 힘을 기를 수 있습니다.

그 말을 듣는 사람은 어떤 기분일까?

"그 말은 누구에게 상처가 될까?", "상대는 어떤 기분일까?" 같은 질문을 통해 무심코 사용한 표현이 혐오로 이어질 수 있음을 인식하게 도와주세요.

일상 속 숨은 차별 찾기

"남자가 왜 그렇게 예민해?", "넌 여자애가 게임을 좋아하니?", "그렇게 살찌면 예쁜 옷 못 사잖아" 같은 표현이 왜 문제인지, 어떻게 바꿔 말하면 좋을지 아이와 함께 이야기해보세요. 이런 표현 하나하나가 성 고정관념과 차별을 내면화하게 만들며, 결국 또 다른 혐오로 이어질 수 있습니다.

아이들은 어른들의 거울입니다

외모 비하와 혐오 문화는 결국 '사람을 어떻게 대해야 하는가?'에 대한 질문이며, 이는 성교육의 핵심 가치인 존중, 평등, 다양성과 직결됩니다.
성교육은 단순한 신체 지식 전달을 넘어, 타인의 다름을 이해하고 나답게 살면서도 타인을 해치지 않는 법을 배우는 교육입니다. 아이들의 혐오 표현은 우리 사회가 만들어낸 편견과 차별의 언어이며, 학교, 가정, 미디어가 무의식적으로 반복 학습한 결과입니다. 따라서 아이들을 혼내기에 앞서, 우리가 무엇을 가르쳐왔는지를 되돌아봐야 합니다.

변화는 어른들로부터 시작됩니다. 우리가 먼저 외모로 사람을 평가하지 않고, 다양성을 인정하며, 존중하는 언어를 사용할 때 아이들은 그 모습을 배우게 됩니다. 아이들은 지금 '사람을 대하는 방식'을 배우는 중이며, 그중 가장 중요한 것은 바로 '사람을 존중하는 법'입니다. 그리고 그 교육은 거창한 강의가 아닌, 어른들의 일상적인 말과 행동에서부터 시작됩니다.

우리 아이를 혐오 표현으로부터 지키는 가장 좋은 방법은, 어른이 먼저 존중의 언어를 사용하는 것입니다.

장난기 많은 우리 아이, '가해자'로 오해받지 않을까 걱정입니다

Q 아이가 장난기가 많아 친구들과 놀다 보면 무심코 몸을 만지거나 말실수할 때가 있습니다. 혹시 이런 행동이 성희롱으로 오해받아 '가해자'가 되지는 않을까 걱정됩니다. 요즘은 사회적 기준이 훨씬 엄격해져서, 부모로서 어떻게 교육해야 할지 고민이 깊습니다.

A 최근 성희롱, 성폭력, 성적 괴롭힘에 대한 사회적 기준이 크게 강화되었습니다. 과거에는 '그냥 장난'으로 넘기던 행동이 이제는 문제 행동으로 지적되는 경우가 많습니다. 이는 피해자의 감정을 중심에 두는 시각이 확산하고, 성적 자기 결정권을 존중하는 사회 분위기가 자리 잡아가고 있기 때문입니다. 이러한 변화는 매우 바람직한 흐름이지만, 부모로서 아이를 어떻게 지도해야 할지 막막할 수 있습니다.

아이가 가해자로 오해받지 않기 위해 키워야 할 역량

초등학생이 의도치 않게 '가해자'로 오해받는 상황은 대부분 악의적인 의도보다는 미숙한 상황 판단에서 비롯됩니다. 아이들은 아직 사회적 규범을 배우는 중이며, 말과 행동의 결과를 예측하는 능력도 발달 과정에 있습니다. 특히 몸을 쓰는 놀이나 말장난에서 경계를 넘기 쉬운 시기입니다.

중요한 것은 단순히 행동을 금지하는 것이 아니라, 그 행동이 왜 문제인지 이해하고 스스로 멈출 수 힘을 길러주는 것입니다. 아이에게 필요한 핵심 역량은 다음과 같습니다.

역량	설명
공감 능력	"내가 이 행동을 당하면 어떤 기분일까?"를 스스로 묻는 힘. 친구의 표정과 분위기를 읽고 행동을 조절할 수 있습니다.
감정 이해력	자신의 감정과 타인의 감정을 정확히 읽고 표현하는 능력. 웃고 있어도 불편할 수 있다는 사실을 인식해야 합니다.
표현 기술	"이거 해도 돼?", "농담이었어"처럼 자신의 의도를 분명히 전달하고, 오해가 생겼을 때는 솔직하게 사과할 수 있는 능력입니다.
상황 판단력	같은 행동이라도 장소, 시간, 분위기에 따라 위험도가 달라집니다. 맥락을 읽고 적절히 행동하는 감각을 키워야 합니다.

이 네 가지 능력은 유아기를 지나 초등학생이 되는 과정에서 꾸준히 길러줘야 합니다.

'내 몸은 내 것, 친구 몸은 친구 것' 경계선의 기본 원칙

특히 성과 관련된 상황에서는 '경계'를 분명히 인식해야 합니다. 사회가 합의한 성적 경계와 또래 집단의 규칙을 이해하는 것이 중요합니다. 친구의 몸을 만질 때는 반드시 동의를 구하고, 장난이라도 성적인 부위는 절대 건드리지 않아야 합니다.

부모는 '네 몸은 네 것, 친구의 몸은 친구 것'이라는 기본 원칙을 일찍부터 가르쳐야 합니다. 초등학교 4학년 정도가 되면 이러한 경계를 자연스럽게 익힐 수 있도록, 시기에 맞는 정보를 전달해 아이가 억울하게 오해받거나 실수로 후회하는 일이 없도록 도와야 합니다.

거절을 존중하는 습관은 가정에서부터 시작됩니다

모든 폭력과 괴롭힘은 상대가 원치 않는 상황에서 발생합니다. 아이가 친구의 "싫어"라는 신호를 무조건 존중하도록 가르쳐야 합니다.

부모는 이렇게 알려줄 수 있습니다.

"친구가 웃으면서 싫다고 해도, 그건 지금 당장 멈춰야 한다는 뜻이야."

"갑자기 싫다고 하는 건 변덕이 아니야. 누구라도 생각이 바뀔 수 있어. 이유를 묻기 전에 일단 멈추는 게 중요해."

이 메시지는 일상에서 반복적으로 전달되어야 합니다. 예를 들어, 부모와 장난을 치다가도 한쪽이 "그만"이라고 말하면 즉시 멈추는 규칙을 적용해 보세요. 이를 통해 아이는 'NO'를 존중하는 습관을 자연스럽게 익히게 됩니다.

중요한 것은 내 의도가 아니라 상대의 감정입니다

아이가 친구와 놀다가 친구가 울었을 때, "나 그런 뜻 아니었는데…"라고 억울해할 수 있습니다. 하지만 성적 괴롭힘을 포함한 모든 관계 문제에서 중요한 것은 의도가 아니라 상대가 느낀 감정입니다.

부모는 이렇게 설명할 수 있습니다.

"네가 그런 뜻이 아니었더라도, 친구는 다르게 느낄 수 있어. 그게 바로 사람 사이의 차이야."

"네가 불편할 때도, 상대방이 그런 의도가 아니었을 수 있어."

이런 설명을 통해 아이는 양쪽의 시각을 모두 이해할 수 있습니다.

사람 속에서 배우는 지혜

공감, 감정 이해, 표현 기술, 상황 판단력은 책이 아닌 사람과의 관계 속에서 완성됩니다. 이는 다양한 사람과 직접 부딪히고 대화하며, 때로는 갈등을 겪는 과정에서 길러지는 능력입니다.

또래와 다투고, 화해하고, 사과하고, 용서받는 경험은 아이에게 감정을 읽고 해석하는 법을 가르쳐줍니다. 나이가 어릴수록 관계는 더 유연하고 포용적이므로, 초등 저학년부터 다양한 사회적 경험을 쌓을 수 있도록 격려하는 것이 좋습니다. 부모는 아이가 안전한 환경에서 직접 부딪히고 배우며 성장할 수 있도록 기회를 마련해줘야 합니다.

건강한 경계 감각은 아이를 성숙한 사회 구성원으로 성장시킵니다

'가해자'가 되지 않도록 교육하는 것은 단순히 "이건 하지 마"라고 금지하는 것이 아닙니다. 다른 사람의 마음을 읽고, 자신의 감정을 표현하며, 상황을 판단하는 힘을 길러주는 것이 핵심입니다.

"장난이었는데…"라는 말이 변명이 되지 않도록, 어릴 때부터 '싫다'는 말이 나오면 즉시 멈춘다는 규칙, 그리고 내 의도와 상대의 해석이 다를 수 있다는 사실을 일상에서 알려주는 것이 필요합니다.

이 교육의 목적은 아이를 '가해자'로부터 지키는 것뿐 아니라, 상대를 존중하며 자신도 지킬 수 있는 성숙한 사회 구성원으로 키우는 데 있습니다. 부모가 차분하고 꾸준하게 이 과정을 가르친다면, 아이는 안전하고 건강한 인간관계를 맺을 힘을 갖게 될 것입니다.

아이가 '가해자'가 되지 않도록 지키는 가장 좋은 방법은, 타인의 감정을 읽고 존중하는 힘을 길러주는 것입니다.

초등 아이의 첫 연애,
어떻게 받아들여야 할까요?

Q 초등학교 5학년인 아이가 며칠 전 같은 반 친구와 사귄다고 말했습니다. 처음엔 장난처럼 들렸지만, 자주 연락하고 서로 챙기는 모습을 보니 마음이 편치 않습니다. 아직 너무 어린데 벌써 연애라니요. 공부도 해야 할 나이에 감정에 휘둘릴까 봐 걱정되고, 혹시 잘못된 행동으로 이어질까 불안합니다. 단호하게 "연애는 안 돼!"라고 말해야 할까요? 아니면 모르는 척해야 할까요?

A 아이의 연애 소식은 부모에게 놀라움과 걱정을 동시에 안겨줍니다. '아직 어리니까 괜찮겠지!'라는 생각과 '혹시 잘못된 길로 빠지진 않을까?' 하는 불안이 교차합니다. 특히 미디어를 통해 자극적이거나 왜곡된 정보를 접할까봐 더욱 걱정이 커집니다.

하지만 불안한 마음에 "연애는 절대 안 돼!"라고 단호하게 금지하면, 아이는 부모와 연애에 대해 이야기하지 않게 됩니다. 오히려 몰래 연애하거나, 부모가 아닌 다른 경로로 잘못된 정보를 얻게 될 위험이 커집니다.

초등학생이 말하는 '사귄다'라는 말의 진짜 의미

초등학생이 말하는 '사귄다'라는 성인의 연애와는 다릅니다. 이 시기 아이들의 연애는 대개 다음과 같은 의미를 담고 있습니다.

서로에게 특별한 존재라는 확인: 많은 친구 중에서 나를 선택해준 사람이라는 특별함을 느끼고 싶어 합니다.

친구 이상의 관심과 교류: 자주 연락하고, 작은 선물을 주고받으며 서로의 일상을 궁금해하는 관계입니다.

또래 문화에 대한 호기심: 친구들이 사귀는 모습을 보며 자신도 해보고 싶다는 욕구가 작용합니다.

막연한 로맨틱한 감정: TV나 책에서 본 로맨스에 대한 동경이 섞여 있으며, 실제 내용보다는 '사귄다'는 상태 자체에 의미를 두는 경우가 많습니다.

대부분의 초등학생 연애는 깊은 정서적 친밀감보다는 단순한 호기심, 우정, 설렘의 표현입니다. 성인의 관점에서 지나치게 심각하게 받아들이거나, 반대로 너무 가볍게 무시하는 것 모두 적절하지 않습니다.

부모는 감시자가 아니라 안전한 조력자가 되어야 합니다

아이가 연애를 시작했다고 말했을 때, 혼내기보다 그 친구의 어떤 점이 좋았는지, 함께 있을 때 어떤 기분이 드는지를 자연스럽게 물어보는 것이 좋습니다.

"좋아하는 사람이 생기면 어떻게 표현하면 좋을까?", "혹시 너를 불편하게 하거나 네 마음을 무시하는 행동이 있다면 그건 건강한 관계일까?" 같은 질문을 통해 건강한 관계에 대해 생각해볼 기회를 주세요.

이런 대화는 아이가 연애를 '금기'가 아닌, '감정과 안전을 존중하는 성숙한 관계'로 받아들이는 데 도움이 됩니다.

아이에게 '심리적 안전 지대'를 만들어주세요

아이가 "나 사귀는 친구가 있어"라고 털어놓았다는 것은 부모를 깊이 신뢰하고 있다는 증거입니다. 이 신뢰를 지켜주는 것이 아이의 성장에 있어 무엇보다 중요합니다.

아이에게 연애나 이성 관계에 대해 질문할 때, 혼나거나 비난받지 않을 것이라는 믿음을 주세요. 바로 이 심리적 안전 지대가 있어야 아이는 중요한 순간마다 부모를 찾게 됩니다.

"연애하지 마!" 대신 "우리 연애에 대해 솔직하게 이야기 나눠볼까?"라는 따뜻한 말이 아이에게는 부모와 열린 관계의 시작이 됩니다. 부모는 아이의 동의 없이 지인들에게 연애 사실을 이야기하거나, 아이들의 연애를 가볍게 표현하지 않도록 주의해야 합니다. 이런 태도가 어떤 고민이든 함께 나눌 수 있는 든든한 지지 기반이 됩니다.

첫 연애에 관한 대화는 평생의 '관계 교과서'가 됩니다

아이의 첫 연애를 대하는 부모의 태도는 앞으로 아이가 살아가면서 겪게 될 모든 관계 문제에서 부모에게 도움을 청할지 말지를 결정짓습니다.

무조건 금지하거나 무시하기보다는, 아이의 감정을 존중하면서 건강한 관계의 기준을 함께 만들어가세요. 실수할 수 있는 여지를 주되, 언제든 부모에게 돌아올 수 있는 안전망을 마련해주세요.

초등학생의 연애는 대부분 짧고 순수합니다. 하지만 이 경험을 통해 아이는 관계 맺기, 감정 조절, 타인 존중, 신체 주권 등 평생 필요한 중요한 가치들을 배울 수 있습니다.

부모가 어떻게 반응하고 안내하느냐에 따라 이 경험은 성장의 기회가 될 수도, 상처가 될 수도 있습니다.

아이의 첫 설렘이 건강한 배움의 시간이 되도록 함께 걸어가주세요

우리 아이가 지금 경험하는 첫 설렘이 건강한 배움의 시간이 되도록, 부모는 함께 걸어가는 동반자가 되어야 합니다. 완벽할 필요는 없습니다. 아이와 함께 배우고 성장하는 부모, 언제든 아이가 찾아올 수 있는 부모가 되는 것이 가장 중요합니다.

아이와 좋아하는 감정이나 관계에 관해 이야기할 때는 정답을 알려주기보다, 아이가 스스로 자신의 감정과 관계를 돌아볼 수 있도록 기회를 주는 것이 좋습니다. 다음과 같은 질문으로 대화를 시작해보세요.

감정을 이해하고 표현할 수 있도록 돕는 질문
그 친구의 어떤 점이 좋아?
너랑 그 친구가 함께 있을 때, 마음이 어땠어?
너의 어떤 행동이 친구를 더 기분 좋고, 힘 나게 해줄 것 같아?

관계 안에서 존중과 경계를 배우도록 돕는 질문
서로 생각이 다를 때는 어떻게 행동하는 게 좋을까?
네가 원치 않을 때는 어떻게 이야기할 거야?
상대가 싫다고 하면 멈추는 게 왜 중요할까?
상대방이 네 마음을 무시한다면, 어떻게 대응할 수 있을까?

아이의 첫 연애를 건강한 관계의 시작으로 이끌기 위해, 부모는 감시자가 아닌 따뜻한 조력자가 되어야 합니다.

"나만 모태 솔로야"라는 아이,
어떻게 얘기해줘야 할까요?

Q 초등학교 4학년 아들이 어느 날 저녁 툭 던지듯 말했습니다. "나만 모태 솔로야. 다른 친구들은 다 사귀어봤대"라는 소리가 처음엔 장난처럼 들렸지만, 아이의 진지한 표정에 깜짝 놀랐습니다. "안 사귀면 뭐 어때?"라고 물으니, "친구들이 모태 솔로라고 놀려"라고 대답하더군요. 웃어넘기려다 아이가 어떤 마음으로 이런 말을 꺼냈는지 마음에 걸렸습니다. 단순히 친구들 사이의 장난일까, 아니면 '모태 솔로'라는 말이 아이에게 상처가 되고 있는 걸까 고민입니다.

A 초등학생 아이가 "나만 모태 솔로야"라고 말할 때, 부모는 순간 당황하거나 웃음이 나올 수 있습니다. 하지만 아이의 표정이 진지했다면, 그 말속에는 가볍지 않은 마음이 담겨 있을 가능성이 큽니다.

329

아이의 말 뒤에 숨은 인정 욕구

요즘 아이들 사이에서 '연애 경험'은 진지한 감정 교류보다는 또래 문화의 일부로 소비되곤 합니다. 누군가와 '사귀었다'는 경험은 재미이자 인기의 척도로 여겨지고, 반대로 경험이 없으면 '모태 솔로'라며 놀림을 당하기도 합니다.

이런 말 속에는 '나도 친구들처럼 인정받고 싶다', '뒤처지고 싶지 않다'는 소속감과 인정 욕구가 담겨 있습니다. 부모가 어떻게 반응하느냐에 따라 아이의 자존감과 또래 관계에 대한 태도는 크게 달라질 수 있습니다.

아이의 감정을 먼저 읽어주는 것이 중요합니다

아이의 말을 장난처럼 넘기거나, 반대로 과도하게 걱정하는 것은 아이의 마음을 닫게 만들 수 있습니다. "요즘 애들은 다 사귀는구나!"라며 조급해하거나, "말도 안 돼, 애들끼리 하는 장난이야"라며 감정을 깎아내리지 마세요.

대신 아이의 말 속에 담긴 감정을 함께 읽어주세요.

"그런 말 들으니까 속상했구나. 친구가 놀려서 기분 안 좋았지?"

"친구들이 다 해봤다는데 나만 안 해봐서 뭔가 뒤처진 것 같아?"

"네가 그 친구들처럼 인정받고 싶어서 그런 이야기를 하는 건 아닐까?"

이런 대화는 아이가 자신의 감정을 안전하게 표현할 수 있는 기반이 됩니다.

또래 문화에 휘둘리지 않고 자기만의 기준을 세우도록

아이의 감정을 이해했다면, 또래 문화에 휘둘리지 않고 자신만의 기준을 세울 수 있도록 도와야 합니다.

친구들이 말하는 '사귐'이 어떤 모습인지 물어보세요

"친구들이 사귄다는 게 뭘 하는 거야?", "사귀면 뭐가 달라져?" 같은 질문을 통해 아이가 생각하는 '사귐'의 실체를 파악해보세요. 대부분은 구체적으로 설명하지 못하거나 "그냥 카톡하고 그런 거" 정도로 답할 것입니다. 이 과정에서 아이는 '사귐'이 생각만큼 특별하지 않다는 점을 깨닫게 됩니다.

관계의 의미는 형식보다 마음이라는 점을 알려주세요

"사귄다는 건 서로 좋아하고, 이해하려고 노력하는 거야. 그냥 말만 하는 건 진짜 사귀는 게 아니야."

"네가 정말 좋아하는 친구가 있어? 그 친구와 더 친해지고 싶어?"

이런 질문을 통해 아이는 관계의 본질이 꼬리표가 아니라 마음이라는 점을 이해하게 됩니다.

또래 압박 속에서도 자기 기준을 지킬 수 있도록 도와주세요

"다른 친구들이 하는 걸 나만 안 하면 불안할 수 있어. 하지만 정말 중요한 건 네가 진짜 원하는지, 네게 맞는 건지를 생각하는 거야."

이런 대화는 아이가 또래 압박 속에서도 흔들리지 않는 중심을 갖게 합니다.

"어떤 친구는 연애에 관심이 많고, 어떤 친구는 게임이나 운동에 더 관심이 있을 수도 있어. 둘 다 괜찮은 거야."

자신만의 속도와 관심사를 존중받을 수 있다는 점을 알려주세요.

놀림을 받을 때 어떻게 대응할 수 있을지 함께 이야기해주세요

아이가 실제로 친구들에게 놀림을 받고 있다면, 대처 방법도 함께 이야기해야 합니다.

"친구들이 모태 솔로라고 놀리면 '응, 난 지금 관심 없어', '그게 뭐 어때서?'라고 가볍게 넘기는 것도 방법이야."

"계속 놀리면 '나는 네가 그렇게 말하면 기분이 안 좋아'라고 분명하게 말하는 것도 중요해."

여기에 더해, '모태 솔로'의 개념을 새롭게 잡아주는 것도 필요합니다. 청소년기에 들어선 아이들에게 연애 경험이 없다고 해서 '모태 솔로'라고 규정하는 건 맞지 않다는 점을 알려주세요. 아직 성장 과정에 있는 시기이며, 관심사의 폭도 사람마다 다르기 때문에 연애 경험 유무로 누군가를 평가하는 것은 적절하지 않다는 메시지를 분명히 전달해 주어야 합니다. 이런 대화는 아이가 자기감정을 표현하고, 놀림에 휘둘리지 않는 힘을 기르는 데 도움이 됩니다.

부모의 솔직한 경험은 아이에게 큰 위로가 됩니다

대화가 어색하거나 막힐 때는 부모 자신의 경험을 솔직하게 나누는 것도 좋은 방법입니다.

"엄마도 네 나이 때 친구들이 연애 이야기를 할 때 괜히 따라가고 싶었던 적이 있었어. 그래서 별로 좋아하지도 않는 친구랑 사귀었는데, 그때 참 허전하고 어색했지."

이런 이야기는 아이에게 공감을 주고, 자신의 감정을 돌아보는 데 용기를 북돋아줍니다. 아이에게 필요한 것은 '사귀어야 한다' 또는 '사귀면 안 된다'는 정답이 아닙니다. 진짜 필요한 것은 자기 자신을 존중하는 법, 건강한 관계가 무엇인지 아는 힘, 그리고 또래 압박 속에서도 흔들리지 않는 중심입니다.

♥〜〜〜〜

아이의 말 뒤에 숨은 마음을 읽고, 자기 속도와 감정을 존중받도록 도와주는 것이 부모의 가장 좋은 반응입니다.

고백했다가 거절당한 아이, 어떻게 위로해야 할까요?

Q 초등학교 6학년 아이가 좋아하는 친구에게 고백했다가 거절당했어요. 그 뒤로 며칠째 밥도 제대로 먹지 않고 방에만 틀어박혀 있네요. 아직 어린아이 같기만 한데, 상처받은 모습이 너무 안쓰럽습니다. 위로하려 해도 "그냥 내버려둬"라며 말도 하지 않아요. 어떤 말을 건네야 할지 고민입니다.

A 처음으로 누군가에게 마음을 표현하고, 그 마음이 받아들여지지 않았을 때 아이가 느끼는 상처는 절대 가볍지 않습니다. 이럴 때 부모가 아이의 감정을 인정하고 따뜻하게 공감해준다면, 아이는 자신의 감정을 이해하는 동시에 타인의 마음도 존중하는 법을 배워갑니다.

좋아하는 마음은 뇌에서도 반응해요

누군가에게 호감을 느끼면 뇌에서는 도파민, 옥시토신, 세로토닌 같은 '행복 호르몬'이 분비됩니다. 도파민은 설렘과 기대감을, 옥시토신은 친밀감과 안정감을, 세로토닌은 평온함과 행복감을 느끼게 합니다. 이 호르몬들은 감정의 기복을 크게 만들기도 합니다.

아직 어린아이처럼 보이는 아이도 누군가에게 호감을 느끼면 이 감정을 온몸으로 경험합니다. 거절을 경험하면 속상함, 부끄러움, 화남 등 다양한 감정이 뒤섞일 수 있으며, 이럴 때일수록 부모의 따뜻한 돌봄이 필요합니다.

어린 마음도 진짜 마음입니다

아이가 아직 어리다고 해서 그 감정을 가볍게 여기거나 무시해서는 안 됩니다. 아이의 감정을 있는 그대로 인정해주세요. "그 정도 일로 왜 울어", "다 지나가" 같은 말은 아이의 마음을 닫게 만들 수 있습니다. 감정을 자유롭게 표현할 수 있는 분위기를 만들어주는 것이 중요합니다. 그렇게 할 때 아이는 자신의 감정을 건강하게 받아들이는 힘을 키워갑니다.

존중을 배우는 기회로

이 시기는 성적 자기 결정권에 대해 이야기하기 좋은 시기입니다. 이는 자신의 감정과 신체에 대해 스스로 결정할 수 있는 권리로, 동의하거나 거절할 수 있는 권리를 포함합니다.

아이의 고백은 자신의 감정을 표현한 멋진 행동이며, 상대방의 거절 역시 존중받아야 할 선택입니다. 다음과 같은 대화는 아이가 거절을 긍정적인 배움의 기회로 받아들이는 데 도움이 됩니다.

"네가 그 친구를 좋아한 건 자연스러운 일이야. 그 친구의 마음이 달랐던 거고, 그걸 받아들인 네 모습이 참 멋지다."

우리 사회에서는 거절을 불편하게 여기지만, 거절은 솔직한 의사 표현입니다. 이를 존중하지 못하면 '고백 공격'이나 '열 번 찍기' 같은 방식으로 상대의 감정을 무시하는 행동으로 이어질 수 있습니다. 부모가 아이에게 거절을 존중하는 태도를 미리 알려주는 것이 중요합니다.

마음의 상처를 보듬는 따뜻한 대화

아이의 감정을 이해하고 존중하는 대화는 아이가 상처를 극복하고 건강하게 성장하는 데 큰 힘이 됩니다.

"누군가를 좋아하는 건 자연스럽고 행복한 감정이야."

"용기 있게 마음을 표현한 건 정말 멋진 일이야. 거절당해서 속상했겠구나."

"거절은 네가 부족해서가 아니라, 마음의 타이밍이 달랐던 거야."

"그 친구의 마음을 존중한 너의 태도는 정말 잘한 거야."

"언젠가 너와 같은 마음을 가진 좋은 친구를 만날 수 있을 거야."

거절 당한 후 주의 사항

거절을 경험한 아이가 감정을 건강하게 처리할 수 있도록, 아래와 같은 행동은 지양하도록 미리 이야기해주세요.

지속적인 연락 시도: 상대방의 결정을 존중하지 않으면 관계가 더 멀어질 수 있음

험담이나 소문 퍼뜨리기: 마음이 아플 때일수록 다른 사람의 명예를 지켜주는 태도가 필요함

SNS를 통한 괴롭힘: 상대방이 불편해하지 않도록 배려가 필요함

사생활 침해: 친구 관계, 온라인 활동을 몰래 추적하면 안 됨

죄책감 주기: "네가 날 거절해서 힘들다"는 말은 상대방에게 부담을 줄 수 있음

상처 속에서도 아이는 성장합니다

사춘기 아이들은 감정의 폭이 넓고 표현 방식도 다양합니다. 다양한 감정을 인식하고 표현하는 과정은 자기 이해의 시간이자, 타인과의 관계에서 존중과 배려를 배우는 기회입니다. 슬픔과 좌절도 성장의 중요한 발판이 됩니다.

이제 아이는 스스로 관계를 형성해 나가는 독립적인 존재입니다. 부모는 아이의 감정을 있는 그대로 바라보며, 든든한 지지자가 되어주세요. 이 모든 경험은 아이가 건강한 관계를 맺는 데 중요한 밑바탕이 됩니다.

아이가 거절을 경험했을 때, 그 감정을 존중하고 함께 나누는 부모의 태도가 아이의 건강한 관계 형성을 도와줍니다.

아이가 첫 이별로 힘들어하는데 어떻게 도와줄까요?

Q 며칠째 말수가 줄고, 식사도 제대로 하지 않는 아이. 평소와 달리 휴대전화도 잘 보지 않고, 친구들과 어울리는 모습도 사라졌습니다. 조심스레 물어보니, 최근 이성 친구와 헤어졌다고 합니다. 아직 어린데도 이렇게 힘들어하는 모습이 걱정됩니다. 어떻게 도와줘야 할까요?

A 첫 이별은 아이에게 생각보다 큰 감정의 파도를 일으킬 수 있습니다. 대부분의 아이는 이별을 겪으며 자연스럽게 회복하지만, 어떤 아이들은 깊은 슬픔이나 혼란을 느끼기도 합니다. 처음으로 경험한 특별한 감정을 정리하는 과정이 낯설고 어려운 탓이죠.

이별은 단순히 관계의 끝이 아니라, 자아를 이해하고 감정을 다루는 성장의 기회입니다. 부모의 따뜻한 지지와 현명한 안내가 있다면, 아이는 이 경험을 실패가 아닌 성장의 계기로 받아들이고, 더 건강한 관계를 맺는 법을 배울 수 있습니다.

처음 겪는 감정, 서툰 마무리

초등학생의 교제는 '좋아한다'라는 호감과 친밀감이 중심이 됩니다. 하지만 '처음'이라는 설렘에는 '서투름'도 함께 따라옵니다. 감정을 정리하는 방법을 충분히 배우지 못한 아이는 이별 후 자존감이 흔들리거나 다음 관계에 대한 두려움을 느낄 수 있습니다.

첫 이별은 이후의 인간관계 태도에 영향을 줍니다. '나는 사랑받을 가치가 없는 사람인가?'라는 부정적인 결론에 이를 수도 있고, '관계에는 변화가 있고, 그 또한 자연스럽다'라는 건강한 관점으로 발전할 수도 있습니다. 이 차이를 만드는 중요한 변수 중 하나가 바로 부모의 반응입니다.

감정에 공감하는 시간

아이가 유난히 풀이 죽어 보이거나 힘들어한다면, 그 감정을 자연스럽게 표현할 수 있도록 도와주세요.

"그 친구랑 멀어져서 많이 속상하구나."

"슬플 때는 마음껏 슬퍼해도 괜찮아. 억지로 참지 않아도 돼."

무작정 "괜찮아"라고만 하면 아이는 오히려 괜찮은 척해야 한다고 느낄 수 있습니다. "네 마음을 이해해"라는 메시지가 훨씬 안전한 울타리가 됩니다.

자존감을 지켜주는 말

이별은 꼭 누군가의 잘못 때문만은 아닙니다. 하지만 아이는 마음이 힘든 상태에서 모든 원인을 자신에게 돌릴 수 있어요. 자책으로 이어지지 않도록, 인정과 격려를 통해 아이의 마음을 단단하게 키워주세요.

"이별은 네가 부족해서가 아니라 서로의 마음이 달라진 것일 뿐이야."

"너는 아주 멋지고 소중한 아이라는 것을 잊지 마."

부모의 따뜻한 말 한마디가 아이의 자존감을 지켜주는 든든한 자양분이 됩니다.

감정은 표현해야 건강해집니다

슬프거나 화나는 감정을 억누르기보다는 적절하게 표현하는 것이 중요합니다. 감정 표현은 해봐야 늘고, 경험할수록 성숙해집니다.

- 일기 쓰기, 그림 그리기
- 운동하기, 산책하기
- 친구 또는 가족과 대화 나누기

이러한 활동은 복잡한 감정을 정리하고 밖으로 표출하는 데 도움이 됩니다.

이별에도 예의가 필요합니다

이별은 부정적인 감정을 동반하기 때문에, 예의를 지키는 것이 더욱 중요합니다. 이는 상대방에 대한 배려일 뿐 아니라, 자신의 마음을 단단하게 다지는 훈련이기도 합니다.

- 매달리지 않기
- 두 사람 사이의 일을 소문내지 않기
- 적절한 거리두기
- 상대방 비난보다 내 마음 돌보기에 집중하기

같은 반이거나 자주 마주치는 상황이라면 아이가 더 힘들어할 수 있습니다. 이럴 때는 "안녕" 정도의 가벼운 인사로 서로를 존중하면서도 적당한 거리를 유지할 수 있다는 점을 알려주세요.

이별을 통해 한 뼘 더 자라는 아이

이별을 경험한 아이에게는 감정을 안전하게 느끼고 표현할 수 있는 환경이 필요합니다. 성급히 결과를 바꾸려 하지 말고, 아이가 자신의 속도로 회복할 수 있도록 지켜봐주세요.

이별은 관계의 종결이면서 동시에 '나를 더 깊이 이해하는 시작점'이 될 수 있습니다. 부모의 따뜻한 시선과 지지가 있다면, 아이는 이별의 아픔을 넘어 더 성숙하고 건강한 관계를 만들어 갈 힘을 얻게 됩니다.

부모의 따뜻한 지지가 아이의 회복과 성장을 이끄는 힘이 됩니다.

초등 아이가 이성 친구와 뽀뽀하는 장면을 목격했습니다

Q 아이가 또래 친구와 뽀뽀하는 모습을 우연히 보게 됐습니다. 초등학교 6학년 아이가 연애한다길래 대수롭지 않게 여겼는데, 막상 눈앞에서 그런 장면을 보니 놀라고 걱정이 앞섭니다. 이런 상황에서 부모로서 어떻게 말하고 행동해야 할까요?

A 요즘 아이들은 드라마, 유튜브, SNS 같은 매체에서 연애나 스킨십 장면을 쉽게 접합니다. 친구들 사이에서도 '사귄다', '뽀뽀한다'는 이야기가 흔해졌고, 부모 역시 머리로는 '세상이 변했구나' 하고 이해하지만 막상 내 아이의 일로 다가오면 당황하거나 감정적으로 반응하게 됩니다.

이럴 때 무조건 혼내거나 금지하면 아이는 자신의 감정을 부끄럽게 여기고, 부모와의 대화를 단절할 수 있습니다. 이 순간을 야단치는 시간이 아니라, 스킨십의 기준과 경계를 함께 이야기하는 교육의 기회로 삼는 것이 중요합니다.

아이의 감정을 이해하는 첫걸음

사춘기에 접어든 아이는 누군가를 좋아하는 마음이 커지고, 더 가까워지고 싶은 욕구도 함께 생깁니다. 좋아하는 친구와 손을 잡거나 뽀뽀를 해보고 싶다는 생각은 이 시기의 자연스러운 발달 과정 중 하나입니다.

문제는 이런 감정을 어떻게 다루고 표현해야 할지에 대한 기준이 부족하다는 점입니다. 감정과 호기심에 따라 충동적으로 행동하기 쉽고, 그 결과나 상대방의 감정까지 고려하기는 어렵습니다. "하지 마라"라는 훈육보다 아이가 스스로 감정을 성찰하고 선택할 힘을 키우도록 돕는 것이 더 중요합니다.

설렘 뒤에 찾아오는 혼란과 불안

스킨십 이후에는 기쁨과 설렘뿐 아니라 혼란, 후회, 불안 같은 감정이 뒤따를 수 있습니다. 내가 정말 원했던 행동이었는지, 분위기에 휩쓸린 건 아닌지 헷갈리기도 하고, 부모나 친구에게 알려질까 봐 걱정되기도 합니다.

"내가 지금 진짜 이 행동을 원하는 걸까?"

"이 일을 하고 나면 어떤 일이 생길까?"

이런 질문을 스스로 던져볼 수 있도록 돕는 것이 부모의 중요한 역할입니다.

감정은 막지 말고, 기준은 함께 세워주세요

좋아하는 친구가 생기면 마음을 표현하고 싶고, 연애를 하다 보면 손을 잡거나 뽀뽀를 해보고 싶은 마음이 생기는 것은 자연스러운 일입니다. 이러한 감정을 무조건 혼내기만 하면 아이는 부모의 말을 잔소리로 받아들이고, 상황만 모면하려는 태도를 보일 수 있습니다.

대화를 이어가기 위해서는 먼저 감정을 이해하고, 그다음 함께 기준을 세워가는 순서가 중요합니다. 이해가 있어야 진심 어린 대화가 가능하고, 그 대화 속에서 아이가 자신의 행동을 돌아볼 수 있습니다.

내 마음만큼 중요한 '상대의 마음'

스킨십은 나만의 감정으로 결정할 수 있는 일이 아니라는 점도 알려줘야 합니다. 상대가 불편해하거나 원하지 않는다면 멈춰야 한다는 경계와 존중의 원칙을 자연스럽게 전달해주세요.

"그 상황에선 어떤 마음이었어?"

"정말 네가 원했던 행동이었을까?"

"상대 친구는 혹시 불편하지 않았을까?"

이런 질문은 아이가 자신의 행동을 되돌아보고, 상대방의 입장도 함께 생각해볼 수 있게 도와줍니다.

"나도 그랬어" 부모의 경험이 만드는 연결

아이들은 부모가 자신을 이해하지 못한다고 느끼면, 아무리 좋은 말이라도 잔소리로 받아들이기 쉽습니다. 반대로 부모가 자신의 이야기를 진심으로 들어주고, 판단 없이 받아들여준다는 생각이 들면, 아이는 자신의 감정을 더욱 솔직하게 나누게 됩니다.

"나도 네 또래 때 누군가를 좋아해서 하루 종일 생각났던 적이 있어."

"처음 손잡았을 때 마음이 두근거리고, 어떻게 해야 할지 몰라서 어색했어."

이런 이야기는 아이에게 '엄마 아빠도 이런 감정을 겪어봤구나' 하는 연결감을 만들어주며, 자신의 이야기를 나누는 데 용기를 갖게 합니다.

부모와 정서적으로 단절된 아이는 연애 상대에게 과도하게 의존하거나, 부모에게서 받지 못한 인정과 애정을 신체적 스킨십으로 채우려 할 수 있습니다. 이 시기에는 훈육보다 신뢰가, 금지보다 대화가 더 중요합니다.

아이가 믿고 이야기할 수 있는 부모 되기

아이들이 스킨십하는 모습을 부모가 갑작스럽게 보게 되면 놀라거나 충격을 받는 것은 자연스러운 일입니다. 그러나 그 순간을 단순히 혼내고 막는 데서 끝내지 않고, 아이의 감정과 행동을 함께 이해해보는 기회로 바꾸어야 합니다.

부모는 감정을 억누르기보다 "그럴 수도 있겠구나" 하고 받아들이며, 행동을 즉시 판단하기보다 아이와 함께 기준을 세워갈 수 있도록 대화의 문을 열어주는 역할을 해야 합니다. 결국 중요한 것은 "절대 하지 마라!"라는 훈육이 아니라, "왜 그런 마음이 들었는지"를 함께 이야기 나눌 수 있는 친밀한 관계입니다.

Tip

아이와 스킨십에 대해 대화하는 방법: 감정 존중과 경계 세우기

아이 스스로 스킨십을 원했을 때

"그 친구를 정말 좋아해서 그런 행동을 하고 싶었구나. 어떤 마음이 들었어?"

"상대 친구가 그 행동을 어떻게 느꼈을지 생각해봤어?"

"좋아하는 마음은 정말 소중해. 하지만 행동으로 옮길 때는 서로의 마음을 존중하고 함께 생각하는 것도 중요하지 않을까?"

상대가 스킨십을 요구했을 때

"그때 많이 당황했겠다. 어떻게 해야 할지 몰랐을 수도 있지."

"혹시 마음이 불편했거나 싫었는데 말하지 못했어?"

"좋아한다고 해서 모든 행동을 받아줄 필요는 없어. 네 마음과 경계를 지키는 게 정말 중요해. '싫어'라고 말해도 괜찮아."

대화를 마무리할 때는 아이의 말을 결론짓거나 해석하기보다 "솔직하게 말해줘서 고마워"라고 반응해주세요. 부모가 기댈 수 있는 안전한 울타리가 되어줄 때, 아이는 감정을 이해하고, 타인을 존중하며 스스로 선택하는 힘을 키워갑니다.

아이가 스킨십을 경험했을 때, 감정을 존중하고 기준을 함께 세워가는 부모의 태도가 아이의 건강한 관계 형성에 가장 중요한 밑거름이 됩니다.

아이가 스킨십을 너무 쉽게 생각하는 것 같아 걱정돼요

Q 아이가 보던 웹툰 속 장면에 깜짝 놀랐습니다. 남녀 중학생 주인공이 손을 잡고 걷다가 갑자기 남자아이가 키스를 했고, 여자아이는 놀란 표정을 지었습니다. "이런 건 안 되는 거야"라고 말했더니, 아이는 "사랑하면 할 수 있지"라고 대답했습니다. 아이가 사랑과 스킨십을 어떻게 받아들이고 있는지 걱정되고, 건강한 이성 교제를 어떻게 설명해야 할지 막막합니다.

A 유튜브, 웹툰, SNS를 통해 아이들은 현실보다 극단적이고 환상적으로 포장된 연애 이야기를 자주 접합니다. 눈빛 한 번, 갑작스러운 키스만으로 사랑에 빠지는 장면을 자연스럽게 내면화하게 됩니다.

이러한 콘텐츠 자체를 부정하거나 금지하는 방식보다, 아이와 함께 '사랑이란 감정은 무엇이며, 어떻게 표현하는 것이 건강한가'를 이야기 나누어야 합니다. 이를 통해 아이는 사랑이라는 감정을 성숙하고 균형 있게 이해할 수 있습니다.

감정과 행동의 경계를 설명해주세요

"사랑하니까 키스할 수 있지"라는 말 속에는 두 가지 혼동이 담겨 있습니다. 첫째, 감정을 느꼈으니 행동으로 옮기는 것이 당연하다는 생각. 둘째, 스킨십이 사랑을 표현하는 가장 직접적인 방식이라는 믿음입니다.

하지만 감정은 자유롭지만, 행동에는 경계와 책임이 따릅니다. 아무리 기분이 좋아도 수업 시간에 소리를 지를 수 없듯, 누군가를 좋아하는 마음이 있어도 충동적으로 행동하는 것은 신중해야 합니다. 특히 사춘기에는 작은 스킨십도 예상치 못한 감정의 혼란이나 후회로 이어질 수 있습니다.

웹툰 속 장면을 예로 들어 아이에게 설명해보세요.

"웹툰에서 남자아이가 갑자기 키스를 했지? 여자아이가 놀란 이유가 뭘까?"

"진짜 사랑이라면 먼저 '괜찮을까?', '원할까?'를 생각해야 해."

진정한 사랑은 상대방의 감정과 의사를 존중하는 것에서 시작됩니다. 명확한 동의 없이 이루어진 스킨십은 사랑이 아니라는 점을 분명히 알려주세요. 스킨십은 서로의 마음이 충분히 준비되었고, 명확하게 동의했을 때만 이루어져야 합니다.

이성 교제는 감정 교류부터 시작해 신뢰를 쌓는 과정입니다

건강한 이성 교제는 친구로서 함께 시간을 보내고, 서로의 고민을 나누며 감정을 교류하는 것부터 시작됩니다. 신뢰를 쌓은 후에야 손을 잡고, 포옹하고, 키스하는 등의 스킨십이 자연스럽게 발전하는 것이죠. 아이에게 이렇게 설명해주세요.

"지금 너희 나이에는 서로의 마음을 충분히 알아가는 것이 가장 중요해. 급하게 건너뛰려 하지 말고, 각 단계를 천천히 경험해보는 것이 어떨까?"

미디어 속 연애 표현과 현실의 차이를 구분할 수 있도록 도와주세요

아이들은 미디어 속 연애 장면을 통해 사랑을 배웁니다. 하지만 웹툰과 드라마는 극적인 장면을 위해 감정을 과장하고, 과정을 생략합니다.

웹툰에서 멋져 보이는 '기습 키스'는 현실에서는 불쾌함, 당황, 심지어 위협으로 느껴질 수 있습니다. 아이와 함께 미디어를 보며 이런 질문을 던져보세요.

"이 장면이 현실에서도 괜찮은 행동일까?"

"상대가 당황한 표정을 짓는 건 어떤 의미일까?"

"미디어 속 표현 방식이 진짜 사랑의 모습일까?"

이런 대화는 아이가 미디어 속 과장된 표현과 현실을 구분할 수 있도록 도와줍니다.

"하지 마!"는 교육이 아닙니다

"이성 친구 사귀지 마", "연애는 대학 가서 해"라는 말은 오히려 아이의 반항심을 키울 수 있습니다. 무작정 "안 돼"라고 하기보다, 이렇게 말해보세요:

"사랑은 서로를 존중하고 편안함을 느끼는 관계여야 해. 상대가 원하지 않는데 억지로 하는 건 진짜 사랑이 아니야. 너의 감정은 소중하지만, 그 감정을 어떻게 표현할지는 신중하게 생각해야 해."

이런 대화는 아이가 자신의 감정을 이해하고, 관계 속에서 건강한 기준을 세우는 데 도움이 됩니다.

막연한 이야기보다 구체적인 조언을 해주세요

진심으로 대화하는 연습

"좋아하는 친구와 만났을 때 뭘 하고 싶어?"

"함께 이야기 나누는 게 즐겁다면, 그게 바로 건강한 관계의 시작이야."

자기감정에 대한 인식과 조절 능력

"내가 왜 이 친구를 좋아하게 됐을까?"

"지금 이 감정은 어떤 상태일까?"

"그 감정을 어떻게 표현해야 할까?"

관계의 목적을 생각하게 하기

"연애를 왜 하고 싶어?"

외로움 때문인지, 친구들을 따라 하고 싶어서인지, 아니면 진심으로 함께 시간을 보내고 싶어서인지 아이가 스스로 이유를 돌아보게 해주세요.

사랑을 말하는 아이에게 신중함과 배려의 기준을 알려주세요

아이의 "사랑하면 키스할 수도 있지. 왜 안 돼?"라는 질문에 대한 답은, "진정한 사랑이라면 더욱 신중해야 해"입니다.

상대방을 진심으로 사랑한다면, 그 사람이 상처받지 않도록, 불편하지 않도록 먼저 생각하게 됩니다. 부모는 아이 곁에서 가장 오래, 가장 가까이 있는 성 교육자입니다. "안 돼"라고 단호히 말하기보다 "진짜 사랑이라면 어떻게 해야 할까?"라는 질문을 던져 아이가 스스로 생각하고 기준을 세울 수 있도록 이끌어주세요.

아이가 사랑을 말할 때, 그 감정을 존중하면서도 표현 방식에 대해 함께 고민해주는 부모의 태도가 건강한 관계를 만들어줍니다.

성관계와 피임, 생명과 책임에 대해 얘기해주세요

아기가 어떻게 생기는지 물어보면 어디까지 알려줘야 할까요?

Q 초등 1학년과 4학년 아들을 둔 엄마입니다. 어느 날 큰아이가 갑자기 "아기는 어떻게 생겨?"라고 물었어요. 옆에 있던 둘째도 "나도 알고 싶어!"라며 눈을 반짝이더군요. 어디까지 알려줘야 할지, 두 아이에게 각각 다른 설명을 해야 하는 건지 고민이 됩니다. 성교육이 참 어렵게 느껴져요.

A 아이의 순수한 질문은 성에 대한 건강한 첫 단추를 끼울 기회입니다. 생명의 탄생이라는 놀라운 진실을, 아이가 받아들일 수 있는 수준에서 따뜻하고 신중한 언어로 전해주세요. 성관계를 설명할 때는 아이의 발달 수준에 맞추어 조화롭게 전달하는 것이 핵심입니다.

아이의 성 이해 수준을 먼저 확인하세요

아이의 질문에 바로 답하기보다, 먼저 아이가 어느 정도 알고 있는지를 파악하는 것이 중요합니다. 성 지식 수준은 다음과 같이 나눌 수 있습니다.

1단계: 남녀가 만나 아기를 만든다는 사실을 안다.

2단계: 정자와 난자 개념을 이해한다.

3단계: 성기와 생명 탄생의 연관성을 구체적으로 안다.

예를 들어 "아기는 어떻게 생겨?"라는 질문이 나오면, "너는 어떻게 생각해?"라고 되물어보세요. 아이의 답변을 통해 현재 수준을 파악하고, 그보다 한 단계 높은 설명을 준비하면 됩니다. 이 과정은 아이의 호기심을 존중하면서도 지나치게 앞서가지 않도록 도와줍니다.

유아기(6~7세) 성교육, "너는 소중한 존재야"라는 메시지로 시작

이 시기의 아이들은 과학적 정보보다 자신이 태어난 의미와 상징, 가치를 알고 싶어합니다. 동화적 표현을 활용해 따뜻하고 긍정적인 이미지를 심어주세요.

추천 표현

"아빠와 엄마가 서로 사랑해서 ○○이를 꼭 만나고 싶었어. 그래서 아빠의 사랑 씨앗과 엄마의 사랑 씨앗이 만나, 엄마 뱃속에서 ○○이가 자라났지."

"하늘에서 반짝이는 별 중 가장 예쁜 별을 아빠가 엄마에게 선물했어. 엄마가 그 별을 뱃속에 간직했더니, 그게 바로 ○○이가 된 거야."

설명 후에는 반드시 "그래서 너는 세상에 하나뿐인 특별한 존재야"라는 메시지를 덧붙여주세요. 아이는 자신의 존재를 긍정적으로 받아들이게 됩니다.

주의 사항

"다리 밑에서 주워왔다", "마트에서 사왔다" 같은 농담은 아이의 자존감에 부정적인 영향을 줄 수 있으므로 피해야 합니다.

저학년(1~3학년) 성교육, 사실과 감정을 함께 전달

이 시기 아이들은 인과관계를 이해할 수 있어, 지나치게 상징적인 설명만으로는 만족하지 못합니다. 신체에 대한 이해를 바탕으로 사실적인 내용을 포함하되, 감정적 연결도 함께 전달해야 합니다.

교육 내용

- 남녀의 몸에는 생명을 만들 수 있는 생식 기관이 있다는 사실
- 생명의 씨앗인 정자와 난자가 있다는 사실
- 성교육 도서를 활용하면 남녀의 몸과 생명의 연결성을 더 쉽게 이해할 수 있음

추천 표현

"엄마와 아빠가 결혼하고 ○○이를 정말 갖고 싶어서 서로 꼭 안고 사랑을

나눴지. 그때 아빠의 씨앗(정자)과 엄마의 씨앗(난자)이 만나서 엄마 뱃속에
서 ○○이가 자라났어.”

이 시기에는 ’거짓말은 하지 않되, 너무 자세하게 말하지 않는 선’에서 설명
하는 것이 좋습니다. 생명의 탄생 과정을 인과적으로 이해시키면서, 그 과
정이 사랑을 바탕으로 이루어졌다는 점을 강조해주세요.

고학년(4~6학년) 성교육, 사랑과 책임의 의미를 알려줄 때

이 시기 아이들은 추상적 사고가 가능해지며, ‘사랑’이라는 개념을 감정 이
상의 가치로 이해할 수 있습니다. 성관계가 단순한 생물학적 행위가 아니
라 관계와 책임, 미래에 대한 약속이 담긴 행위임을 알려줄 수 있는 적기입
니다.

대화 예시

“○○이는 나중에 어떤 사람과 결혼해서 아기를 만들고 싶어?”
“가족이 되어 함께 행복해지려면 어떤 마음이 가장 중요할까?”

성관계 설명 예시

“서로 사랑하면 믿음이 생기고, 다른 사람과는 할 수 없는 가장 친밀하고 특
별한 행위가 가능해져. 우리는 그것을 성관계라고 불러. 남녀의 성기가 만
나면 정자와 난자가 만나 생명을 만들 수 있어. 그렇게 우리 ○○도 태어난
거야.”

당황스러운 질문엔 따뜻한 감정으로 반응하세요

아이들은 때때로 "옷을 벗고 해?" 같은 질문을 던지기도 합니다. 이럴 때는 당황하지 말고, 사랑의 감정으로 연결해 설명해주세요.

예시 대화

가족 앨범을 함께 보며 부모와 아이가 포옹하거나 살갗을 맞대고 있는 사진을 보여주세요.

"이때 ○○이가 엄마 품에 안겼을 때 따뜻했지? 엄마와 아빠도 사랑으로 너를 만들 때 서로 따뜻하게 안았어. 그건 이상하거나 부끄러운 게 아니라, 서로를 사랑하는 특별한 순간이야."

"사랑하는 두 사람이 서로를 꼭 안고 체온을 나누는 거야. 그때 아빠의 씨앗과 엄마의 씨앗이 만나서 너 같은 멋진 아이가 생긴 거지."

성교육, 일찍 시작할수록 아이를 더 잘 지킬 수 있습니다

"너무 일찍 알려주면 성관계를 시도하지 않을까?"라는 걱정은 현실과는 거리가 있습니다. 오히려 올바른 성교육은 아이가 성에 대해 건강하고 책임감 있는 태도를 갖도록 돕습니다.

마음 중심, 관계 중심의 성관계 교육은 다음과 같은 메시지를 전달합니다.

- 단순히 성기가 있다고 해서 성관계를 할 수 있는 것이 아니라는 점을 알려준다.
- 성관계는 사랑하는 사람과 가족을 만들기 위한 선택이라는 가치관을 심어준다.

- 성관계에 대한 올바른 이해는 아이의 성관계 시기를 오히려 늦추는 효과가 있다.
- 성관계에는 관계적 준비와 생명을 위한 사회문화적 준비가 필요하다는 점을 전달한다.

부모의 확신이 최고의 성교육입니다

성교육은 아이의 발달 수준에 맞춰 따뜻하고 적절하게 설명해주는 것이 핵심입니다. 너무 이른 나이에 구체적인 내용을 주입식으로 가르치는 것을 걱정하기보다는, 아이가 성에 대해 건강하고 긍정적인 가치관을 형성할 수 있도록 돕는 것이 중요합니다.

사랑과 관계를 중심으로 한 성교육은 아이가 건강하게 성장할 수 있는 든든한 기반이 됩니다. 부모의 확신이 아이에게 가장 큰 힘이 됩니다.

아이의 호기심을 따뜻하게 받아들이는 부모의 태도는 성을 긍정적으로 이해하도록 돕는 가장 중요한 기반입니다.

성관계를 궁금해하는 아이, 어떻게 설명해야 할까요?

Q 초등 6학년 아이가 스마트폰으로 '섹스'라는 단어를 검색한 흔적을 발견했습니다. 아직 음란물 사이트에 접속한 것은 아니지만, 곧 그렇게 될까봐 불안합니다. 사춘기이니 성에 관심을 가질 거라 생각은 했지만, 너무 이른 것 같아 당황스럽고, 그동안 쌓아온 신뢰나 노력이 무너진 듯 속상하며 복잡한 감정이 듭니다. 그렇다고 해서 모른 척하기엔 마음이 불편합니다. 아이가 성관계에 대해 궁금해하는 만큼, 이제는 설명해줄 필요가 있다고 느낍니다. 하지만 어떻게 대화를 시작해야 할까요?

A 사춘기 아이에게 성적 관심이 생기는 건 자연스러운 일이지만, 막상 내 아이의 일로 겪게 되면 당황스럽고 실망이나 배신감이 들 수 있습니다. 부모는 이런 감정을 느끼는 자신을 비난하기보다, 이것이 전혀 이상한 반응이 아님을 인정해야 합니다. 준비되지 않은 상황에서 아이의 성적 호기심과 마주하는 것은 누구에게나 쉽지 않으며, 이때 어떤 태도를 보이느냐가 앞으로의 대화 방향을 결정합니다.

부모의 불안, 자연스러운 반응입니다

많은 부모는 다른 아이의 경우엔 '그럴 수 있다'고 생각하면서도, 내 아이에게는 유난히 불편함을 느낍니다. 그 이유는 성관계에 대한 오해, 그리고 아이가 충동적으로 행동할까봐 생기는 두려움 때문입니다. '성교육을 받으면 성관계에 호기심이 생겨 이른 나이에 해버리는 건 아닐까?'라는 걱정은 예방 교육을 하지 않겠다는 것과 같습니다.

왜곡된 정보가 성에 대한 관심을 앞당기는 것이지, 올바른 성교육은 오히려 성을 신중하게 생각하게 만듭니다. 음란물은 자극을 주지만, 성교육은 사랑과 책임의 가치를 심어줍니다. 아이가 쾌락에만 빠질까 두려워하기보다, 올바른 성교육이 아이를 보호한다는 점을 기억해야 합니다.

짝짓기와 성관계의 차이를 알려주세요

성에 대한 오해를 풀기 위해, 인간의 성관계와 동물 짝짓기의 차이를 아이에게 분명히 알려줄 필요가 있습니다.

동물의 짝짓기는 번식을 위해 짧은 구애 후 성기를 연결하는 행위입니다. 그 과정에서 쾌락이 따를 수 있지만, 목적은 오로지 생물학적 번식입니다. 반면, 인간의 성관계는 단순한 생물학적 행위를 넘어, 사랑과 책임을 나누는 특별한 교류입니다. 인간은 사회적 존재이므로, 오랜 시간 서로를 알아가고 신뢰와 사랑을 쌓는 관계가 성관계에 선행되어야 합니다.

"짝짓기는 성기로 하지만, 성관계는 마음으로 합니다."

이 차이를 이해하는 것이 성교육의 핵심입니다.

성관계를 아는 게 문제가 아니라 잘못 아는 게 문제

아이가 성에 대해 아는 것 자체가 문제가 아니라, 잘못 아는 것이 문제입니다. 망설이며 고민하기보다, 올바른 정보를 제대로 전달하는 데 힘을 쏟아야 합니다.

성관계를 단순한 생물학적 행위로 이해하면, 피임 도구만 있으면 언제든 가능하다고 생각할 수 있습니다. 반대로 성관계를 사랑과 책임의 교류로 이해하면, 관계적 준비가 먼저라는 사실을 받아들이게 됩니다. 아직 배워야 할 것이 많다는 인식은 아이 스스로 '아직 준비되지 않았다'는 판단으로 이어질 수 있습니다.

생물학적 사실은 이렇게 전달하세요

먼저 부모의 마음가짐이 중요합니다. 부끄럽거나 이상한 것이 아닌, 자연스러운 생명 현상이라는 확신을 가지세요. 부모의 마음이 흔들리면 아이에게도 그 불안감이 전달됩니다.

대화는 이렇게 시작할 수 있습니다.

"최근에 궁금한 게 생긴 것 같더라. 엄마(아빠)가 제대로 설명해줄게. 궁금한 건 당연한 거니까 부끄러워하지 않아도 돼."

성관계에 대한 사실 전달 예시

- 정자는 몸 밖에서는 오래 살기 어렵다.
- 정자와 난자가 만나려면 남성의 성기와 여성의 성기가 연결되어야 한다.

• 수정(임신)이 되려면 난자에 많은 정자가 도달해야 확률이 높아진다.

이 세 가지를 종합하면 이렇게 설명할 수 있습니다.

"정자는 몸 밖에서는 금방 생존하기 어렵기 때문에, 최대한 많은 정자가 난자에 도달하려면 정자가 공기에 노출되지 않게 하며 사정을 하기 위해 남성과 여성의 성기가 연결되어야 해."

아이는 처음엔 놀라거나 어색해할 수 있습니다. 그럴 때 부모가 함께 당황하지 않고 평온하고 담담하게 반응하면, 아이는 금세 안정감을 되찾고 상황을 자연스럽게 받아들일 수 있습니다.

성관계의 의미와 가치를 이야기해주세요

아이에게 이렇게 질문해보세요.

"사람들은 누구와 아기를 만들고 싶을까? 얼굴만 예쁘고 잘생기면 그 사람과 아기를 만들고 싶을까?"

"너는 나중에 어떤 사람과 아기를 만들고 키우고 싶어?"

핵심 메시지는 이것입니다.

• 성관계는 아무나와 하는 것이 아니다.

• 함께 미래를 꿈꾸며 서로를 깊이 사랑하고 신뢰하는 남녀가 서로의 성기를 연결해 생명을 만들거나 사랑을 확인하는 행위다.

• 성관계는 마음이 통했을 때 이루어지는 것이다.

• 성관계의 핵심은 성기가 아니라 사랑하는 마음이다.

아이가 성관계를 건강하게 하길 바란다면, 무조건 막거나 숨기기보다 아이가 사랑받고, 누군가를 사랑할 줄 아는 사람으로 자라도록 돕는 것이 가장 중요합니다.

아이의 변화, 어떻게 받아들여야 할까?

갑작스러운 아이의 변화에 놀랐겠지만, 아이의 호기심 자체는 문제가 아닙니다. 중요한 것은 아이가 어떤 경로를 통해 성에 대해 알아가느냐입니다. 혹시 잘못된 정보에 노출되었더라도, 부모가 쌓아온 신뢰와 노력은 절대 헛되지 않습니다. 같은 정보를 접하더라도 어떤 준비 상태에서 받아들이느냐에 따라 아이의 반응은 달라집니다.

만약 아이가 이미 음란물을 접했다면, 비난보다는 '왜곡된 정보와 현실의 차이'에 대해 대화를 나눠보세요. "그건 나쁜 거야"가 아니라 "실제 사랑과 성관계는 저것과 달라"라는 방향으로 이야기해주세요.

성관계에 대한 아이의 호기심은 자연스러운 성장의 일부이며, 부모가 사랑과 책임의 관점에서 설명해줄 때 아이는 성을 건강하게 이해할 수 있습니다.

"엄마 아빠도 해봤어?"라고
물어올 때 어떻게 답해야 할까요?

Q 5학년 딸을 키우고 있는 아빠입니다. 아이가 학교에서 성교육을 들은 것 같은데, 하교 후에 대뜸 "엄마 아빠도 성관계 알아?"라고 질문해서 당연히 그렇다고 대답했습니다. 그런데 한발 더 나아가서 "그럼 엄마 아빠도 성관계해봤어?"라고 물어보더군요. 너무 당황해서 얼버무리고 자리를 피했는데, 이런 상황일 때 뭐라고 대답해야 할까요?

A 부모라면 누구나 가슴이 철렁할 만한 순간입니다. 모른다고 하면 아이에게 거짓말을 하는 것이고, 안다고 하면 더 깊이 질문할까봐 이러지도, 저러지도 못하게 됩니다. 하지만 올바른 대처 방법이 있습니다.

성관계에 대해 알게 되는 시기는 정해져 있지 않지만, 이해 수준은 나이에 따라 다르기 때문에 아이의 발달 단계에 맞게 설명해주어야 합니다. 그보다 먼저, 아이가 성관계를 어느 정도 알고 있으며 어떤 개념으로 이해하고 있는지를 파악하는 것이 첫 번째 단계입니다.

365

1단계: 아이의 마음 읽기, 호기심의 시작점

초등 시기의 아이들은 성에 대한 정보를 다양한 경로로 접하게 되는데, 그 정보의 질과 정확성은 천차만별입니다. 아이들은 성관계에 대한 정확한 개념이 없어서, 제대로 된 교육을 받았더라도 부모가 보기에 부정적인 반응을 보일 수 있고, 반대로 잘못된 정보를 접했어도 별다른 거부감 없이 받아들일 수 있습니다.

특히 아이가 부끄러워하며 답변을 피하는 경우가 있는데, 이는 스스로 생각하기에 이상한 내용인데 솔직하게 말하면 자신이 이상한 아이가 될 것 같아서 회피하는 경우일 수 있습니다. 따라서 부모는 아이의 반응을 섣불리 판단하지 말고, 현재 어떤 수준에서 성관계를 이해하고 있는지, 어떤 감정을 느끼고 있는지를 먼저 파악해야 합니다.

2단계: 아이의 이해 수준을 파악하는 세 가지 질문

첫째, 어디서 들었는지 묻기

"그 얘기 어디서 들었어?"

→ 출처에 따라 신뢰도와 설명 방식이 달라집니다.

(선생님: 안전도 높음 / 미디어: 과장·왜곡 가능성 / 친구: 부정확할 확률 높음)

둘째, 어떻게 설명을 들었는지 묻기

"성관계가 뭔지 어떻게 들었어? 네 생각엔 뭐야?"

→ 아이의 정의를 듣고, 그에 맞춰 설명을 보완합니다.

"그 얘기 듣고 기분이 어땠어? 이상했어? 궁금했어?"

→ 감정 반응이 이해 수준을 가늠하게 해줍니다.

3단계: 상황별 맞춤 대답하기

상황 1: 신뢰할 수 있는 교육을 받은 경우

"성교육 시간에 선생님께 배웠고, 사랑하는 남녀가 아기를 만들려고 하는 것이라고 배웠어. 조금 어색하긴 한데 이상하지는 않아! 그래서 엄마 아빠도 해본 거야?"

대답: "응, 맞아. 엄마 아빠도 서로 사랑해서 너를 만들기 위해 성관계를 했어."

설명: 아이가 신뢰할 만한 출처에서 긍정적으로 배웠다면 솔직하게 답하는 것이 좋습니다. 다만, 아이가 어색해한다면 "지금은 좀 낯설 수 있어. 하지만 커가면서 사랑과 관계가 얼마나 중요한지 더 알게 될 거야"라고 덧붙여 안심시켜주세요.

상황 2: 미디어를 통해 부분적으로 배운 경우

"유튜브에서 봤는데 정자랑 난자가 만나게 하려고 성기끼리 연결한다던데? 엄마랑 아빠가 나를 그렇게 만든 게 맞아?"

대답: "비슷하지만 조금 달라. 성관계는 단순히 신체적인 일이 아니라, 사랑하고 신뢰하는 두 사람이 함께하는 거야."

설명: 아이가 생물학적 측면에 초점을 맞췄다면, 관계와 감정의 중요성을 강조하세

요. "엄마 아빠는 서로 사랑해서 너를 만들었어. 그 과정이 신체적인 것도 있지만, 제일 중요한 건 마음이야"라고 설명하며, 성관계가 사랑과 신뢰 속에서 이루어지는 행위임을 알려주세요.

상황 3: 잘못된 정보를 받은 경우

"친구들이 남자와 여자의 고추가 만난다고 하면서 킥킥대더라고. 기분이 안 좋았어! 엄마와 아빠, 그 말이 사실이야?"

대답: "아니, 그건 사실과 많이 달라. 친구들이 놀리거나 잘못된 정보를 전달한 것 같아. 아기가 생기는 건 사랑하는 사람들의 자연스럽고 특별한 일이야."

설명: 잘못된 정보로 인해 아이가 부정적인 감정을 느낀다면, 먼저 그 감정을 인정해주세요. "친구들이 그렇게 말해서 기분이 안 좋았구나"라고 공감한 뒤, "성관계는 사랑하는 두 사람이 아기를 만들거나 서로의 마음을 나누는 자연스러운 과정이야. 엄마 아빠는 너를 사랑으로 만들었어"라고 설명하며 올바른 인식을 심어주세요.

성관계 설명의 핵심 원칙

관계 중심: 성관계는 성기 중심이 아니라 사랑과 신뢰의 관계 속에서 이루어지는 것임을 강조합니다.

발달 단계 맞춤 설명: 초등 고학년은 생물학적 설명과 관계적 설명을 함께 해주되, 지나치게 구체적인 묘사는 피합니다.

'그렇다'와 '아니다'의 기준: 아이의 이해가 건강한 관계의 맥락에 있다면 '그렇다', 왜곡되거나 위험한 맥락이라면 '아니다'로 설명하고 올바르게 수정합니다.

일관성 있는 부모의 태도: 부모가 먼저 부끄러워하거나 과잉 반응을 보이면 안 됩니다. 아이에게 성은 사랑 안에서 자연스럽고 건강한 것임을 일관되게 보여주세요.

대화가 있을 뿐, 정답은 없습니다

아이의 "엄마 아빠도 해봤어?"라는 질문은 불편함이 아니라 대화의 문이 열렸다는 신호입니다. 이때 중요한 건, 당황하지 않고 아이의 이해 수준과 감정을 먼저 살피는 것입니다. 성교육은 단 한 번의 '정답'이 아니라, 관계 속에서 이어지는 대화입니다.

부모가 '사랑과 신뢰'라는 기준을 가지고 이야기해준다면, 아이는 성관계를 부끄러운 것이 아니라 서로를 아끼는 마음의 표현으로 건강하게 받아들이게 될 것입니다.

부모가 사랑과 신뢰로 알려주면, 아이에게 성은 부끄러운 것이 아닌 소중한 관계의 표현으로 자리 잡게 됩니다.

음란물을 보고 "나도 그렇게 태어났어?" 라고 물었어요

Q 최근 초등 6학년 아들이 몰래 음란물을 보고 있다는 사실을 알게 되었습니다. 성관계 장면이 포함된 영상이었는데, 다행히 교육 후 더 이상 보지는 않는 것 같습니다. 그런데 어제 차 안에서 갑자기 "나도 그런 행위로 만들어진 거야?"라고 물어보더군요. 너무 당황해서 "아니야!"라고 답했는데, 괜찮을까요?

A 아이가 음란물을 접한 후 던지는 이런 질문은 많은 부모를 당황하게 만듭니다. 하지만 이 시기 아이들이 본 영상과 부모의 관계를 연결하려는 것은 매우 자연스러운 인지 과정입니다. 부모의 반응은 아이의 건강한 성인식 형성에 큰 영향을 미치므로, 신중한 접근이 필요합니다.

음란물과 진짜 성관계의 차이를 설명해주세요

많은 부모가 '음란물은 배우들의 연기라서 가짜'라고 설명하곤 합니다. 음란물이 가짜인 이유는 행위의 방식이 아니라, 그 안에 담긴 관계의 본질에 있습니다. 진정한 성관계는 서로를 존중하고 아끼는 마음에서 비롯된 깊은 교감과 소통의 과정입니다.

반면 음란물 속 행위는 이런 감정적 연결이나 진심 어린 관계 없이 단순한 자극으로만 이루어집니다. 아이가 이 본질적인 차이를 이해하도록 도와야 합니다.

당황하지 말고 관계의 본질을 말해주세요

아이가 "나도 그런 행위로 만들어진 거야?"라고 물을 때는 "네가 본 그런 식은 아니야. 엄마 아빠는 서로 깊이 사랑하고 존중하는 마음으로 너를 만났어"라고 대답하는 것이 좋습니다. 이 말은 행위를 부정하려는 것이 아니라, 음란물 속 관계와 부모의 관계가 본질적으로 다르다는 점을 아이가 분명히 이해하도록 돕는 방법입니다.

이후에는 왜 다른지에 대한 설명을 이어가야 합니다. "네가 본 영상 속 사람들은 어떤 사이였을까?"라고 질문하며, 진정한 사랑을 바탕으로 한 부모의 관계와 영상 속 관계의 차이점을 스스로 생각하도록 유도해보세요.

"그 사람들은 서로 사랑했을까? 서로를 존중했을까? 엄마 아빠는 서로 깊이 사랑하고 아끼는 마음으로 너를 세상에 오게 했단다."

행위의 방법이 아닌 관계와 마음이라는 측면에서 접근한다면, 아이도 그 차이를 충분히 이해할 수 있을 것입니다.

너무 구체적 질문엔 경계를 지어주세요

아이가 음란물에 나온 지나치게 구체적인 행위에 대해 계속 질문한다면, 이는 성교육이 아닌 호기심의 영역입니다. 이럴 때는 명확하게 경계를 설정해주어야 합니다.

"이건 엄마 아빠만의 사적인 영역이야. 가족 사이에도 서로 존중해야 하는 부분이 있어."

성교육이라는 이름으로 모든 것을 솔직하게 말할 필요는 없습니다. 발달 단계에 맞지 않는 과도한 정보는 아이가 성을 왜곡되게 이해하는 원인이 됩니다. 거짓을 말하지 않는 범위 안에서 적절한 선을 그어주세요. 경계를 배운 아이는 성이라는 영역을 예의와 존중으로 대하는 법을 익히게 됩니다.

한 번의 대화로 끝나지 않습니다

음란물에 관한 대화는 한 번으로 끝나서는 안 됩니다. 아이가 건강한 성 인식을 형성하도록 지속적으로 관심을 가지고, 언제든 대화할 수 있는 열린 태도를 유지해야 합니다. 아이가 궁금한 점이 생겼을 때 편안하게 물어볼 수 있는 안전한 분위기를 만들어주세요.

아이의 성 가치관은 부모와의 꾸준한 대화를 통해 건강하게 성장합니다. 당장 모든 것을 완벽하게 설명하려 하기보다는, 아이의 마음을 살피고 천천히 아이의 속도에 맞춰 이야기해주는 것이 중요합니다.

아이의 질문에 "아니야!"라고 답한 것은 올바른 반응이었습니다. 부모님의 관계는 '서로를 아끼고 존중하는 사랑'이라는 본질적 가치로 음란물 속 행위와 명확히 구분되기 때문입니다.

우리가 해줄 일은 바로 부모의 참된 사랑으로 아이가 접한 '가짜 본질'을 덮어주고, 성의 진정한 아름다움을 깨닫게 하는 것입니다. 아이가 성의 가치를 폭력적이거나 가벼운 대상으로 인식하지 않도록, 지속적인 대화와 따뜻한 관심으로 이끌어주세요.

성교육은 아이와 함께 '사랑'이라는 크고 아름다운 그림을 그려나가는 과정입니다. 아이는 부모의 진실한 관계 속에서 성에 대한 가장 건강하고 아름다운 가치관을 배우게 될 것입니다.

부모가 성에 대해 차분하게 설명해주면, 아이는 성을 자극이 아닌 진심의 연결로 이해하게 됩니다.

아이가 부모의
성관계를 목격했어요

Q 초등 4학년 딸을 둔 아빠입니다. 아내와 단둘이 시간을 보내던 중 부부관계를 갖게 되었는데, 학원에 갔던 아이가 예상보다 일찍 와서 그 장면을 목격했습니다. 저희도 놀라고 당황해 미안하다는 말만 하고 상황을 정리했는데, 혹시 아이가 충격을 받지 않을까 걱정됩니다. 아직 성에 대해 구체적으로 이야기해준 적이 없는데, 이런 경우 어떻게 말해주는 것이 좋을까요?

A 많은 부모는 아이에게 부부관계 장면을 들키면 마치 잘못을 저지르다 걸린 듯 당황합니다. 특히 아이가 어릴수록 성관계를 받아들이기 어렵다고 생각합니다. 하지만 부부관계는 자연스럽고 건강한 일입니다. 단순히 목격한 사실만으로 아이의 삶이 무너진다거나 성 인식이 왜곡되는 것은 아닙니다. 중요한 것은 그 상황을 어떻게 정리하고 설명하느냐에 달려 있습니다. 안정된 태도로 차분히 대응하는 것이 아이의 혼란을 줄이는 첫걸음입니다.

사과는 '행위'가 아니라 '노출'에 대해

어떤 나이의 아이와 대화하든 가장 중요한 원칙은, 부부관계라는 '행위'에 사과하는 것이 아니라 아이가 그 장면을 '보게 된 일'에 대해 사과하는 것입니다. 부부관계는 부부로서 자연스럽고 당연한 일임을 부모가 먼저 인식해야 하며, 이 점을 대화 중 반복해서 분명히 짚어주어야 합니다. 그래야 아이가 부모의 행위를 잘못된 것으로 오해하지 않습니다.

사춘기 이후: 가볍게 사과하며 자연스럽게 넘기세요

사춘기에 접어든 아이들은 학교 성교육, 친구, 미디어 등을 통해 성관계에 대한 기본적인 지식을 갖고 있을 가능성이 큽니다. 이런 경우, 아이도 부모만큼이나 민망해할 수 있지만 대체로 상황을 이해하는 편입니다.
따라서 가볍게 사과하며 자연스럽게 넘기는 것이 좋습니다.
"아빠 엄마가 너를 놀라게 해서 미안해. 다음엔 더 조심할게."
이때 성관계 자체를 잘못된 일로 여기지 않도록 주의해야 합니다. 사과는 행위가 아닌, 아이가 보게 된 상황에 대한 것입니다. 대화를 길게 끌기보다는 아이가 불편하지 않도록 간결하게 마무리하세요.

사춘기 이전: 아이의 이해도를 먼저 확인하세요

놀라게 해서 미안하다고 말하며, 목격한 행위에 대해 아이의 이해도를 먼저 확인해봅니다. 아이가 혼란스러워한다면 교육이 필요한 상황입니다. 차분한 분위기에서 대화를 시작하세요.

부드러운 순간을 목격한 경우(포옹, 키스 등)

"엄마랑 아빠는 서로 사랑해서 가끔 둘만의 시간을 보내. 밖의 연인들이 손잡고 포옹하듯, 사랑하는 사람끼리 더 깊은 방식으로 마음을 나누는 방법이야."

옷을 벗고 있던 점을 물으면, "서로의 온기를 더 가까이 느끼고 싶었어"라고 설명해주세요.

강렬한 순간을 목격한 경우(성관계)

'사랑'만으로는 설명이 부족할 수 있습니다. '친밀감'이나 '특별한 교감' 같은 측면을 함께 설명하는 것이 좋습니다.

"사랑하는 사람끼리 깊은 친밀감을 나누는 특별하고 즐거운 시간이기도 해. 그건 엄마 아빠가 서로 더 가까워지는 방법이야."

저학년 이하: 설명보다 감정이 먼저입니다

이 나이대 아이들은 성관계에 대한 개념이 거의 없어, 목격한 장면을 낯설거나 무섭게 느낄 수 있습니다. 복잡한 설명보다는 아이의 감정을 다독이는 데 초점을 맞춰야 합니다.

반응이 덤덤한 경우

아이가 별다른 생각 없이 받아들이는 경우도 있습니다. 이럴 땐 부모가 오히려 과도하게 반응하는 것이 자극이 될 수 있습니다. 아이가 덤덤하게 넘기면 부모도 덤덤하게 넘겨주세요.

반응이 놀람, 불안, 공포일 경우

가장 먼저 사과하고 재발 방지를 약속하세요.

"가족끼리 지켜야 할 예절을 지키지 못해 너를 놀라게 해서 미안해. 다시는 이런 모습을 보이지 않도록 엄마 아빠가 조심할게."

부부의 평소 모습과 다른 장면에서 오는 충격은 아이에게 공포로 다가올 수 있습니다. 아이가 싸움이나 폭력으로 오해했다면, "엄마랑 아빠는 절대 싸운 게 아니야. 서로 사랑해서 특별한 시간을 보내고 있었던 거야"라고 오해를 풀어주세요. 이후에는 부모가 평소보다 조금 더 다정하게 지내는 모습을 보여주는 것도 도움이 됩니다.

대화 이후, 기억을 가볍게 넘길 수 있도록

상황을 정리한 후에는 아이에게 "혹시 그 장면이 계속 생각나면 언제든 엄마나 아빠에게 말해줘"라고 말해주세요. 아이가 정말 다시 이야기를 꺼냈을 때는 과도하게 반응하지 말고, "그랬어? 그럴 수 있지. 시간이 지나면 괜찮아질 거야"라고 담담하게 받아주세요. 부모의 과한 반응은 오히려 자극이 되어 기억을 더 강하게 남길 수 있습니다.

부정적인 기억을 완화시키는 가장 좋은 방법은 새로운 긍정적인 경험을 충분히 쌓아주는 것입니다. 주말에 함께 야외 활동을 하거나 가족 여행을 떠나는 등 좋은 추억을 많이 만들어주세요. 새로운 기억들이 쌓이면 부정적인 기억은 자연스럽게 옅어지고, 아이의 심리적 안정감도 높아집니다.

훗날 아이가 이 일을 떠올렸을 때 "아, 그때 엄마 아빠 진짜 당황했겠네"라고 웃으며 이야기할 수 있을 정도로만 만들어주면 충분합니다. 부모님의 솔직하고 따뜻한 마음이 아이에게 잘 전달되기를 바랍니다.

아이가 부모의 성관계를 목격했을 때 부모가 당황하지 않고 설명해주면, 그 기억은 혼란이 아닌 이해로 남게 됩니다.

아이에게 안전한 성관계를 교육하고 싶어요

Q 초등학교 고학년 아이를 키우는 엄마입니다. 최근 아이가 친구들 사이에서 성관계나 '섹스'에 대해 농담처럼 이야기하는 걸 들었다고 했어요. 그 나이 또래에 호기심이 생길 수 있다는 건 알지만, 혹시 성관계를 너무 가볍게 생각하게 될까봐 걱정됩니다. 아이에게 성관계란 무엇인지, 어떤 준비가 필요하고 왜 기다려야 하는지 구체적으로 알려주고 싶습니다. 피임 교육이 제일 중요하겠지요?

A 아이가 성장하면서 성에 대한 호기심을 갖는 것은 자연스러운 일입니다. 하지만 많은 부모가 "피임은 꼭 해라"라는 말만 반복하는 실수를 범합니다. 물론 이조차도 말하지 못하는 경우보다는 훨씬 낫지만, 성적 관계의 중요성이 아직 자리 잡지 못한 아이들에게는 '임신만 안 하면 된다'는 잘못된 메시지로 전달될 수 있습니다.

아이가 앞으로 성을 책임감 있게 다루고, 자신과 상대방 모두를 존중할 수 있도록 올바른 가치와 방향을 제시하는 교육이 필요합니다.

진짜 안전이란 몸·마음·미래를 지키는 존중입니다

아이에게 성관계를 설명하기 전, '안전한 성관계'의 의미부터 명확히 해야 합니다. 안전하다는 것은 단지 상처가 나지 않는다는 뜻이 아니라, 몸과 마음, 그리고 미래까지 서로 다치지 않도록 지켜주는 관계를 의미합니다.

안전한 성관계란 '내 몸, 마음, 미래를 지키고 동시에 상대의 몸, 마음, 미래도 지켜주는 것'입니다.

1단계: "좋아해"와 "사랑해"는 어떻게 다를까?

성적인 끌림과 사랑은 종종 혼동됩니다. 성적인 끌림은 '나의 만족'을 우선하는 본능적 감정이고, 진정한 사랑은 상대방의 행복을 먼저 생각하는 마음입니다. 사랑은 '받음'이 아니라 '줌'에서 시작됩니다.

예시 설명: "네가 좋아하는 친구를 보며 '예쁘다', '멋있다'고 느끼는 건 진정한 사랑과는 달라. 단순히 끌린다는 건 '저 사람을 내 것으로 만들고 싶다'는 마음이야. 하지만 진짜 사랑은 '상대방을 행복하게 해주고 싶은 마음'이란다."

2단계: 진심으로 "좋아"라고 말할 수 있을 때

동의에는 두 가지가 있습니다. 정말 좋아서 하는 '진짜 동의'와 내키지 않지만 어쩔 수 없이 하는 '가짜 동의'입니다.

가짜 동의의 예
- 눈치가 보여 거절하지 못할 때

- 상대가 상처받을까봐 걱정될 때

- 분위기상 거절하기 어려울 때

예시 설명: "진짜 동의는 말과 표정, 행동이 모두 '나도 원해'라고 확신 있게 말할 때야. 조금이라도 주저하거나 불편해 보이면, 그건 진짜 동의가 아니야. 그런 상황에서는 반드시 멈춰야 해."

3단계: 마음만으로는 부족하다, 현실적 준비가 필요

성관계는 감정만으로 가능한 일이 아닙니다. 안전하고 책임감 있는 성관계를 위해서는 현실적인 준비가 필요합니다.

현실적 준비의 예

- 안전한 장소

- 피임 도구

- 응급 상황 대처, 의료비, 상담 비용 등

예시 설명: "성관계는 자신이 한 선택의 결과를 어른으로서 책임질 수 있을 때 하는 거야. 부모에게 의존하는 상황에서는 온전한 책임을 질 수 없어."

4단계: 책임감은 나를 지키는 힘

성관계는 큰 책임을 동반합니다. 책임감은 상대방뿐 아니라 자신을 위한 것이기도 합니다. 책임지지 않는 선택은 자존감을 떨어뜨리고, 결국 자신을 불행하게 만들 수 있습니다.

예시 설명: "내가 한 선택에 책임질 줄 아는 사람은 자신을 당당하게 생각할 수 있어. 성관계는 나와 상대방 모두를 지키는 책임감이 필요해."

5단계: 피임은 '진짜 준비'의 마지막 퍼즐

피임 교육은 필요하지만, 사랑·동의·현실적 준비·책임감이라는 네 가지 본질적인 가치를 먼저 다룬 후에 이야기해야 합니다. 피임만 강조하면 아이가 성관계를 가볍게 생각할 수 있습니다.

예시 설명: "피임은 임신이나 성병을 예방하는 중요한 방법이야. 하지만 피임 도구를 사용한다고 해서 성관계가 책임으로부터 안전한 건 아니야. 마음과 책임, 그리고 서로에 대한 존중이 먼저 준비되어야 진짜 안전한 성관계가 가능하단다."

초등 고학년생에게는 콘돔 사용법이나 피임약 같은 기술적 정보보다는, 피임의 중요성과 한계를 이해시키는 데 초점을 맞추는 것이 좋습니다.

대화의 마무리는 아이의 마음을 여는 질문으로

미래의 성관계에 대한 준비는 단순히 피임법을 아는 것이 아닙니다. 진정한 사랑의 의미를 이해하고, 동의의 중요성을 알고, 현실적인 능력을 갖추며, 자신의 선택에 책임질 수 있는 성숙함을 기르는 과정입니다.

예시 질문: "언제쯤 되어야 사랑과 동의, 능력, 그리고 책임감, 이 네 가지를 모두 잘 준비할 수 있을 것 같니?"

아이의 솔직한 대답을 들어보세요. 성관계는 두 사람이 서로를 깊이 이해하고 사랑하며, 그 사랑에 대한 책임을 질 준비가 되었을 때 비로소 의미 있는 행위가 된다는 것을 아이 스스로 깨닫게 될 것입니다.

아이가 사랑과 책임, 현실적 준비를 함께 이해할 때, 성은 존중과 성숙의 관계로 자리 잡습니다.

첫 성관계 평균 연령이 13.6세라는데, 우리 아이도 그렇게 빨리 경험할까요?

Q 우리나라 청소년의 첫 성관계 평균 연령이 13.6세라는 통계를 보고 너무 이른 나이라는 생각에 충격을 받았습니다. 우리 아이도 혹시 성관계를 너무 이르게 경험하게 될지 걱정되고 불안합니다. 이 통계는 초등학생들의 성관계가 일반적이라는 뜻인가요?

A 자극적인 보도는 부모에게 과도한 불안을 줄 수 있지만, 이 시점은 오히려 아이와 성에 대해 진지하게 이야기할 시기라는 신호로 받아들이는 것이 좋습니다. 사춘기 아이들은 감정은 크지만 판단력은 미성숙하므로 성관계를 단순한 행위가 아닌 감정과 책임이 동반된 선택으로 이해할 수 있도록 도와주는 대화가 필요합니다.

숫자보다 중요한 건, 통계의 맥락입니다

'첫 성관계 평균 연령 13.6세'라는 통계를 보고 많은 부모가 놀랍니다. 하지만 이 수치의 정확한 의미를 먼저 제대로 이해하는 것이 필요합니다.

청소년 건강행태 실태조사에 따르면, 중1부터 고3까지 청소년 중 성관계를 경험한 비율은 6.4%입니다. 여기서 제시된 '13.6세'는 전체 청소년의 평균이 아니라, 성관계를 경험한 이 6.4%의 학생들 기준으로 산출된 첫 성관계 평균 연령입니다.

문제는 이 통계가 자극적으로 보도되면서 부모에게 과도한 불안감을 주고, 아이에게 무작정 금지하거나 겁을 주는 방식으로 대응하게 되는 경우가 많다는 점입니다.

하지만 이런 불안 때문에 아이와의 성 대화를 피하게 되면, 아이는 친구들이나 인터넷, 소셜미디어 등 검증되지 않은 경로를 통해 왜곡된 성 지식을 습득할 수 있습니다. 수치에만 집중하기보다는, '이제 우리 아이도 성에 대해 진지하게 이야기할 시기가 되었구나'라는 현실적인 신호로 받아들이는 것이 바람직합니다.

사춘기 아이는 '하고 싶다'와 '멈춰야 한다' 사이에 있습니다

사춘기에 접어든 아이들은 신체적·정서적으로 급격한 변화를 겪습니다. 성적 호기심, 연애, 스킨십, 성관계에 대한 궁금증은 건강한 성장의 일부입니다.

하지만 이 시기 아이들의 뇌는 아직 미성숙합니다. 감정을 자극하는 변연계는 활발히 작동하지만, 충동을 조절하고 이성적으로 판단하는 전두엽은 아직 충분히 발달하지 않았습니다. 그래서 '하고 싶다'는 감정은 쉽게 느끼지만, '지금 해도 괜찮을까?'라는 판단은 어렵습니다.

또래의 영향력도 절대적입니다. "친구들은 다 해봤대요", "피임만 잘 하면 되는 거 아니에요?"처럼 성관계를 단순하게 여기는 분위기에 쉽게 휩쓸릴 수 있습니다.

이런 특성을 이해하지 못한 채 "절대 안 돼!", "왜 이렇게 충동적이야?"라고 억누르면, 아이는 죄책감과 수치심을 느끼고 성에 대해 부정적으로 인식할 수 있습니다. 성적 감정과 호기심은 자연스러운 과정임을 인정하고, 아이의 감정을 존중하는 태도가 필요합니다.

성관계의 책임은 피임을 넘어 감정까지 포함됩니다

성관계를 이야기할 때 많은 부모는 임신 가능성만을 강조합니다. 하지만 책임을 생물학적 결과로만 한정하면, 아이는 '피임만 잘하면 된다'는 좁은 시각을 갖게 됩니다.

성교육에서 말하는 책임은 성관계 전·중·후의 모든 과정을 포함합니다. 각 단계에서 자신의 감정과 상황을 감당할 수 있는 준비와 태도가 필요합니다.

성관계 전: 나는 정말 이 관계를 원하고 있는가?, 지금의 감정은 충동적인 것은 아닌가?, 상대는 나를 존중하는 사람인가?

성관계 중: 서로의 동의가 충분히 되어 있는가?, 강요 없이 이루어지고 있는가?, 촬영이나 노출 위험은 없는가?

성관계 후: 후회나 불편한 감정은 없는가?, 임신에 대한 걱정은 없는가?, 성관계 이후에도 서로를 존중하고 있는가?

이런 질문을 함께 고민하며, 성관계가 단순한 행위가 아니라 감정과 책임이 동반되는 선택임을 알려주세요.

아이와 함께 만드는 '나만의 성 기준'

성관계를 설명할 때 임신·성병·피임 같은 위험 요소 중심의 교육만으로는 부족합니다. 아이에게는 '언제, 어떻게, 누구와, 어떤 관계 안에서 성관계를 할 것인가'를 스스로 선택할 수 있도록 도와주는 것이 중요합니다.

관계 중심의 성교육은 아이가 자신의 감정과 선택의 힘을 인식하고, 책임을 이해하는 데 도움이 됩니다. 부모는 아이가 스스로 던질 수 있는 질문들을 함께 고민하고, 자신만의 기준을 만들 수 있도록 옆에서 도와주는 역할을 해야 합니다.

이를 위해 부모도 먼저 자신의 성에 대한 생각과 감정을 점검해보는 시간이 필요합니다. 내 안의 불편함이나 두려움을 인식하고 정리한 후에야 아이와 진솔한 대화를 나눌 수 있습니다.

성에 대해 자유롭게 이야기할 수 있는 분위기 속에서 아이는 성을 감추거나 피해야 할 것이 아니라, 스스로 선택하고 책임질 수 있는 일로 이해하게 됩니다.

금지 대신 대화, 아이를 지키는 힘입니다

아이들의 성관계에 대해 부모로서 걱정되고 불안한 마음이 드는 것은 자연스러운 일입니다. 하지만 그런 불안이 "하지 마!"라는 금지로만 표현된다면, 그 효과에는 분명한 한계가 있습니다.

부모가 해줘야 할 일은 금지하고 겁주는 것이 아니라, 성관계란 무엇이고 왜 신중해야 하는지, 그 안에 어떤 감정과 책임이 있는지를 아이와 함께 이야기하는 것입니다.

13.6세라는 통계는 성관계에 대한 교육을 시작할 타이밍을 알려주는 신호일 수 있습니다. 아이의 호기심을 있는 그대로 인정하고, 아이 스스로 어떤 관계를 맺을지 고민하고 선택할 수 있도록 대화로 이끌어주는 것이 부모의 가장 중요한 역할입니다.

아이를 지켜주는 힘은 금지가 아니라, 성에 대해 함께 고민하고 대화하는 부모의 따뜻한 태도입니다.

피임 교육을 언제부터 어떻게 시작해야 할까요?

Q 며칠 전, 딸아이와 함께 저녁을 먹던 중 "○○ 언니가 임신했다는 얘기 들었어?"라는 말을 듣고 깜짝 놀랐습니다. 또래 아이에게 그런 일이 생겼다는 사실이 믿기지 않아 한동안 말을 잇지 못했어요. 제 아이는 아직 너무 어린데, 피임 이야기를 꺼내도 괜찮을까요? 언제부터, 어떻게 알려주는 게 좋을지 고민됩니다.

A 부모의 마음속에서는 두 가지 목소리가 엇갈립니다. "아직 몰라도 돼, 천천히 알려줘도 늦지 않아"라는 마음과 "세상이 너무 빨라졌어, 아이가 이미 여러 정보를 접하고 있을지도 몰라"라는 불안이 동시에 올라옵니다. 피임에 관해 이야기하는 것은 단순히 성관계라는 민감한 주제를 꺼내는 일이 아니라, 부모와 아이가 나누는 가장 솔직하고 중요한 '안전 대화'입니다. 이 대화는 앞으로의 관계를 신뢰하게 만드는 중요한 시작점이 될 수 있습니다.

피임 교육은 '방법'이 아니라 '권리'를 가르치는 일입니다

피임 교육이라고 하면 많은 부모가 콘돔, 피임약 같은 구체적인 방법을 떠올립니다. 하지만 시작은 기술이 아니라 태도입니다. 아이에게 피임을 가르친다는 것은 곧 내 몸을 알고 지키는 방법, 동의 없는 신체 접촉은 허용되지 않는다는 사실, 관계에서의 존중과 책임을 알려주는 과정입니다. 피임 교육은 성교육의 일부이자 자기 보호 교육이며, 그 시작 시점은 생각보다 훨씬 빠를 수 있습니다.

초등 고학년: 자기 몸에 대한 권리를 가르쳐주세요

이 시기에는 직접적인 피임 방법보다는 신체 변화와 자기 몸에 대한 권리를 중심으로 교육하는 것이 좋습니다.

성장하는 몸, 낯설지 않게

사춘기 신체 변화(가슴 발달, 몽정, 생리 등)에 대해 자연스럽게 이야기해주세요. 몸의 변화는 누구에게나 일어나는 자연스러운 과정이며, 궁금한 점은 언제든 부모와 편하게 이야기할 수 있다는 메시지를 전하는 것이 중요합니다.

소중한 내 몸, 보호하는 방법

자기 몸은 스스로 결정하고 보호할 권리가 있다는 점을 알려주세요. 원치 않는 신체 접촉이나 말에 대해 '싫다'고 분명히 말할 수 있는 용기를 심어주는 것이 핵심입니다.

중학생 시기: 호기심과 책임감의 균형을 잡아주세요

중학생이 되면 보다 구체적이고 실제적인 피임 정보와 성 행동에 대한 책임 교육을 시작하는 것이 좋습니다.

임신과 성병에 대한 현실적인 지식: 임신이 되는 과정과 조건, 성병에 대한 정확한 정보를 알려주세요. 막연한 두려움보다 정확한 정보가 아이를 보호합니다.

다양한 피임 방법 알기: 콘돔, 피임약 등 다양한 피임 방법의 효과와 장단점, 올바른 사용법을 함께 이야기해주세요. 피임은 남녀 모두의 책임이라는 점도 강조해주세요.

'동의'와 '거절'의 중요성: 성관계는 반드시 상호 동의를 받고 이루어져야 하며, 원치 않을 때는 언제든 거절할 수 있는 용기가 필요합니다. 상대방의 거절 역시 존중해야 한다는 점을 알려주세요.

민망하고 불편해도, 듣고 공감하고 질문하세요

아이의 질문을 피하지 마세요: 아이가 성에 대해 질문한다면, 그것은 부모를 신뢰하고 있다는 신호입니다. 당황스럽더라도 피하지 말고, 모르는 것은 함께 알아본 뒤 다시 이야기해주세요.

판단하지 않는 태도로 들어주세요: 부모가 먼저 대화를 시작해도 좋습니다. 이 대화의 목적은 지식을 전달하는 것이 아니라, 아이의 생각을 듣고 혼란을 정리하며 가치관을 함께 세워가는 데 있습니다.

'안 돼!' 대신 생각할 질문을 던지세요: "그런 상황에선 어떤 선택이 안전할까?", "상대방은 나를 정말 존중하는 게 맞을까?" 같은 질문을 통해 아이가 스스로 생각하고 책임 있는 선택을 할 수 있도록 도와주세요.

피임 교육은 성관계를 조장하는 것이 아닙니다

아이들에게 화재예방 교육을 한다고 해서 아이들이 불을 지르고 다니는 것은 아닙니다. 오히려 불을 올바르게 사용하고 위험에 대비하는 법을 배우게 되는 것이죠. 피임 교육도 마찬가지입니다. 중요한 것은 시작 시기가 아니라 '어떻게 가르치는가'이며, 아이의 발달 단계에 맞춘 점진적 접근과 신뢰를 기반으로 한 대화가 핵심입니다.

초등 고학년생에게는 신체 변화와 경계 설정에 대한 기본적인 이해를, 중학생에게는 구체적인 피임 지식과 책임감을 길러주세요. 피임 교육은 성관계를 하겠다는 뜻이 아니라, 위험한 상황에서 자신을 지킬 수 있는 정보와 태도, 책임감을 기르는 보호 교육입니다.

성에 대한 정보는 이미 SNS, 유튜브, 친구 대화 속에서 아이들 곁에 있습니다. 부모가 침묵한다고 해서 그 정보가 사라지지는 않습니다. 피임 교육은 우리 아이를 지키는 가장 중요한 '안전 교육'이자 보호막입니다.

피임 교육은 아이가 자신을 지킬 수 있는 힘을 키워주는 가장 중요한 안전 교육입니다.

피임 교육으로 혹시 없던 성적 호기심이 생기는 건 아닐까요?

Q 초등학교 6학년 딸이 성교육을 받고 나서 아기는 어떻게 생기는지, 피임이 뭔지 계속 물어봐요. 중학교 가면 피임 교육까지 받는다는데, 너무 이른 건 아닐까요? 괜히 알려줘서 오히려 관심만 생기는 건 아닌지 걱정이에요.

A 몇 년 전, 한 고등학교에서 피임 교육의 하나로 '바나나를 활용한 콘돔 착용 실습'을 계획했지만, 학부모들의 반발로 중단된 일이 있었습니다. "굳이 이성과 함께 실습해야 하나?", "먹는 음식을 교육 도구로 사용하는 건 불편하다"는 등의 이유가 표면적으로 제시되었지만, 그 이면에는 '피임 교육 자체에 대한 거부감'이 자리하고 있었습니다.

청소년의 성관계를 인정하고 대비하는 교육이 마치 성관계를 조장하는 것으로 오해되거나 금기시되는 분위기 때문입니다. 이에 따라 피임 교육은 여전히 민감한 주제로 남아 있으며, 아이들이 안전한 성생활을 위한 정보를 제대로 배우는 데 걸림돌이 되기도 합니다.

사춘기 초입, 고민할 수 있는 능력이 생기는 시기

아이의 질문이 당황스럽거나 불편하게 느껴질 수 있지만, 이 시기의 성 관련 호기심은 자신의 몸과 감정을 이해하려는 자연스럽고 건강한 탐구 과정입니다. 중요한 것은 아이가 궁금증을 해소할 때 어떤 출처에서 정보를 얻는가입니다. 부모나 교사에게서 정확한 설명을 듣지 못하면, 아이들은 인터넷이나 또래를 통해 왜곡된 정보를 접할 가능성이 높아지고, 이는 위험한 결과로 이어질 수 있습니다.

초등학교 6학년은 구체적 조작기에서 형식적 조작기 초기로 진입하는 시기로, 추상적 사고가 발달하면서 '만약에'라는 가정적 상황을 상상하고 고민할 수 있는 능력이 생깁니다. 이 시기에 피임 교육은 아이가 미래의 선택과 책임에 대해 미리 생각해볼 기회를 제공하며, 성교육의 적절한 시기로 볼 수 있습니다.

걱정을 뒤집는 과학적 사실

미국 구트마허 연구소의 2012년 연구(15~24세 청소년 4,691명 대상)에 따르면, 첫 성 경험 전에 포괄적인 성교육을 받은 청소년은 그렇지 않은 또래보다 더 건강한 행동을 보였습니다. 특히 피임 교육과 절제 교육을 함께 받은 청소년은 성관계 시작 시기가 더 늦었고, 첫 성관계에서 피임을 할 확률도 높았습니다.

반면 절제 교육만 받은 청소년은 오히려 피임 사용률이 낮았고, 성관계 시작 나이도 더 빨랐습니다. 이는 충분한 정보의 부재가 오히려 위험한 선택으로 이어질 수 있음을 보여줍니다.

피임 교육은 성적 행동을 조장하는 것이 아니라, 실제 상황에서 자신을 어떻게 보호할지, 책임 있는 선택을 하기 위해 어떤 정보를 갖추어야 하는지를 알려주는 과정입니다. 자전거를 처음 배울 때 헬멧과 무릎 보호대를 착용하는 법을 배우는 것이 안전한 운전을 위한 것과 같은 이치입니다.

무지함은 순수함이 아닙니다

올바른 피임 교육은 단순히 도구나 방법을 가르치는 데 그치지 않습니다.

'내가 지금 내리는 선택을 후회하지 않을까?', '내 몸과 마음을 어떻게 지킬 수 있을까?', '상대를 존중한다는 것은 무엇일까?'

이런 질문들을 함께 고민하게 합니다.

이 과정을 통해 아이는 단순한 호기심을 넘어 자신의 결정에 대한 책임감과 타인을 존중하는 법을 배우게 됩니다. 원하는 스킨십과 원하지 않는 스킨십을 구분하고, 거절하는 방법을 익히며, 성관계 이후 발생할 수 있는 다양한 상황들을 스스로 생각하고 대비할 힘을 기르게 됩니다.

성에 대해 열린 대화를 나누는 가정에서 아이는 더 건강하고 자신감 있게 자랍니다. 피임 교육은 호기심을 부추기는 것이 아니라, 책임 있는 성인으로 성장하는 데 필요한 준비입니다. 아이와의 대화가 부담스럽더라도 용기를 내세요. 그 대화가 아이를 더 안전하고 강하게 만들어줄 것입니다.

피임 교육은 아이가 책임 있는 선택을 할 수 있도록 돕는 준비 과정입니다.

임신중절 영상을 통해
생명의 소중함을 가르쳐도 될까요?

Q 최근 초등학생 고학년부터 성관계를 시작하는 사례가 늘어나고 있다는 기사를 접하며, 부모로서 우리 아이들이 성급한 행동을 하지 않을까 걱정하는 마음이 큽니다. 임신중절 수술 영상을 활용해 생명의 소중함과 성관계의 책임감을 가르치고 싶지만, 이 방법이 아이들에게 긍정적인 영향을 줄지 고민됩니다. 어떻게 해야 할까요?

A 초등학생과 중학생 자녀를 둔 부모라면 '혹시 우리 아이가 위험한 행동을 하지 않을까?' 하는 불안과 두려움을 느끼는 건 자연스러운 일입니다. 급변하는 사회 속에서 아이들이 접하는 정보는 많아지고, 성에 대한 호기심도 커질 수밖에 없습니다. 하지만 그 불안이 교육 방향을 결정하는 기준이 되어서는 안 됩니다.

성교육의 목적은 '위험 차단'이 아닙니다

성교육은 단순히 성적 행동을 억제하거나 위험을 피하는 데 목적이 있지 않습니다. 아이가 자신의 몸과 마음을 존중하고, 타인과의 관계에서 책임감을 배우며, 성을 삶 속에서 건강하게 실천할 수 있도록 돕는 것이 진정한 성교육의 목표입니다.

하지만 부모의 불안이 교육의 중심이 되면, 성교육은 아이의 행복보다 부모의 안심을 위한 수단으로 변질되기 쉽습니다. '충격 요법'을 택하는 경우가 대표적입니다. 교육이 훈냄과 통제로 흐르면, 아이는 부모의 기준을 무조건 받아들이는 상황에 놓이게 되고, 성에 대한 건강한 가치관을 형성하기 어려워집니다.

충격 요법이 남기는 부작용

임신 중절 수술 영상을 보여주는 방식은 생명 중심 교육이 아닌 공포 중심 교육입니다. 생명을 소중히 여기게 하려고 생명을 지우는 장면을 보여주는 것은 본질적으로 모순입니다. 단기적으로는 강한 인상을 남길 수 있지만, 장기적으로는 다음과 같은 부작용을 낳을 수 있습니다.

정신적 외상 위험: 아이는 복잡한 사회적·윤리적 맥락을 이해하기 어려워, 충격적인 영상은 성에 대한 공포심과 불안감을 유발할 수 있습니다. 이는 성적 주제를 회피하거나 금기시하게 만들 수 있습니다.

임신중절에 대한 단편적 시각: 성폭력, 건강상 위기, 경제적 어려움 등 다양한 상황에서 이루어지는 복잡한 선택을 영상만으로는 이해하기 어렵습니다. 아이는 임신중절을 선택한 사람을 무조건 비난하는 태도를 보이게 될 수 있습니다.

성의 음지화 가능성: 공포심으로 성을 회피하게 되면, 성은 은밀하고 음지화된 영역으로 인식될 수 있습니다. 감시를 피하려는 아이는 부모가 모르는 곳에서 더 자극적이고 왜곡된 방식으로 성을 소비할 위험이 있습니다.

긍정적 성 경험의 상실: 성은 생명과 연결되어 있지만, 사랑과 건강한 즐거움도 중요한 요소입니다. 두려움으로만 성을 바라보게 된 아이는 성인이 되어 친밀감과 행복을 온전히 누리기 어려울 수 있습니다.

아이의 불안은 어른의 불안에서 시작됩니다

아이들은 충격적인 교육을 원한 적이 없습니다. 그 선택은 어른이 내린 것이며, 그 안에는 어른의 가치관과 두려움이 담겨 있습니다. 두려움은 방어적인 태도를 만들고, 방어적인 태도는 위협적이고 통제적인 교육으로 이어집니다.

'안 된다', '나쁘다', '범죄다'라는 단어만 반복되는 교육은 쉽지만, 성에 대한 부정적 인식을 심어주고, 자기 자신과 부모에 대한 불신으로 이어질 수 있습니다.

우리는 스스로에게 물어야 합니다.

"이 교육은 아이가 언젠가 사랑하는 사람과 함께 생명을 맞이하는 꿈을 꾸도록 돕는가? 아니면 그 꿈을 꺾는가?"

아이를 움직이는 힘은 '두려움'이 아닌 '꿈'입니다

아이 스스로 성관계를 신중히 하도록 만드는 힘은 금지나 공포가 아니라, 긍정적 동기와 '꿈과 목표'입니다. 입시 교육에서도 꿈과 목표가 있는 아이가 유혹을 이겨내고 스스로 공부하듯, 성교육도 마찬가지입니다. 미래에 대한 비전과 계획을 세운 아이는 자신의 선택과 행동을 책임지려 하고, 자연스럽게 자기 조절 능력을 발휘합니다.

진정한 생명 중심 교육은 아이가 자신의 삶을 사랑하고 계획하며, 언젠가 사랑하는 사람과 행복한 관계 속에서 새로운 생명을 맞이하는 꿈을 꾸도록 돕는 것입니다. 성을 부정적으로만 가르치는 것이 아니라, 사랑과 존중 속에서 성을 긍정적으로 바라보게 하는 것이 핵심입니다.

발달 단계에 맞는 미디어 콘텐츠를 고르세요

임신중절 수술과 같은 충격적인 사례를 다루는 미디어 노출은 매우 신중하게 다뤄야 합니다. 특히 초등학생 시기에는 긍정적이고 건강한 성 인식이 먼저 자리 잡을 수 있도록 보호해야 합니다. 연령 제한이 있는 콘텐츠는 반드시 지키는 것이 좋습니다. 제한이 높을수록 관계나 사회의 부정적인 면을 다루는 경우가 많기 때문입니다.

부모는 아이가 어떤 콘텐츠를 소비하는지 주의 깊게 살펴보고, 발달 단계와 이해 수준에 맞는 자료를 선택해야 합니다. 예를 들어, 성교육 관련 다큐멘터리나 책을 함께 보며 자연스럽게 대화의 기회를 만드는 것이 좋습니다. 아이와 함께 콘텐츠를 보고 대화를 나누는 방식으로, 미디어 속 성과 관계를 올바르게 해석하도록 도와야 합니다. 미디어 리터러시 교육을 통해 아이가 정보를 비판적으로 받아들이고, 필요한 정보를 선별할 수 있는 능력을 키우는 것도 중요합니다.

쉬운 길보다 바른 길이어야 합니다

충격 요법은 빠르고 쉬워 보이지만, 깊이 있는 변화는 시간이 걸리는 교육에서 나옵니다. 성교육은 단발성 이벤트가 아니라, 아이의 성장 전 과정에 걸친 지속적인 대화와 지지입니다. 아이에게 언제든 성에 대한 질문과 고민을 털어놓을 수 있는 안전하고 개방적인 환경을 주는 것이, 가장 강력하고 올바른 성교육입니다.

성교육은 두려움을 심어주는 것이 아니라, 아이가 자신의 삶을 사랑하고 책임질 수 있도록 돕는 과정입니다.

아이에게 낙태를
어떻게 설명해야 할까요?

Q 초등학생 아이와 뉴스를 보던 중, 화면에 '임신중절'이라는 단어가 나왔습니다. "낙태가 뭐야?"라고 묻는 아이에게 아는 대로 설명해줬더니, 표정이 굳고 한참을 말이 없더군요. 그 후로 '낙태한 사람들은 다 나쁜 사람'이라고 말하는데, 어떻게 설명해줘야 아이가 균형 있게 이해할 수 있을까요?

A 요즘 아이들은 유튜브, 뉴스, SNS 등을 통해 예상치 못한 민감한 이슈를 접하게 됩니다. 임신중절과 같은 주제도 갑작스럽게 질문할 수 있죠. 아이가 놀라는 반응을 보였다면, 생명의 소중함과 책임감에 대해 올바른 인식을 심어줄 기회가 찾아온 것입니다.

초등학생이 임신중절 한 사람을 '나쁜 사람'이라고 단정 짓는 것은 부모의 잘못이 아니라, 복잡한 상황을 흑백논리로 이해하려는 발달 특성 때문입니다. 이 시기를 활용해 생명의 가치와 다양한 관점을 이해하는 공감 능력을 키워주세요. 중요한 교육의 순간입니다.

선악을 명확히 구분하고 싶어 하는 시기

초등학생은 세상의 옳고 그름을 명확히 나누고 싶어 합니다. 이는 도덕적 기준을 배우는 과정에서 나타나는 자연스러운 현상입니다. 임신중절과 같은 복잡한 주제를 접했을 때, 아이들이 단순히 '나쁜 사람'이라고 판단하는 것도 이 때문입니다.

이 시기에는 추상적인 개념보다 구체적인 예시와 상황을 통해 이해하는 능력이 발달하며, 타인의 입장에서 생각해보는 공감 능력도 서서히 자라납니다. 아이의 판단을 존중하되, 생각의 폭을 넓혀주는 방향으로 대화를 이끌어주세요.

부모가 먼저 알아두면 좋은 것들

아이에게 설명하기 전에, 부모가 먼저 임신중절이 단순한 도덕적 판단을 넘어 사회적·법적으로 복합적인 사안임을 이해하는 것이 중요합니다. 한국에서는 2019년 헌법재판소의 헌법 불합치 결정 이후, 2021년부터 임신중절 관련 처벌 조항이 효력을 잃었습니다. 하지만 제도적 정비는 아직 미완성 상태이며, 의료 가이드라인 부재, 건강보험 적용 문제, 취약 계층의 접근성 부족 등 현실적인 과제가 남아 있습니다.

이러한 배경을 바탕으로 설명해준다면, 아이가 균형 잡힌 시각을 갖는 데 도움이 됩니다.

나이에 맞게, 따뜻하게 설명해주세요

초등 저학년

'힘든 결정'이라는 공감부터 시작하세요.

"임신중절은 엄마 뱃속에서 아기가 더 이상 자라지 못하게 하는 일이야. 어떤 엄마는 몸이 너무 아파서 아기를 낳으면 위험할 수도 있고, 어떤 사람은 아직 학생이라 아기를 안전하게 돌볼 준비가 안 되었을 수도 있어."

초등 고학년

'선택과 책임'이라는 더 깊은 의미를 함께 알려주세요.

"임신중절은 아주 힘든 결정이야. 그 사람에게는 우리가 모르는 어려운 사정이 있었을 거야. 생명과 관련된 일이기 때문에 누구나 오랫동안 고민하고 신중하게 결정했을 거야."

질문으로 생각의 폭을 넓혀주세요

아이가 누군가를 '나쁜 사람'이라고 단정 지을 때는 반박하기보다, 아이의 생각을 인정하고 질문을 통해 스스로 깊이 생각할 수 있도록 도와주세요. "그렇게 생각할 수도 있겠구나. 그런데 이런 상황도 한번 생각해볼까?" 하고 자연스럽게 대화를 이어가며 아래와 같은 질문을 활용해보세요.

공감의 시선으로 바라보기

"만약 엄마가 아주 심하게 아파서 아기를 낳으면 생명이 위험할 수도 있다면 어떨까?”

“아직 중학생인데 아기가 생겨서 아기와 엄마 모두에게 더 어려운 상황이 된다면 어떨까?”

“각자 처한 상황을 모두 알 수 없는데, 함부로 ‘나쁘다’고 말하는 게 과연 옳을까?”

선택과 책임에 대해 생각하기

“생명은 왜 소중할까?”

“생명이 소중한 만큼, 아기를 갖기 전에는 충분한 준비와 생각이 필요하지 않을까?”

“우리의 모든 선택에는 책임이 따른다는 건 어떤 의미일까? 생명을 만드는 일은 더욱 책임 있는 선택이어야 하지 않을까?”

이런 질문을 나누다 보면, 아이는 임신중절이 ‘좋다’, ‘나쁘다’로 쉽게 나눌 수 없는 복잡한 문제임을 자연스럽게 이해하게 됩니다.

흑백이 아닌 여러 색깔로 세상을 보게 해주세요

임신중절은 쉽지 않은 주제이지만, 피해야 할 주제는 아닙니다. 오히려 지금이야말로 아이가 생명의 소중함과 책임 있는 선택의 중요성을 배우고, 세상을 단순한 흑백논리가 아닌 다양한 관점으로 이해하는 성장의 기회가 될 수 있습니다.

부모가 모든 답을 완벽히 알 필요는 없습니다. 아이와 함께 고민하고 이야기를 나눌 준비가 되어 있다는 사실만으로도 충분합니다. 기억하세요. 아이에게 중요한 건 '무엇을 물었는가?'가 아니라 '부모가 어떻게 답했는가?'입니다.

임신중절은 단순히 '나쁘다'고 단정할 수 없는 복잡한 선택이기에, 이 주제로 대화할 때는 생명을 존중하는 마음으로 '책임'을 배우는 중요한 기회가 되도록 해야 합니다.

자궁경부암 예방접종을
아이 눈높이에서 설명하고 싶어요

Q 초등학교 6학년 딸아이가 학교에서 자궁경부암 예방접종 안내문을 받아왔습니다. "자궁경부암이 뭐예요? 꼭 맞아야 해요?"라고 묻기에 "자궁 입구에 생기는 암이고, 맞으면 좋아" 정도로만 답했어요. 자궁경부암이나 성 관련 주제는 아이 눈높이에 맞춰 설명하기 참 어렵습니다.

A 성병은 어른에게도 쉽게 이야기하기 어려운 주제입니다. 하지만 초등학교 고학년은 사춘기에 접어들며 신체적·정서적 변화가 본격화하는 시기이므로, 이때 올바른 지식을 차근차근 알려주는 일은 단순한 '질병 예방'을 넘어 자기 몸을 존중하고 건강한 관계를 배우는 기회가 됩니다.

성병 설명, 어디서부터 시작할까?

성병을 설명하려면 먼저 '성관계'를 이야기해야 하는데, 많은 부모가 이 부분에서 막막함을 느낍니다. 이때는 '행위'보다는 '관계'의 관점에서 시작하는 것이 좋습니다.

"성관계는 서로를 사랑하고 존중하는 어른들이 진심으로 원하고 동의했을 때, 마음과 몸이 함께 가까워지는 아주 특별한 관계란다. 엄마와 아빠가 서로 사랑해서 너를 낳은 것처럼, 성관계는 생명을 만들 수 있는 아주 소중하고 특별한 일이야."

아이가 성관계를 단순한 신체적 접촉이 아니라 감정과 신체가 가까워지는 관계로 이해하게 되면, 자연스럽게 임신·출산·성병에 관한 이야기로 이어갈 수 있습니다. 몸의 구조를 설명하면서 성병의 전파 방식까지 연결해주세요.

'무서운 병'이 아닌 '예방할 수 있는 건강 문제'로

성병을 설명할 때는 두려움을 심어주기보다, 건강을 지키기 위한 상식으로 접근하는 것이 좋습니다.

"사람과 사람이 몸으로 가까워질 때, 바이러스나 균이 옮겨갈 수 있어. 이런 걸 성병이라고 해. 누구나 걸릴 수 있고, 감기처럼 저절로 낫지 않기 때문에 치료가 꼭 필요해. 감염이 되더라도 숨기지 않고 치료받는 게 중요하고, 다른 사람에게 옮기지 않도록 책임감을 느끼는 것도 정말 중요해."

성병을 '나쁜 행동'이나 '문제가 있는 사람'에게만 생기는 것으로 설명하면, 편견이나 불필요한 두려움으로 이어질 수 있습니다.

주요 성병, 이 정도는 알아두세요

자궁경부암

여성의 자궁 입구에 생기는 암으로, 대부분 인유두종바이러스(HPV) 감염이 원인입니다. HPV는 주로 성적 접촉을 통해 전파되며, 남녀 모두 감염될 수 있습니다. 예방접종으로 충분히 예방할 수 있으며, 초등학생을 대상으로 국가에서 무료 접종을 지원합니다(자궁경부암은 성 경험이 없는 여성에게서도 발견될 수 있으며, 면역력 저하 등 다른 요인도 암 발생에 영향을 줍니다).

클라미디아·임질

가장 흔한 세균성 성병입니다. 증상이 없을 수도 있지만, 소변 시 통증이나 분비물 증가가 나타날 수 있습니다. 항생제로 치료할 수 있으며, 정기적인 검진과 안전한 성관계를 통해 예방할 수 있습니다.

헤르페스

바이러스 감염으로 피부에 물집이 생깁니다. 성기 헤르페스는 성적 접촉으로 전파되며, 완치는 어렵지만 증상 완화와 전파 방지 치료가 가능합니다.

에이즈(AIDS)

면역세포를 공격하는 바이러스로, 시간이 지나면 면역력이 약해져 에이즈로 발전할 수 있습니다. 성관계나 혈액을 통해 감염되지만, 일상적인 접촉으로는 전염되지 않습니다. 현재는 약물 치료로 건강하게 생활할 수 있는 만성 질환으로 관리됩니다.

예방접종, 언제 어디서 받을까?

자궁경부암 예방접종은 만 12세 전후에 받는 것이 가장 효과적이며, 가까운 보건소나 지정 병원에서 받을 수 있습니다. 초등학생은 국가에서 무료로 지원하므로, 안내문에 나온 의료기관을 방문하면 됩니다. 산부인과가 부담스럽다면 소아청소년과에서도 접종할 수 있습니다.

남아도 HPV 예방접종이 가능하며, 자궁경부암뿐 아니라 콘딜로마 등 다른 HPV 관련 질병 예방에도 도움이 됩니다. 접종 여부는 의사와 상의하세요.

성병 교육의 진짜 목표

성병에 대한 설명의 목적은 단순한 정보 전달이 아니라, 아이가 자기 몸을 소중히 여기고 건강한 관계를 맺는 방법을 배우도록 돕는 데 있습니다.

부모로서 조금 용기를 내어 성관계가 무엇인지, 그리고 어떻게 건강을 지켜야 하는지를 차근차근 이야기해주세요. 이런 대화를 통해 아이는 자기 몸과 타인의 몸을 존중하는 태도, 부모와 솔직하게 소통하는 습관, 스스로 건강한 선택을 할 수 있는 힘을 배우게 됩니다.

중요한 것은 아이가 자기 몸에 대해 건강한 의식을 갖도록 돕는 것입니다.

이 시기의 올바른 성교육이 아이의 평생 건강과 행복의 기초가 됩니다.

자궁경부암 예방접종은 아이가 자기 몸을 존중하고 지키는 방법을 익히는 중요한 계기가 됩니다.

유학 떠나는 아이에게 피임 시술을 받게 할지 고민입니다

Q 고등학생 조카가 유럽 유학을 앞두고 피임 시술을 받는다는 이야기를 듣고 마음이 복잡해졌습니다. 저희 아이도 몇 년 후 유학을 보낼까 생각 중인데, 저도 그때 같은 선택을 해야 하는 건 아닌지 고민이 됩니다.

A 아이를 외국으로 유학 보내는 일은 부모에게 많은 걱정을 안겨줍니다. 낯선 문화, 언어의 장벽, 홀로 지내야 하는 생활 속에서 아이가 안전하게 지낼 수 있을까 하는 불안은 당연한 감정입니다. 특히 성관계나 임신과 같은 성 관련 문제는 많은 부모가 가장 염려하는 부분입니다.

최근 일부 가정에서는 유학을 앞둔 자녀에게 피임 시술을 고려하기도 합니다. 이런 이야기를 접하면 '우리 아이도 시켜야 하나?' 하는 불안이 생기지만, 과연 피임 시술이 자녀의 유학 생활을 지켜줄 수 있는 최선의 방법일까요?

자기 몸에 대한 결정, 초등부터 키워야 할 '자기 결정권'

서구 문화는 성에 대해 더 개방적이고, 청소년들도 일찍부터 독립적인 생활을 시작합니다. 이런 환경 변화가 우리 아이에게 어떤 영향을 줄지 걱정되는 건 자연스러운 일입니다.

하지만 이 시기의 아이에게 가장 필요한 것은 성에 대한 올바른 이해와 자기 주도적인 가치관을 만들어가는 것입니다. 성을 단순한 생리적 욕구가 아닌 '관계', '책임', '자기 존중'의 관점에서 바라볼 수 있도록 도와야 합니다. 아이가 자기 몸과 마음에 대해 주체적인 결정을 내릴 힘을 길러주는 것이 무엇보다 중요합니다.

피임 시술에 관해 고려할 점

피임 시술은 임신을 예방하려는 방법 중 하나일 뿐, 모든 문제를 해결해주는 수단은 아닙니다. 다음과 같은 점들을 반드시 고려해야 합니다.

성병은 막을 수 없다

피임 시술은 임신만 예방할 뿐, 성관계를 통해 전염되는 성병의 위험으로부터는 아이를 보호하지 못합니다. 콘돔 사용법, 성병 예방 지식 등 실질적인 정보가 반드시 함께 제공되어야 합니다.

부작용이 따를 수 있다

호르몬 변화로 인해 체중 변화, 생리 불순, 감정 기복 등 다양한 부작용이 나타날 수 있습니다. 낯선 환경에서 이런 변화를 겪게 되면 아이는 더 큰 스트레스를 받을 수 있습니다.

원치 않는 메시지를 줄 수 있다

부모의 결정으로 피임 시술을 하게 되면, 아이는 부모가 자신의 성관계를 허용했다고 오해할 수 있습니다. 이는 성에 대한 혼란을 불러일으키고, 부모와의 신뢰 관계에도 영향을 줄 수 있습니다.

성교육의 핵심은 '관계와 책임'입니다

성교육은 단순한 지식 전달이 아니라, 아이가 성을 어떤 의미로 받아들이고 싶은지, 어떤 관계 속에서 맺고 싶은지, 그 선택에 따른 책임이 무엇인지에 대해 함께 고민하는 과정입니다.

대화의 핵심 주제

- 성관계의 의미와 책임
- 건강과 안전: 피임 방법과 성병 예방
- 자기 보호와 의사소통: 거절하는 방법, 욕구를 건강하게 표현하는 방법

이런 대화를 통해 아이는 성을 단순한 행위가 아닌, 관계와 책임의 관점에서 바라보게 됩니다.

최고의 안전망은 '언제든 말할 수 있는 관계'

피임 시술 여부와 관계없이, 아이에게 가장 강력한 보호막은 부모와의 신뢰 관계입니다. 어떤 상황에서도 "엄마, 아빠는 내 편이야"라는 믿음을 심어주는 것이 가장 중요합니다.

유학 전, 아이에게 꼭 약속해주세요.

판단하지 않고 들어주겠다는 약속: 어떤 이야기도 비난하지 않고 귀 기울이겠다는 태도를 보여주세요.

언제든 도움을 줄 수 있다는 약속: 어려운 상황에 놓였을 때, 부모가 도울 준비가 되어 있음을 알려주세요.

무조건적인 사랑의 약속: 어떤 선택을 하든 부모는 항상 너를 사랑하고 믿는다는 메시지를 꾸준히 전해주세요.

이런 약속은 아이가 낯선 환경에서도 자신감 있게 생활할 힘이 됩니다.

시술을 선택한다면, 꼭 지켜야 할 것들

만약 여러 고민 끝에 피임 시술을 선택한다면, 다음 사항은 반드시 지켜야 합니다.

아이의 동의: 시술은 아이의 몸에 직접적인 영향을 미치므로, 충분히 이해하고 스스로 동의하는 과정이 필요합니다.

부작용에 대한 이해: 예상할 수 있는 부작용을 미리 설명하고, 발생했을 때 어떻게 대처할지 함께 논의해야 합니다.

명확한 메시지 전달: 피임 시술이 성관계를 허용하는 신호가 아님을 분명히 알려주세요.

부모의 사랑이 아이의 힘이 됩니다

유학을 앞둔 아이의 피임 문제는 단순한 의학적 결정이 아닙니다. 아이의 성장과 독립을 인정하고, 성적 주체로 존중하며, 동시에 안전을 염려하는 부모의 복잡한 감정이 교차하는 지점입니다.

처음 질문으로 돌아가볼까요? 피임 시술을 해줘야 할까요? 정답은 없습니다. 각 가정의 가치관, 아이의 성숙도, 유학 환경, 부모와의 관계 등 고려할 요소가 많기 때문입니다. 하지만 확실한 것은 있습니다.

회피하지 않고 대화하는 것, 판단하지 않고 듣는 것, 일방적으로 결정하지 않고 함께 고민하는 것, 이것이 가장 좋은 방법입니다.

피임 시술보다 더 중요한 것은, 아이와 함께 고민하고 대화하며 신뢰를 쌓아가는 부모의 태도입니다.

PART 4
내 아이의 성 감수성

음란물 노출, 이렇게 대처하세요

스마트폰으로 음란물을 보는 아이, 어떻게 지도해야 할까요?

Q 초등학교 6학년 아들이 스마트폰을 보다가 잠든 모습을 발견했습니다. 화면을 꺼주려다 음란물이 재생되고 있는 걸 보고 깜짝 놀랐어요. 남편에게 이야기했더니 "사춘기니까 그럴 수 있지. 나도 어렸을 때 다 봤어"라며 대수롭지 않게 넘기더군요. 한창 성에 대해 궁금할 때이니 볼 수도 있는 거라고 생각해야 할까요?

A 아이의 스마트폰에서 음란물을 발견했을 때 부모는 당황스럽고, 어떻게 반응해야 할지 막막해집니다. 특히 부부 사이에서도 의견이 갈릴 경우 혼란은 더 커지죠. 하지만 이 상황을 단순히 '사춘기니까 괜찮다'는 말로 넘겨서는 안 됩니다.

'사춘기니까 괜찮다'라는 생각이 위험한 이유

오늘날 아이들이 접하는 음란물은 부모 세대 때와는 차원이 다릅니다. 과거에는 잡지나 비디오처럼 접근이 제한적이었지만, 지금은 스마트폰을 통해 24시간 언제든 수위 높은 영상에 노출될 수 있습니다. 그 안에는 불법 촬영물, 폭력적 성행위, 인공지능 합성 영상 등 자극적인 콘텐츠가 포함되어 있습니다.

이처럼 환경이 달라진 만큼, 음란물에 대한 안일한 태도는 아이를 위험에 방치하는 것과 같습니다. 부모는 음란물의 실체와 위험성을 정확히 이해하고, 아이가 건강한 성 가치관을 세울 수 있도록 돕는 역할을 해야 합니다.

아이들이 음란물을 보게 되는 이유

음란물 시청은 단순한 '잘못된 행동'이 아니라, 디지털 환경 속에서 아이들이 겪는 자연스러운 노출의 결과일 수 있습니다.

사춘기 호기심

신체 변화와 이성에 대한 관심이 커지는 시기입니다. 부모에게 묻기 어려운 주제는 인터넷이나 친구를 통해 답을 찾으려 하죠. 검색만 했을 뿐인데도 알고리즘은 자극적인 콘텐츠를 연달아 보여줍니다.

또래 문화의 영향

친구의 말과 행동은 부모보다 더 강한 영향력을 발휘합니다. 친구가 보여주거나, 유행하는 성적 농담을 공유하다가 노출되는 경우도 많습니다.

의도치 않은 노출

숙제를 하다 뜨는 광고, SNS 속 자극적인 영상, 드라마나 예능의 성적 장면 등 준비되지 않은 상태에서 불시에 노출되는 경우가 잦습니다.

음란물이 아이에게 남기는 것들

음란물은 단순한 호기심을 넘어, 아이에게 왜곡된 성 인식을 심어줄 수 있습니다. 자극적인 장면만 기억하게 되고, 감정이나 관계는 배제된 채 성 행위만 남습니다. 많은 아이가 처음 접한 후 혐오감, 혼란, 부끄러움 등을 느낍니다.

음란물은 진정한 사랑이나 관계가 아닌, 자극과 상업적 목적을 위한 콘텐츠입니다. 현실의 관계와는 전혀 다른 '가짜'라는 점을 분명히 알려줘야 합니다.

음란물의 중독성을 경계해야 하는 이유

심리학자 빅터 클라인 박사는 음란물 중독이 호기심에서 시작해 점점 더 강한 자극을 추구하게 된다고 설명합니다. 청소년은 뇌 발달이 완성되지 않아 모방과 중독에 특히 취약합니다. 일부 연구에서도 청소년의 성 문제 행동과 음란물 노출 간의 연관성이 보고된 바 있습니다.

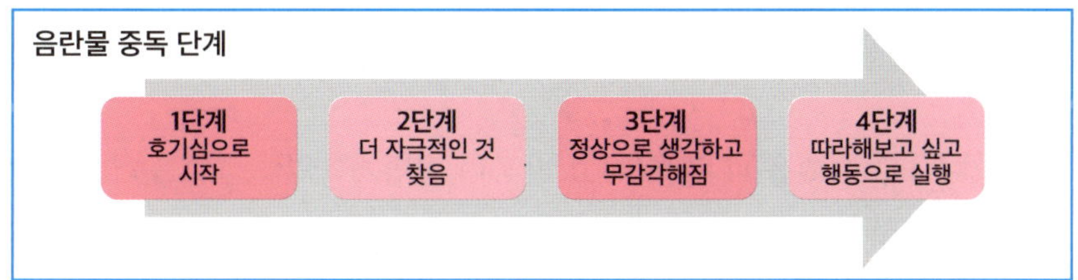

음란물이 왜곡한 성을 바로잡아주세요

"보지 마"라고 금지하는 것만으로는 충분하지 않습니다. 아이가 접한 왜곡된 정보를 바로잡아주는 대화가 필요합니다.

판타지와 현실 구별하기

음란물은 대부분 상업적으로 제작된 판타지입니다. 출연자는 연기를 하는 것이며, 실제 인간관계와는 다릅니다. 현실의 사랑과 관계는 감정, 동의, 배려, 신뢰가 바탕이 되어야 함을 알려주세요.

상대방에 대한 존중

성관계는 서로를 존중하고 사랑하는 마음이 전제되어야 합니다. 음란물 속 묘사는 도구화된 관계이며, 올바른 관계가 아님을 설명해주세요.

정직한 대화

아이가 궁금해하는 점은 숨기지 말고 정확하게 알려주세요. 모르는 부분은 "엄마도 찾아보고 알려줄게"라고 말하는 것만으로도 아이에게 큰 신뢰를 줄 수 있습니다.

아빠의 경험, 엄마의 균형

아빠가 "나도 어렸을 때 봤다"라고 말하며 가볍게 넘기는 태도는 아이에게 '괜찮은 행동'이라는 신호가 될 수 있습니다. 부모는 서로의 입장을 존중하되, 성교육의 방향은 일관되어야 합니다.

예를 들어 이렇게 말할 수 있습니다.

"아빠도 네 나이 때는 성에 대해 궁금한 게 많았어. 호기심에 이것저것 찾아보기도 했지. 그런데 그때 본 영상들이 사실은 진짜가 아니라 자극적으로 꾸며진 가짜라는 걸 나중에야 알았단다. 혹시 네 마음속에 혼란스럽거나 궁금한 게 있다면, 아빠에게 언제든 솔직하게 물어봐도 괜찮아."

음란물 노출, 성교육의 전환점이 될 수 있습니다

아이가 음란물을 봤다는 사실은 충격일 수 있지만, 동시에 성에 대해 대화를 시작할 중요한 기회이기도 합니다. 부모가 열린 태도로 접근하고, 아이가 건강한 성 가치관을 형성하도록 돕는다면, 이번 경험은 오히려 긍정적인 전환점이 될 수 있습니다.

음란물 노출에 대한 부모의 일관된 태도가 아이를 지키는 가장 강력한 보호막입니다.

음란물에 노출되면 아이가
어떤 영향을 받을까요?

Q 초등학교 6학년 아이가 유튜브를 보다가 갑자기 화면을 꺼버렸습니다. 이상해서 스마트폰을 확인해보니, 음란물 광고가 뜬 흔적이 남아 있었습니다. '이런 걸 본 건 아니겠지?' 걱정이 밀려오고, 혹시라도 아이가 너무 이른 나이에 음란물에 노출된 건 아닐까 불안해졌습니다. 만약 아이가 음란물을 보게 되면, 정신적·신체적 발달에 어떤 영향을 받을 수 있을까요?

A 디지털 시대, 아이들은 부모가 예상하지 못한 순간에 성적 콘텐츠와 마주합니다. 광고 팝업, 친구가 공유한 링크, SNS 속 영상 등 다양한 경로를 통해 의도치 않게 노출될 수 있죠. 부모의 걱정은 자연스럽지만, 중요한 것은 감정에 휩쓸리지 않고 현실을 정확히 파악하는 것입니다.

과도한 불안은 아이에게 그대로 전염되어 솔직한 대화를 가로막는 벽이 되기도 합니다. 아이를 보호하는 길은 음란물이 성장기 뇌와 몸에 미치는 영향을 정확히 이해하고, 예방과 대처 방안을 차분히 준비하는 것입니다.

성장기 뇌가 음란물에 취약한 이유: 미완성의 전두엽

기억력과 집중력 저하

2021년 독일 뒤스부르크-에센대학교 연구진은 성인을 대상으로 일반 사진과 성적 사진을 보여준 후 기억력을 측정했습니다. 일반 사진을 본 후에는 80%의 기억 정확도를 보였지만, 성적 이미지를 본 후에는 67%로 낮아졌습니다. 성인에게도 이런 영향이 나타난다면, 뇌 발달이 진행 중인 아이들에게는 학습 능력에 부정적 영향을 더 크게 줄 수 있습니다.

충동 조절과 판단력 약화

음란물은 충동 조절과 도덕적 판단을 담당하는 전전두엽과 도파민 보상 체계에 영향을 줍니다. 캐나다 라발대학교 연구에 따르면, 정기적으로 음란물을 시청한 성인의 뇌에서 전전두엽 피질의 변화가 관찰되었습니다. 성장기 아이들은 이 부위가 아직 발달 중이기 때문에 강렬한 자극에 특히 취약합니다.

도파민 과부하와 중독 위험

영국 케임브리지대 연구팀은 음란물이 뇌의 도파민 시스템을 과도하게 자극해 중독과 유사한 패턴을 일으킨다고 설명합니다. 이에 따라 아이는 일상적인 활동, 즉 친구와의 대화, 운동, 독서, 가족과의 시간 등에서 만족감을 느끼기 어려워지고, 점점 더 자극적인 콘텐츠를 원하게 됩니다.

과도한 도파민 자극은 뇌의 수용체를 감소시켜 우울감과 무기력으로 이어질 수 있으며, 이는 학교생활, 친구 관계, 취미 활동에서 의욕 상실과 고립으로 나타날 수 있습니다. 결국 성을 자극의 대상으로만 인식하게 되고, 성 정체성과 가치관 형성에 왜곡을 가져올 수 있습니다.

몸과 마음이 보내는 적신호

관계와 윤리의 왜곡

음란물은 시각적 자극을 극대화하기 위해 비현실적인 외모와 폭력적이거나 대상화된 성 역할을 보여줍니다. 아이는 이를 '매력의 기준'으로 받아들이며, 자기 신체에 대한 비하나 상대방에 대해 비현실적인 기대를 하게 될 수 있습니다.

또한 음란물은 '상호 동의'나 '감정'을 거의 고려하지 않기 때문에, 성을 사랑과 존중의 행위가 아닌 일방적인 쾌락 추구로 오해할 위험이 큽니다. 타인을 성적 대상으로만 바라보게 되면, 관계 형성과 윤리적 판단에도 부정적인 영향을 미칠 수 있습니다.

정서적 불안과 신체 이미지 왜곡

음란물 노출은 초등학생의 정서적 안정과 건강한 신체 이미지 형성에 부정적 영향을 줄 수 있습니다. 비현실적인 외모와 행동을 강조한 콘텐츠는 아이가 자기 몸을 비하하거나 비현실적인 기준을 갖게 만들 수 있습니다. 이는 자존감 저하와 불안으로 이어지며, 과도한 자극은 일상에서 만족감을 느끼지 못하게 만들어 무기력과 고립으로 이어질 수 있습니다.

성장기라서 가능한 회복의 기회: 뇌의 '가소성'

회복의 과학

'가소성(plasticity)'은 뇌가 끊임없이 변화하고 적응하며 새로운 신경 회로를 만드는 능력입니다. 성장기에는 이 회복력이 특히 활발하여, 중독 수준이 아니라면 음란물을 차단하고 건강한 활동으로 채워주는 것만으로도 관련 신경 회로는 점차 약해지고 건강한 상태로 돌아올 수 있습니다.

관점의 전환

아이가 음란물을 본 사실을 알게 되었을 때, 과도하게 충격받거나 심하게 꾸짖는 것은 오히려 역효과입니다. '어떻게 이런 일이'보다는 '조기에 발견해 대처할 기회를 얻었다'는 관점으로 접근하는 것이 바람직합니다. 핵심은 아이가 이미 무엇을 봤느냐가 아니라, 앞으로 어떻게 함께 건강한 길을 걸어갈 것인가입니다.

가장 강력한 처방: 음란물보다 강한 것으로 대체해주세요

회복은 단순히 '보지 못하게 막는 것'을 넘어, 그 공백을 긍정적이고 건강한 자극으로 채우는 데 있습니다.

운동: 축구, 수영, 자전거 타기 등 신체 활동은 도파민을 자연스럽게 분비해 뇌의 보상 회로를 건강하게 자극합니다.

예술 활동: 그림 그리기, 악기 연주, 글쓰기 등 창의적인 활동은 성취감과 자기표현

의 기회를 제공합니다.

가족과의 시간: 캠핑, 등산, 요리 등 함께하는 활동은 정서적 안정과 유대감을 높여줍니다.

사회적 관계: 친구와의 놀이, 봉사활동 등은 소속감과 자존감을 키워줍니다.

이러한 활동은 음란물 시청으로 얻는 인위적인 쾌락보다 훨씬 더 강력하고 지속적인 만족감을 제공합니다.

음란물보다 강한 것: 나를 사랑하는 마음

음란물 예방 교육 현장에서 공통으로 발견되는 점은, 긍정적 변화를 보이는 아이들의 자존감이 높다는 것입니다. 자신을 소중히 여기는 아이는 자신을 해치는 것에 'NO'라고 말할 힘을 지닙니다.

부모는 아이가 자신의 존재를 사랑할 수 있도록 충분한 스킨십과 애정 표현을 아끼지 말아야 합니다. 성에 대해 자연스럽게 대화하고, 판단 없이 질문에 답하며 신뢰를 쌓는 것도 중요합니다.

"너는 이 세상 무엇보다 소중하고, 너의 몸은 존중받아 마땅하며, 너의 감정은 진짜란다."

이 메시지를 일상에서 꾸준히 전달하는 것이 가장 강력한 예방책입니다.

음란물의 영향은 분명하지만, 아이의 회복력과 부모의 신뢰가 함께할 때, 건강한 성 가치관은 충분히 다시 세워질 수 있습니다.

안 보겠다고 약속해놓고 또다시 음란물을 봤어요

Q 초등학교 아이가 음란물을 보는 것을 알게 되어 혼냈더니, 울면서 다시는 안 보겠다고 약속했습니다. 그런데 며칠 뒤 혼자 방에 있길래 보니 또다시 음란물을 보고 있더군요. 평소에는 부모와의 약속을 잘 지키던 아이였기에 실망이 너무 커서 이야기하기도 싫습니다. 어떻게 해야 할까요?

A 다시는 안 보겠다고 다짐했던 아이가 약속을 어긴 모습을 보면 부모의 마음은 무너집니다. '이 아이가 이렇게까지 거짓말을 할 수 있나' 하는 배신감과, '내 교육이 잘못된 걸까' 하는 자책이 한꺼번에 몰려오기도 합니다. 하지만 아이가 약속을 어겼다고 해서 그것이 곧 도덕적 결함이나 인격적 문제를 의미하는 것은 아닙니다. 음란물 문제는 중독적 특성과 발달적 한계에서 이해해야 하며, 성인조차 스스로 통제하기 어려운 자극이기 때문에, 발달 중인 초등학생에게는 훨씬 더 큰 유혹이 될 수밖에 없습니다.

충동을 이기기 어려운 시기

평소 성실하게 규칙을 지켜온 아이가 부모와의 약속을 어겼을 때, 실망감은 더 크게 다가옵니다. 하지만 아이가 약속을 지키지 못한 이유는 성격이나 의지의 문제가 아니라, 아직 충분히 발달하지 않은 뇌의 충동 조절 능력 때문입니다.

음란물은 클릭 한 번으로 강렬한 자극과 쾌감을 주며, 뇌의 보상 회로를 반복적으로 자극해 쉽게 중단하기 어렵게 만듭니다. 초등 시기의 아이들은 장기적인 결과를 고려하거나 충동을 억제하는 능력이 충분히 발달하지 않았기 때문에, 울면서 했던 약속이 진심이었음에도 충동이 다시 찾아오면 스스로 막아내기 어려운 것입니다.

또한 음란물에 끌리는 배경에는 단순한 호기심뿐 아니라 외로움, 불안, 또래의 영향 등이 있을 수 있습니다. 이는 자연스러운 성적 호기심의 표현이기도 하며, 부모가 이를 병리적으로만 보지 않는 균형 잡힌 시각이 필요합니다.

믿음만으로는 부족해요, 환경부터 바꿔야 합니다

"네가 안 보겠다고 했으니 믿을게"라고 아이의 의지에만 맡기는 것은 위험합니다. 마치 눈앞에 놓인 과자를 참으라고 하는 것만큼 어려운 일입니다. 음란물에서 벗어나려면 아이의 의지와 부모의 환경 조성이 함께 필요합니다.

기기 사용 환경 조정

학습용 앱과 엔터테인먼트 앱을 분리하고, 학습 시간 외에는 기기를 공용 공간에서만 사용하도록 규칙을 세워주세요. 거실이나 주방처럼 가족이 함께 있는 공간에서만 기기를 사용하게 하고, 유해 차단 앱 설치나 유튜브 삭제 등 기술적 차단도 병행할 수 있습니다.

취약 시간대 관리

혼자 있는 시간이나 자기 전은 음란물에 쉽게 노출되는 순간입니다. 이 시간대에는 기기를 부모에게 반납하도록 하고, "이 시간에는 기기를 정리하자, 어때?"처럼 아이와 함께 규칙을 만드는 방식이 효과적입니다.

"하지 마" 대신 줄 수 있는 대체 활동

음란물을 보지 않는 시간을 비워두면, 아이는 그 공백을 채우기 위해 다시 스마트폰을 찾을 수 있습니다. 따라서 단순히 "하지 마"라고만 하기보다, 아이가 몰입할 수 있는 대체 활동을 제안해야 합니다. 앞 이야기에서 제안한 운동, 예술 활동, 가족과의 시간 등이 도움이 됩니다.

부모가 "그 시간에 우리 같이 재미있는 걸 해볼까?"라고 자연스럽게 제안하면 아이도 부담 없이 참여할 수 있습니다. 억지로 강요하기보다, 아이가 즐겁게 몰입할 수 있는 활동을 우선하는 것이 좋습니다.

충동이 밀려올 땐 '즉시 행동법'

음란물 장면이 자꾸 떠오르거나 본 뒤 죄책감이 들 때, 아이가 부모에게 편하게 털어놓을 수 있는 분위기를 만들어야 합니다. 아이가 이야기했을 때 놀라거나 과도하게 반응하면, 다음부터는 숨기게 됩니다.

예를 들어, 이렇게 말해줄 수 있습니다.

"무서운 영화를 보면 한동안 장면이 생각나는 것처럼, 음란물도 그럴 수 있어. 그런 생각이 들면 '그냥 생각이 났네' 하고 넘기면 돼. 계속 떠오르면 엄마·아빠한테 말해도 괜찮아. 같이 산책하거나 맛있는 거 먹으러 가자."

아이가 '음란물이 자꾸 생각난다'고 말했을 때는 이렇게 대응하세요.

"네가 이렇게 솔직하게 말해줘서 정말 고맙다. 그런 장면은 누구나 한동안 생각날 수 있어. 마음이 힘들었겠다. 오늘 저녁에 네가 좋아하는 파스타 먹으러 갈까?"

이런 대화는 아이에게 '내가 이상한 게 아니구나'라는 안도감을 주고, 죄책감에서 벗어나게 합니다.

음란물을 끊는 데는 시간이 필요합니다

아이마다 음란물을 끊는 데 걸리는 시간은 다릅니다. 어떤 아이는 비교적 쉽게 중단할 수 있지만, 어떤 아이는 여러 번의 시도와 실패를 반복하며 서서히 벗어납니다. 오랜 시간 노출된 경우일수록 더 많은 인내와 노력이 필요합니다.

하루 정도 다시 보았다고 해서 모든 노력이 물거품이 되는 것은 아닙니다.

중요한 것은 다음 날 다시 시작하는 것입니다. 문제가 반복되거나 정서적으로 힘들어하는 모습이 지속된다면, 학교 상담교사나 전문 심리상담센터에 도움을 요청하세요. 전문가의 조언은 아이와 부모 모두에게 큰 힘이 될 수 있습니다.

아이 편에 서서 음란물과 싸우세요

음란물 관련 상담을 하다 보면 아이에게 실망하고 혼내는 등 아이와 싸우는 부모가 많습니다. 하지만 음란물을 걱정하는 이유는 결국 아이에 대한 사랑 때문입니다. 아이가 음란물을 반복해서 보는 것은 의지나 도덕성의 문제가 아니라 중독적 특성이 크다는 점을 이해해야 합니다.

실망하고 화를 내기보다는, 아이와 함께 이 어려움을 극복해 나가는 동반자가 되어야 합니다. 아이를 혼내는 대신, 사랑하는 마음으로 아이 편에 서서 음란물이라는 문제와 함께 싸워야 합니다.

환경 차단, 대안 활동 제공, 지지적 소통, 그리고 장기적 인내심을 가지고 접근한다면, 아이는 음란물의 영향에서 벗어나 건강하게 성장할 수 있습니다. 부모가 아이 곁에서 꾸준히 함께한다면, 변화는 반드시 찾아올 것입니다.

아이가 약속을 어겼다고 실망하기보다, 아이 편에 서서 함께 음란물이라는 문제를 이겨내는 것이 진짜 교육입니다.

19금 웹툰에 빠진 아이, 어떻게 도와야 할까요?

Q 아이가 매일 19금 웹툰만 봅니다. 거의 중독 수준이에요. 어떤 내용인지 한번 살펴보다가 놀랐습니다. 성적 표현이 너무 적나라하더군요. 대체 무엇이 아이를 이렇게까지 몰입하게 하는지, 어떻게 이 상황에서 벗어나게 해야 할지 고민스럽습니다.

A 요즘 초등생 학부모들 사이에서 자주 나오는 고민입니다. 스마트폰 몇 번만 터치하면 성인 콘텐츠에 쉽게 접근할 수 있는 디지털 환경에서 자란 아이들은, 자극적인 웹툰에 노출되기 쉬운 구조 속에 있습니다. 부모의 불안은 당연하지만, 이 상황을 위기로만 보지 말고 아이와 성에 대해 진솔하게 대화할 기회로 삼는 것이 중요합니다.

'19금'이 대세가 된 웹툰 세상

2022년 기준 한국 웹툰 산업은 1조 8,290억 원 규모로 성장했습니다. 시장이 커지면서 성인 콘텐츠의 비중도 함께 증가했고, 주요 플랫폼에서도 로맨스 장르를 중심으로 수위 높은 웹툰이 다수 연재되고 있습니다. 봄툰, 레진 코믹스 등 일부 플랫폼에서는 성인 콘텐츠가 주요 장르로 자리 잡고 있으며, 네이버웹툰과 카카오웹툰에서도 성적 수위가 점차 높아지고 있습니다. 특히 초등학생의 32.6%가 웹툰을 거의 매일 본다는 통계는, 아이들이 얼마나 일상적으로 이런 콘텐츠에 노출될 수 있는지를 보여줍니다.

아이들을 사로잡는 19금 웹툰의 비밀

세분된 장르와 수위 설정

성인 웹툰은 BL(Boys Love), GL(Girls Love), 하렘물(한 명의 주인공을 여러 명이 좋아하는 설정), 역하렘(한 명의 여성 주인공을 여러 남성이 좋아하는 설정) 등 다양한 설정과 '순한 맛', '중간 맛', '매운맛'으로 나뉘는 수위별 분류를 갖추고 있어, 아이들의 호기심을 자극합니다.

감정 몰입을 유도하는 스토리텔링

단순한 성적 묘사에 그치지 않고, 금지된 사랑, 운명적 만남, 과거의 상처 등 감정적 해소 요소를 통해 몰입을 유도합니다. 주간·격주 연재 방식은 드라마 시즌제처럼 중독성을 높이며, 댓글·조회수 반응에 따라 이야기를 조정하는 상호작용적 특징도 있습니다.

이상화된 시각적 표현

등장인물은 현실에서는 보기 어려운 완벽한 외모와 신체 비율로 그려지며, 점차 자극적인 내용으로 이끌어 비현실적 환상을 통한 만족감을 제공합니다.

아이들이 성적 콘텐츠에 빠지는 이유

쉬운 접근성과 독특한 형식

웹툰은 이야기와 캐릭터에 감정적으로 몰입할 수 있고, 그림체가 비현실적이어서 상대적으로 '안전하다'고 느껴지기도 합니다. 무료 제공되는 경우가 많고, 스마트폰으로 손쉽게 접근할 수 있어 경제적·기술적 장벽이 낮습니다. 저학년은 화려한 그림체와 단순한 이야기에, 고학년은 감정적 몰입과 복잡한 관계 설정에 더 끌릴 수 있습니다.

또래 집단의 영향

친구들 사이에서 성인 웹툰 이야기가 오갈 경우, 아이는 '나만 몰라'라는 소외감을 피하고자 관심을 두게 됩니다. "너도 봤어?"라는 질문 앞에서 대답할 수 없을 때 느끼는 압박감은 고학년일수록 더 크게 작용합니다.

현실적 스트레스와 호기심

학업, 또래 관계 등에서 오는 압박감 속에서 성적 콘텐츠는 잠시 현실을 잊게 해주는 도피처가 되기도 합니다. 또한 성에 대한 정보가 부족한 상황에서 호기심을 채우는 수단이 되기도 합니다.

성적 콘텐츠 노출이 가져올 수 있는 그림자들

현실과 동떨어진 성 인식

성인 웹툰에서 묘사되는 성관계는 대부분 과도하게 이상화되거나 폭력적으로 표현됩니다. 아이들은 상호 존중, 동의, 안전한 성관계 등 핵심 개념을 간과하고, 성을 자극 중심의 행위로 오해할 수 있습니다.

관계 인식의 왜곡

상대방을 성적 대상으로만 바라보거나, 비현실적인 기대를 하게 되어 실제 연애나 대인관계에서 건강한 소통과 관계 형성에 어려움을 겪을 수 있습니다.

중독적 사용 패턴

연재 방식은 지속적인 관심을 유도하며, 점점 더 자극적인 콘텐츠를 찾게 만드는 경향이 있습니다. 이에 따라 일상생활에 지장을 받거나 학업이나 다른 활동에 소홀해질 수 있습니다.

불법적 접근의 위험성

19금 웹툰이나 음란물은 대부분 불법적으로 유통됩니다. SNS나 공유된 URL을 통해 연령 제한을 우회해 접속하는 행위는 법을 위반하는 것입니다. 이러한 불법 접근은 아이들을 범죄에 노출시키고, 보호 장치를 무력화하는 심각한 위험을 초래합니다.

즐겁고 건강한 '대체 콘텐츠'를 찾아주세요

아이가 성인 웹툰에 빠져 있다는 사실은 단순히 '성적 자극이 좋다'는 차원이 아니라, 현실에서 충족되지 못한 욕구가 있다는 신호일 수 있습니다. 따라서 단순 차단만으로는 문제를 해결할 수 없습니다. 아이가 흥미와 재미를 동시에 느낄 수 있는 건전한 대체 콘텐츠를 연령대에 맞춰 경험하도록 도와야 합니다.

초등 저학년 맞춤 콘텐츠

성적 묘사 대신 재미와 교훈을 주는 웹툰이나 애니메이션이 좋습니다. 화려한 그림체와 단순한 스토리로 저학년의 호기심을 충족합니다.

초등 고학년 맞춤 콘텐츠

감정적 몰입과 성장을 강조한 웹툰이나 스토리가 있는 콘텐츠가 적합합니다.

판타지·모험 장르

긴장감과 흥미를 주면서도 자극이 아닌 상상력을 자극합니다.

스포츠·음악·댄스 관련 콘텐츠

감정을 해소하고 자기 표현의 욕구를 채워 줍니다.

창작 활동

웹툰을 소비하는 데서 한 걸음 나아가, 직접 그림을 그려보거나 스토리를 만들어보는 창작 활동은 성취감을 주면서 새로운 자기 이해로 이어질 수 있습니다.

웹툰을 통한 소통으로 성숙한 대화의 문을 여세요

무조건 금지하거나 질책하기보다, 아이가 흥미를 보이는 웹툰을 함께 보며 이야기를 나눠보세요.

"이 장면에서 캐릭터가 왜 이렇게 행동했을까?"

"너라면 이런 상황에서 어떻게 했을 것 같아?"

"이런 관계가 현실에서도 가능할까?"

"이 캐릭터가 상대방을 존중하고 있다고 느껴져?"

이런 질문을 통해 자연스럽게 대화를 시작하고, 작품 속 장면이 현실과 어떻게 다른지, 과장되거나 비현실적인 부분은 무엇인지 차분히 짚어주세요. 이렇게 하면 웹툰이 단순한 오락이 아닌, '현실의 성'과 '미디어 속 성'을 구분하고 비판적으로 바라보는 힘을 기를 수 있는 교육적 매개체가 됩니다.

성적 호기심을 건강하게 안내하는 부모의 태도

19금 웹툰을 둘러싼 대화는 효과적인 성교육의 출발점이 될 수 있습니다. 아이의 호기심을 자연스러운 대화 속에서 해소하고, 상호 존중과 책임감을 바탕으로 한 건강한 성 의식을 쌓도록 돕는 과정이 됩니다. 부모는 아이의 관심을 존중하며 따뜻하게 대화해야 합니다.

아이가 성적 콘텐츠에 빠졌다는 사실은, 부모가 아이와 성에 대해 깊이 있게 대화할 중요한 기회입니다.

우연히 본 음란물의 장면이 떠올라서 너무 괴롭다고 합니다

Q 초등학교 5학년 아이가 우연히 음란물에 노출된 후, "엄마, 그 장면이 자꾸 떠올라서 너무 괴로워"라며 그 장면이 머릿속에서 지워지지 않는다고 호소합니다. 아이는 괴로워하는데, 어떻게 도와줘야 할지 막막하기만 합니다. 이럴 땐 어떻게 반응해야 할까요?

A 디지털 환경 속에서 자라는 아이들은 원치 않게 부적절한 콘텐츠에 노출될 수 있습니다. 부모는 당황한 나머지 "그런 건 보면 안 돼"라며 훈계하거나, 아이를 질책하기 쉽습니다. 하지만 아이가 겪는 혼란은 단순한 도덕적 문제가 아니라, 뇌와 마음이 충격에 반응하는 자연스러운 과정입니다. 아이의 괴로움을 이해하는 것이 진정한 해결의 시작입니다.

충격적인 정보가 뇌에 남기는 흔적

아이의 뇌, 특히 감정 처리에 민감한 변연계는 자극에 민감하지만, 이성적 판단을 담당하는 전두엽은 아직 미성숙한 상태입니다. 강하고 낯선 정보가 갑작스럽게 들어오면, 뇌는 이를 어떻게 이해해야 할지 몰라 혼란에 빠지고, 정리되지 않은 채 기억 속에 저장됩니다. 마치 처리되지 않은 팝업창이 계속 뜨듯이, 그 기억은 의지와 무관하게 반복적으로 떠오르게 됩니다.

아이가 겪는 다층적 혼란

초등 고학년은 사춘기의 문턱에 서 있는 시기로, 성에 대한 호기심이 생기지만 이를 이해하고 조절하는 능력은 아직 부족합니다.

인지적 혼란

음란물은 성을 왜곡되고 폭력적으로 표현합니다. 아직 성에 대한 올바른 이해가 확립되지 않은 아이에게는 '이게 정상인가?', '어른들은 다 이런 건가?' 같은 질문이 떠오르며 큰 혼란을 줍니다.

정서적 고통

'나쁜 걸 봤다'는 수치심과 죄책감이 괴로움을 키웁니다. 아이가 호소하는 '장면이 계속 떠오른다'는 증상은 침습적 회상의 일종으로, 충격적 자극에 대한 일시적이고 정상적인 반응일 수 있습니다. 단, 증상이 몇 주 이상 지속되거나 심해진다면 전문가의 도움이 필요합니다.

도덕적 불안과 고립감

성실한 아이일수록 '이런 걸 본 나는 나쁜 아이'라는 자기 비난에 시달립니다. 혼자 감당하려는 마음은 아이를 고립시키며, 부모의 따뜻한 공감이 그 벽을 허물 수 있습니다.

신체적 반응에 대한 혼란

사춘기 아이는 성적 자극에 신체적으로 반응할 수 있습니다. 이때 '내가 이상한 건가?'라는 혼란을 겪는데, "몸의 반응은 자동적인 것이며, 네가 나쁜 게 아니야"라고 설명해주는 것이 중요합니다.

잊으려 할수록 더 선명해지는 이유

심리학에서 유명한 '하얀 곰 실험'을 아시나요? 사람들에게 "하얀 곰을 생각하지 마세요"라고 하면, 오히려 하얀 곰을 더 자주 떠올리게 된다는 결과가 나왔습니다. '하얀 곰 실험'처럼, "생각하지 말아야지"라고 다짐할수록 그 생각은 더 강하게 의식에 남습니다. 아이가 자꾸 떠오르는 장면에 괴로워하는 것은 의지력이 약해서가 아니라, 뇌의 자연스러운 반응입니다. 이 점을 이해해야 아이를 비난하지 않고 진정으로 도울 수 있습니다.

아이에게 전해야 할 핵심 메시지

"이건 전혀 네 잘못이 아니야": 충격적인 영상이 뇌에 강하게 남는 건 네가 나쁜 아이라서가 아니야. 호기심이든 우연이든, 네 잘못이 아니야.

"생각을 완전히 통제하기는 어려워": 떠오르는 장면은 네가 원해서 떠오르는 게 아니야. 뇌가 충격적인 경험을 기억해서 스스로 안전을 지키려는 반응이야.

"시간이 지나면 자연스럽게 옅어져": 기억은 시간이 지날수록 흐려져. 처음엔 선명하지만, 사진이 햇빛에 바래듯 점점 옅어져 가는 거야.

실전 대처법: 아이와 함께 해볼 방법

대처법	설명	예시
생각 멈추기 기법	신체 동작으로 생각 차단	"스톱!" 외치고 손뼉 치기, 구구단 거꾸로 외우기
5-4-3-2-1 그라운딩	오감 자극으로 현재에 집중	보이는 것 5가지, 만질 것 4가지 등
호흡 조절 (박스 호흡)	자율신경 안정화	4초 들이마시기 → 4초 참기 → 4초 내쉬기 → 4초 멈추기
신체 집중 기법	감각 자극으로 생각 끊기	손 꽉 쥐었다 펴기, 벽 밀기, 제자리 뛰기
안전한 공간 상상하기	마음의 피난처 만들기	할머니 집, 바닷가 등 오감으로 구체화하기
긍정적 이미지 대체	건강한 콘텐츠로 무의식 재구성	자연 다큐나 동물 영상 보기, 좋아하는 노래하기, 취미 활동

전문가 도움이 필요한 시점

다음과 같은 증상이 나타난다면 전문가의 도움을 받는 것이 필요합니다.

- 몇 주 이상 괴로움이 지속되며 일상생활에 지장을 줄 때
- 수면 장애나 식욕 부진이 계속될 때
- 친구 관계나 학교 활동을 피할 때

- 자신을 과도하게 탓하거나 우울감을 지속적으로 보일 때

- 강박적으로 음란물을 찾아보는 행동이 나타날 때

지속적인 소통의 힘

이런 상황은 일회성 대화로 해결되지 않습니다. 아이가 언제든 편안하게 이야기할 수 있는 분위기를 만들어주세요.

"언제든 궁금하거나 힘들면 말해줘"라는 메시지를 꾸준히 전달하세요. 일주일에 한두 번 "요즘 어때? 그 일은 좀 괜찮아졌어?"라고 자연스럽게 물어보되, 매일 묻는 것은 피해주세요.

아이의 변화를 세심하게 관찰하되, 과도하거나 예민하게 반응하지 않도록 주의하세요. 아이는 스스로 극복할 힘이 있다는 점을 믿어주는 것이 중요합니다.

불편한 감정을 다루는 방법, 도움을 요청하는 용기, 시간이 지나면 어려움도 극복할 수 있다는 회복탄력성, 이 모든 것은 아이가 앞으로의 인생에서 맞닥뜨릴 다양한 도전을 헤쳐나가는 데 귀중한 자산이 됩니다.

아이가 괴로움을 호소할 때, 부모의 따뜻한 공감과 실질적인 대처법이 아이의 회복을 이끄는 가장 강력한 방법입니다.

다 막아놨는데 어떻게
성인 콘텐츠를 보는 걸까요?

Q 온라인의 성이 위험하다는 걸 잘 알고 있어서 나름대로 관리를 해왔습니다. 그런데 아이는 아무런 제지 없이 성인 콘텐츠에 노출되어 있었습니다. 성인 사이트는 물론이고 개인 방송 플랫폼까지 이용하며, 심지어 용돈을 써가며 시청하고 있었습니다. 도대체 어떻게 이런 콘텐츠에 접근할 수 있었던 걸까요?

A 인터넷은 우리가 상상하는 것보다 훨씬 더 넓고 복잡한 공간이며, 아이들은 부모가 생각하는 것보다 훨씬 능숙하게 디지털 세계를 탐색합니다. 부모가 '다 막아놨다'고 믿더라도, 아이들은 이미 여러 '우회 경로'를 통해 제한을 뚫고 있을 수 있습니다. 그렇다면 아이들은 어떤 방식으로 위험한 콘텐츠에 접근할까요? 그리고 부모는 어떤 태도로 관리하고 교육해야 할까요?

아이들이 성인 콘텐츠에 다가가는 네 가지 비밀 통로

'합법'으로 위장된 개인 방송의 함정

'여캠·남캠'이라 불리는 성인 개인 방송은 전통적인 성인 사이트와는 다른 방식으로 아이들에게 접근합니다. 유튜브 라이브나 SNS의 실시간 방송처럼 겉보기엔 합법적인 플랫폼이지만, 성인 인증 절차가 허술하거나 우회 방법이 온라인에 공개되어 있어 차단이 어렵습니다.

실시간 소통이라는 특성상 콘텐츠가 점점 더 자극적으로 변하기도 하며, '후원' 시스템은 아이들을 깊이 끌어들이는 주요 요인입니다. 아이들은 용돈이나 부모의 카드로 가상 아이템을 구매해 방송자에게 선물하며 관심을 얻으려 합니다. 결제 내역을 꼼꼼히 확인하지 않으면 이를 알아차리기 어렵습니다.

VPN, 아이들의 '마법의 열쇠'

VPN(가상사설망)은 원래 개인정보 보호를 위한 도구지만, 아이들은 이를 부모의 통제를 피하는 수단으로 사용합니다. VPN을 쓰면 접속 경로가 해외 서버로 우회되어 국내에서 차단된 사이트나 앱에도 자유롭게 접속할 수 있습니다. 많은 VPN 앱이 무료로 쉽게 설치할 수 있으며, 일단 설치되면 부모가 설정한 필터나 IP 차단은 무력화됩니다.

교실·게임방·채팅방 속 숨은 위험

겉으로는 건전해 보이는 공간도 위험의 통로가 될 수 있습니다. 온라인 게임의 음성 채팅, 익명 오픈 채팅, 디스코드 서버 등에서는 성인 콘텐츠 정보가 은밀히 공유됩니다. 초등·중학생이 자주 찾는 커뮤니티에서도 '게임 빨리 하는 법' 같은 무해한 제목 아래 성인 콘텐츠 접근법이 숨어 있기도 합니다. 유튜브에는 '제한 푸는 법', '부모 통제 해제' 같은 튜토리얼 영상도 무수히 존재합니다.

친구 사이에서 퍼지는 '비밀 꿀팁'

또래 사이에서 교환되는 방법은 매우 기발하고 교묘합니다. 친구의 휴대전화나 공용 태블릿, 피시방·도서관 컴퓨터처럼 부모의 관리가 닿지 않는 기기를 이용하거나, 인터넷 설정을 바꿔 차단을 우회합니다. 시크릿 모드 사용, 접속 기록 삭제, 앱 숨기기 등은 아이들 사이에서 '기본 상식'처럼 공유됩니다.

아이들의 우회 방법에 효과적으로 대응하는 법

기술적 접근: 시스템으로 막는다

구글 패밀리 링크, 애플의 스크린 타임 등 자녀 보호 앱을 적극 활용하세요. VPN 앱 다운로드를 원천 차단하고, 앱스토어 비밀번호를 강화하는 것이 기본입니다. 기기 사용 현황을 모니터링하고, 위치 추적과 사용 로그를 주기적으로 확인하세요. 카드 사용 내역도 정기적으로 점검하고, 앱스토어의 가족 공유 기능을 통해 모든 구매에 부모 승인을 요구하도록 설정하세요.

일상적 접근: 관계로 보호한다

기술적 차단만큼 중요한 것은 일상적인 관리입니다. 가족이 함께 합의한 규칙으로 스마트폰 사용 시간을 명확히 정하세요. 예를 들어 저녁 9시 이후에는 모든 기기를 충전기에 반납하도록 하는 규칙을 두면, 자연스럽게 사용 습관을 조절할 수 있습니다. 아이가 혼자 있는 시간을 줄이고, 가족과의 대화나 활동 시간을 늘리는 것이 가장 효과적인 보호 방법입니다. 기기 점검도 "너 뭐 봤어?"가 아니라 "요즘 어떤 앱이 재밌어?"처럼 자연스럽게 대화로 이어가세요.

완벽 차단보다 '스스로 지킬 힘'을 키워주세요

온라인 세상의 성은 우리가 어릴 때 접했던 것과는 완전히 다릅니다. 기술은 끊임없이 진화하고, 아이들은 그 속에서 새로운 길을 찾아갑니다. 부모가 모든 위험을 막아내기는 어렵습니다.

중요한 것은 아이를 탓하기보다, 부모가 먼저 온라인의 흐름을 이해하고 아이의 눈높이에서 소통하려는 노력입니다. 목표는 '모든 위험을 없애는 것'이 아니라, 아이가 스스로 멈출 힘을 갖게 하는 것입니다. 디지털 세상 속에서도 건강한 선택을 할 수 있는 내면의 기준이야말로, 아이를 지키는 진짜 안전망입니다.

자녀 보호 앱을 무력화하는 방법

아이들은 앱을 강제로 종료하거나, 기기의 시스템 시간을 변경해 시간 제한을 우회합니다. 게스트 모드나 보안 폴더를 활용해 부모의 통제를 피하기도 합니다.

→ 자녀 보호 앱은 항상 최신 버전으로 유지하고, 관리자 권한 설정을 정기적으로 확인하세요.

검색 기록을 숨기는 방법

시크릿 모드 사용, 검색 기록 자동 삭제 설정, 다른 브라우저 앱 설치 등으로 흔적을 남기지 않습니다.

→ 필요하다면 라우터 수준에서 접속 기록을 확인하거나, 자녀 보호 앱을 통해 브라우저 활동을 살펴보세요.(일반 가정에서는 설정이 어려울 수 있으므로 전문가의 도움을 받는 것도 고려해보세요.)

부모 몰래 앱을 설치하는 방법

앱 숨김 기능을 사용하거나 폴더 깊이 숨기고, 다른 이름의 앱으로 위장해 설치합니다.

→ 앱 설치 시 부모 승인을 필수로 설정하고, 정기적으로 아이와 함께 설치된 앱 목록을 확인하는 습관을 들이세요.

아이가 성인 콘텐츠에 접근하는 경로는 다양하지만, 부모의 기술적 관리와 따뜻한 관계가 함께 할 때 진짜 보호가 시작됩니다.

성범죄, 피해자도 가해자도 될 수 있습니다

아이 노트북에서 성적인 사진과 채팅 기록을 발견했어요

Q 우연히 아이 노트북을 켰다가 예상치 못한 장면을 마주했습니다. 바탕화면에 가득한 아이의 신체 사진, 휴지통에 버려진 수많은 사진, 그리고 낯선 채팅 사이트의 대화 기록. 떨리는 손으로 대화 내역까지 확인했습니다. 이 충격적인 현실을 어떻게 받아들이고 해결해야 할까요?

A 많은 부모가 이런 상황 앞에서 당황합니다. 하지만 디지털 네이티브 세대인 아이들에게 온라인 공간은 현실만큼 중요한 생활 무대이며, 그 안에서 성적 위험에 노출되는 일이 점점 흔해지고 있습니다. 과거에는 제한된 매체를 통해 성적 콘텐츠에 접근했지만, 지금은 온라인에서 자극적인 정보가 끊임없이 쏟아집니다. 부모 세대에게 채팅은 단순한 교류 수단이었지만, 지금 아이들에게는 성적 접촉이 얽힐 수 있는 위험한 공간이 될 수 있습니다.

대화 전에 부모가 준비해야 할 마음가짐

아이와 대화하기 전, 부모 자신의 마음가짐이 매우 중요합니다. 감정이 격해진 상태에서는 아이와 진솔한 대화를 나누기 어렵기 때문에, 먼저 자신의 감정을 정리하는 시간이 필요합니다.

감정 조절하기: 충격과 분노 상태에서는 대화를 시작하지 마세요. 하루 정도 시간을 두고 감정을 가라앉힌 뒤 접근해야 합니다. 화난 상태의 대화는 아이를 방어적으로 만들고, 진심 어린 소통을 막습니다.

비난하지 않겠다고 다짐하기: 아이를 보호하는 것이 최우선입니다. 비난은 아이가 부모와 거리를 두게 만들고, 위험 상황에서도 도움을 청하지 못하게 합니다.

경청할 준비하기: 아이의 이야기를 들을 준비를 하세요. 왜 그런 행동을 했는지, 어떤 감정 상태였는지, 무슨 일이 있었는지를 이해하려는 태도가 필요합니다.

심리적으로 안전한 환경에서 대화하세요

대화를 시작할 때는 조용하고 방해받지 않는 시간과 공간을 선택하세요. 아이가 심리적으로 안전하다고 느낄 수 있는 환경이 중요합니다.

대화 시작하기: "OO야, 너랑 정말 중요한 이야기를 하고 싶어. 지금 혼내려는 게 아니니까 너무 걱정하지 마. 네 안전이 가장 중요해서 그래."

발견한 사실 알리기: "우연히 네 노트북에서 사진이랑 채팅 기록을 보게 됐어. 사생활을 침해하려던 건 아니야. 혹시 네게 피해가 생길까봐 마음이 많이 쓰였어."

감정 표현하기: "처음엔 충격이 컸고, 많이 걱정됐어. 혹시 위험한 상황은 아닌지, 누가 괴롭히거나 협박하는 건 아닌지 두려웠어."

아이의 이야기 듣기: "네 이야기를 먼저 듣고 싶어. 무슨 일이 있었는지 말해줄래? 어떤 얘기를 해도 너를 믿고 네 편이 되어줄게."

아이의 반응은 방어적일 수도, 침묵할 수도 있습니다. 서두르지 말고 기다려주세요.

확인해야 할 주요 사항

언제, 어떤 경로로 시작했는가?

단순 시청인지, 직접 제작·공유까지 했는가?

상대방이 실제로 존재하는가?

상대의 의도는 무엇이었는가?

협박이나 추가 요구가 있었는가?

이처럼 세부적인 사실 파악이 전제되어야 과도한 오해를 줄이고 정확한 대응 방안을 세울 수 있습니다. 아이가 이야기하기를 꺼린다면 '나중에라도 이야기해달라'고 말하며 기다려주세요.

전문가의 개입이 필요한 경우는 언제일까?

아이의 상태가 단순한 호기심을 넘어선다면 부모 혼자 해결하기 어렵습니다. 반드시 전문가의 개입이 필요합니다.

- 학업·수면·대인 관계 등 일상에 지장을 줄 정도로 성적 콘텐츠에 몰두할 때

- 낯선 사람과 신체 사진·영상을 교환했을 때

- 협박이나 성 착취 피해가 있었을 때

특히 협박·착취 상황이라면 즉시 경찰 신고와 법적 대응이 필요합니다. 늦게 대처할수록 회복은 어려워집니다.

통제보다 아이와 함께 만드는 안전한 환경

디지털 성적 콘텐츠는 중독성이 강해 재노출을 예방할 수 있는 환경 마련이 필수입니다. 하지만 일방적인 통제는 아이의 반발심을 키우고 숨어서 활동하도록 부추겨 오히려 역효과를 냅니다.

가장 효과적인 방법은 부모가 일방적으로 규칙을 정하는 것이 아니라, 아이와 함께 합리적인 기준을 세우는 것입니다. 예를 들어 이런 규칙을 정할 수 있습니다.

- 기기 사용 시간과 장소를 함께 정하기
- 사용 기록을 부모와 아이가 같이 확인하기
- 유해 사이트 차단 프로그램을 설치하고 정기적으로 업데이트하기

초등학생은 자기 통제력이 아직 미숙합니다. 충동 조절 실패가 잦기 때문에, 부모가 일정한 규칙을 함께 만들고 끝까지 곁에서 지켜주는 것이 현실

453

적이고 책임 있는 방식입니다.

이 위기를 아이의 성장을 위한 기회로 바꾸려면?

이 상황은 아이의 도덕적 실패가 아니라, 무방비 상태로 디지털 세상에 내던져진 아이가 아직 충분히 발달하지 못한 판단력으로 위험한 환경과 마주한 결과입니다. 마치 수영을 배우지 못한 아이가 깊은 물에 빠진 것과 같습니다.

아이들은 충동을 조절하고 결과를 예측하는 뇌의 전두엽이 아직 완성되지 않았고, 클릭 한 번이면 성인 콘텐츠에 닿을 수 있는 환경 속에 있습니다. 이 두 가지가 만났을 때 사고는 언제든 일어날 수 있습니다.

부모의 역할은 비난이 아니라 이해와 보호입니다. '함께 해결하자'는 메시지를 줄 때, 아이는 두려움 대신 신뢰를 선택합니다. 이 경험은 아이가 올바른 성 가치관을 형성하고 자기 존중을 배우는 전환점이 될 수 있습니다. 부모의 지혜로운 대응은 아이 마음속에 안전과 믿음을 심어주며, 이는 앞으로 흔들리지 않는 힘이 됩니다.

아이가 위험한 상황에 놓였을 때, 부모의 침착하고 지혜로운 대응은 성에 대한 건강한 인식을 심어주는 결정적인 순간이 됩니다.

성인과의 부적절한 성적 접촉, 어떻게 대처해야 할까요?

Q 초등학교 6학년 딸아이의 휴대전화를 보다가 충격적인 사실을 알게 됐습니다. SNS를 통해 알게 된 성인과 직접 만나 노래방에서 부적절한 성적 접촉이 있었습니다. 아직 어린 딸아이에게 어떻게 이런 일이 벌어질 수 있는지 이해가 되지 않고, 마음 같아서는 당장 그 사람을 찾아가고 싶지만, 아이를 위해 이성적으로 대처하고 싶습니다.

A 많은 부모가 '우리 아이는 아직 어리니까 괜찮겠지'라고 생각하지만, SNS를 통해 아이들은 쉽게 낯선 사람과 연결됩니다. 초등 고학년부터 중학생 시기는 자아 정체감이 형성되는 시기로, '나를 특별하게 봐주는 어른'에게 쉽게 마음을 열 수 있습니다. 성인 가해자들은 이를 노리고 아이의 심리를 교묘하게 이용합니다. 단순한 훈계보다, 아이가 어떤 위험에 노출됐는지 함께 이해하고, 부모도 배우는 자세로 접근하는 것이 중요합니다.

아이를 위한 즉각적인 보호 조치

1단계: 아이에게 안전감 제공하기

무엇보다 아이가 안전하다고 느낄 수 있도록 보호자로서의 지지를 보여주는 것이 최우선입니다. 이때 가장 중요한 것은 아이를 절대 비난하지 않는 것입니다.

"왜 따라갔어?", "왜 말 안 했어?" 같은 말은 아이를 더 깊은 죄책감과 두려움에 빠지게 합니다. 대신 이렇게 말해주세요.

"네가 얼마나 무서웠을지 상상도 안 돼. 이제 괜찮아. 내가 네 편이야."

"말해줘서 고마워. 잘못한 건 그 사람이야. 너는 아무 잘못도 없어."

2단계: 증거 보존이 최우선

아이의 휴대전화에 남아 있는 문자, 사진, 대화 기록 등은 절대로 삭제하지 마세요. 향후 법적 판단의 중요한 증거가 될 수 있으므로, 스크린숏으로 백업을 만들어두는 것이 필요합니다.

3단계: 전문가와 기관에 즉시 신고하기

가해자와의 직접적인 접촉은 증거 인멸이나 추가 위험을 초래할 수 있으므로, 반드시 전문 기관의 도움을 받아야 합니다. 팁의 '도움받을 수 있는 기관'을 참고하여 경찰서나 아동보호 전문 기관에 즉시 신고하세요. 이후에는 경찰 조사, 의료 지원, 심리상담 연계 등의 절차가 진행되며, 전문가들이 단계마다 필요한 지원을 안내해줍니다.

아이의 마음을 회복시키는 실천 방법

아이가 심리적 외상을 겪지 않도록 아동·청소년 심리상담 전문가의 도움을 받는 것이 필요합니다. 성교육은 단순히 신체의 변화를 설명하는 데 그치지 않고, '내 몸은 소중하며, 누구도 허락 없이 만질 수 없다'는 자기 결정권과 경계 인식을 배우는 과정입니다.

이런 사건을 겪은 아이는 자신의 경계가 침해된 경험으로 인해 수치심이나 자기혐오를 느낄 수 있으므로, 전문적인 심리치료를 통해 안전감과 자기 존중감을 회복하도록 도와야 합니다.

형제자매가 있는 경우 다른 자녀들도 이 상황을 감지하고 불안해할 수 있습니다. 나이에 맞게 상황을 설명하고, 필요시 함께 안전 교육을 받도록 합니다. 예를 들어, 저학년생에게는 "누군가 언니를 괴롭혔는데, 어른들이 잘 지켜주고 있어"라고 간단히 설명하고, 고학년은 상황의 심각성을 조금 더 구체적으로 알려주는 것이 도움이 됩니다.

디지털 성교육, 지금부터 시작해야 할까?

"아이가 너무 어린데 이런 이야기를 해야 할까요?"라는 생각은 더 이상 현실과 맞지 않습니다. 디지털 성범죄는 초등학생에게도 발생하고 있습니다. 아이들과 함께 다음과 같은 주제를 이야기해야 합니다.

- SNS에서 누가 친구 요청을 해도 절대 실제로 만나지 않는다.
- "이건 너와 나만의 비밀이야"라고 말하며 다정하게 대해주는 사람일지라도, 불쾌

하거나 위험한 행동을 요구한다면 즉시 부모나 선생님에게 말한다.

- 불쾌한 말을 듣거나 사진을 요구받으면, 즉시 부모나 선생님에게 말한다.
- 자기 몸은 소중하며, 누구도 허락 없이 만질 수 없고, 거부할 권리가 있다.

상처는 지나가고, 아이는 다시 성장해요

이러한 사건은 부모와 아이 모두에게 깊은 충격과 흔적을 남길 수 있습니다. 그러나 상처는 결코 아이의 전부가 될 수 없으며, 치유와 회복의 길은 분명히 열려 있습니다. 중요한 것은 이 아픈 경험을 통해 다시는 같은 일이 반복되지 않도록 예방하고, 아이가 자신을 지킬 힘과 기준을 배우도록 돕는 것입니다.

전문가의 상담과 치료, 그리고 주변의 지지 속에서 대부분의 아이는 다시 건강한 삶으로 돌아옵니다. 시간이 걸리더라도, 그 과정은 아이가 자신을 존중하고 권리를 지킬 줄 아는 주체적인 사람으로 성장하는 밑거름이 됩니다. 무엇보다 보호자의 변함없는 사랑과 든든한 지지는 아이가 세상 속에서 다시 안전하게 뿌리내릴 수 있는 가장 큰 힘이 됩니다.

법적 보호 장치 및 아동 보호 규정

13세 미만 아동에 대한 성범죄는 특히 성인 가해자일 경우 더욱 엄중하게 처벌되며, 친고죄나 반의사불벌죄가 적용되지 않아 피해자나 보호자의 의사와 관계없이 국가가 반드시 처벌합니다. 또한 공소시효도 적용되지 않아 시간이 지나도 가해자를 처벌할 수 있습니다(「아동·청소년의 성보호에 관한 법률」 등). 이는 우리 사회가 아이들을 보호하기 위해 마련한 강력한 안전장치입니다.

도움받을 수 있는 기관

경찰서 여성청소년과: 112

아동보호 전문 기관: 1577-1391

청소년 사이버상담센터: 1388

디지털성범죄 피해자지원센터: 02-735-8994

아이가 성인과의 위험한 접촉을 경험했을 때, 부모의 침착하고 단호한 대응은 아이의 삶을 지켜주는 결정적인 힘이 됩니다.

랜덤 채팅이나 SNS 채팅을 어디까지 허용해도 괜찮을까요?

Q 초등 5학년 아들이 요즘 평소 취침 시간을 넘겨 스마트폰으로 누군가와 채팅하는 모습을 자주 봅니다. 물어보니 "랜덤 채팅으로 외국에 사는 친구도 사귀고 재밌어요"라고 하더라고요. 아이가 즐거워하는 것을 막고 싶지는 않지만, 한편으로는 걱정도 됩니다. 직접 만나는 것만 아니면 괜찮지 않을까요? 제가 너무 예민하게 반응하는 걸까요?

A 스마트폰 속 작은 화면에서 벌어지는 일들이 때로는 현실보다 더 큰 영향을 미칩니다. 아이들은 이 공간에서 친구를 사귀고 관심사를 나누며 새로운 세상을 탐험하지만, 그 뒤에는 부모가 모르는 위험한 함정이 숨어 있습니다. 결론부터 말하자면, '직접 만나지 않으면 안전하다'는 생각은 위험합니다. 온라인 공간 자체에서도 이미 심각한 피해가 발생할 수 있기 때문입니다.

랜덤 채팅, 그 달콤한 유혹의 정체

랜덤 채팅은 버튼 하나로 전 세계 낯선 사람과 즉시 연결되는 서비스입니다. 텍스트, 음성, 영상까지 다양한 방식으로 소통할 수 있어 아이들에게는 흥미진진한 모험처럼 느껴집니다. 이 서비스가 아이들을 사로잡는 이유는 다음 세 가지 매력 때문입니다.

낯선 사람과의 즉각적인 연결: 새로운 사람과 바로 대화할 수 있다는 점이 아이들에게 강한 호기심을 자극합니다.

익명성의 해방감: 실명을 밝히지 않고 자유롭게 자신을 표현할 수 있다는 점은, 늘 평가받는 환경에 있는 아이들에게 해방감을 줍니다.

예측 불가능성의 기대감: 어떤 사람이 나타날지 모른다는 긴장과 기대는 서비스를 끊기 어렵게 만듭니다.

초등학생도 쉽게 접근하는 채팅 앱의 종류

현재 초등학생들도 접근할 수 있는 대표적인 플랫폼은 다음과 같습니다.

Chatroulette(챗룰렛): 가장 오래된 영상 랜덤 채팅 서비스. 성인 전용을 표방하지만 연령 인증이 허술해 청소년 유입이 많습니다.

OmeTV(오메티비): 자동 번역 기능으로 외국인과의 대화가 쉬워 '영어 공부'라는 명목으로 사용되지만, 부적절한 콘텐츠 노출 위험이 큽니다.

Azar(아자르): 얼굴을 보고 매칭이 이루어져 시각적 자극이 강하며, 외모 평가 문화에 노출되기 쉽습니다.

Monkey(몽키): 10대 사이에서 인기가 많지만, 성인이 10대로 가장해 접근하는 경우가 빈번합니다.

게임 내 채팅 기능(로블록스, 마인크래프트 등)도 주의가 필요합니다. 게임이라는 안전한 느낌 때문에 경계를 늦추기 쉽고, 개인적인 대화로 유도되는 경우가 많습니다.

랜덤 채팅이 위험한 이유

랜덤 채팅의 위험은 단순히 '나쁜 사람'만의 문제가 아닙니다. 자신을 지키는 경계를 배우지 못한 상태에서 예상치 못한 상황에 노출되는 것 자체가 위험합니다. 낯선 상대가 친근하게 다가왔다가 갑자기 성적인 요구를 하거나 사진·영상 노출을 유도할 수 있습니다. 초등학생은 '싫다'고 말하는 것이 상대를 화나게 할까봐 걱정하거나, 어른이 시키는 것이니 해야 하는 줄 알고 응하는 경우도 있습니다.

'몸캠피싱'이나 온라인 그루밍을 통해 성적인 사진이나 영상을 빌미로 돈이나 추가 노출을 요구하는 디지털 성 착취 범죄가 발생할 수 있으며, 유출된 자료는 인터넷에 영구적으로 남아 평생 트라우마를 남길 수 있습니다.

SNS 채팅, 친근함 뒤에 숨은 위험

인스타그램 DM, 페이스북 메신저, 틱톡 DM, 스냅챗, 카카오톡 오픈채팅 등은 아이들이 일상적으로 사용하는 플랫폼 안에 있어 더 교묘하고 은밀한 위험을 안고 있습니다. 또래처럼 꾸민 프로필과 공통 관심사를 통해 접근하며, 선물 제안이나 친근한 대화로 경계를 무너뜨립니다. 이는 그루밍 범죄로 발전할 수 있으며, 아이는 심리적으로 조종당하게 됩니다.

아이에게 먼저 묻고 들어보세요

가장 중요한 것은 아이의 몸과 마음을 지킬 권리에 대해 평소에 이야기하는 것입니다. "절대 하지 마"라는 일방적 금지보다는 개방형 질문으로 시작하세요.

"혹시 친구들이랑 랜덤 채팅 얘기해본 적 있어? 엄마(아빠)는 그런 앱이 좀 걱정되는데, 너는 어떻게 생각해?"

"요즘 친구들이 많이 쓰는 앱이 있어? 엄마(아빠)도 알고 싶은데."

"채팅하다가 불편했던 적 있어? 그럴 땐 어떻게 했어?"

연령별 접근법

초등 저학년(1~3학년): '모르는 사람과 이야기할 때는 꼭 엄마·아빠에게 먼저 말하기', '내 사진이나 정보는 절대 함부로 보여주면 안 되는 것' 같은 구체적이고 간단한 규칙을 정해주세요.

초등 고학년(4~6학년): '온라인에서 만난 사람이 아무리 친절해도 실제로는 다른 사람일 수 있다', '불편한 요청을 받으면 언제든 부모에게 말해도 된다'는 점을 강조하며, 실제 사례를 들어 설명해주세요.

아이가 왜 이런 서비스를 사용하는지 먼저 묻고 들어야 합니다. 호기심인지, 외로움인지, 또래 압력인지 이유를 파악해야 적절한 대안을 제시할 수 있습니다. "친구가 없어서", "심심해서"라고 한다면, 학교 활동이나 가족과의 소통 시간을 늘리는 것이 도움이 됩니다.

기기와 계정을 관리해주세요

iOS(아이폰): 스크린타임 기능을 통해 앱 설치와 사용 시간을 제한할 수 있습니다. '항상 허용 안 함' 설정을 활용하면 특정 앱의 사용을 완전히 차단할 수 있습니다.

안드로이드: Google Family Link를 통해 보호자가 아이의 스마트폰 사용을 종합적으로 관리할 수 있습니다. 앱 설치 승인, 사용 시간제한, 위치 확인 등이 가능합니다.

SNS 설정: 아이의 SNS 계정을 반드시 비공개로 전환하고, 낯선 사람의 메시지 수신을 제한하는 기능을 활성화하세요. 팔로워 목록에 낯선 계정이 있다면 즉시 삭제하도록 지도하세요.

초등학생의 경우, 설정을 함께 확인하며 '왜 이렇게 설정하는지' 이유를 설명해 주세요. 금지가 아닌 보호를 위한 선택임을 이해시키는 것이 중요합니다.

아이의 행동에서 위험 신호를 알아채는 법

- 채팅 기록을 반복적으로 삭제하거나, 밤늦게 이어폰을 끼고 비밀스러운 대화를 지속하는 경우
- SNS에서 알 수 없는 팔로워나 메시지가 갑자기 증가하는 경우

- 성적인 단어 사용, 나이에 맞지 않는 성적 지식, 스마트폰 사용 후 불안하거나 위축된 모습

특히 금전 요구, 오프라인 만남 제안, 협박성 메시지를 받았다고 호소한다면 즉각적인 개입이 필요합니다. 이때는 아이를 비난하기보다는 용기 있게 말해준 것에 대해 고마워하며 함께 해결책을 찾아야 합니다.

부모는 디지털 세상의 든든한 동반자입니다

랜덤 채팅과 SNS 채팅은 청소년에게 새로운 만남과 자극을 제공할 수 있지만, 동시에 예상치 못한 위험을 안고 있습니다. 특히 초등학생에게는 그 세계가 지나치게 이르고, 때로는 해로운 경험이 될 수 있습니다.

부모는 단순한 감시자가 아닌, 아이와 함께 이 길을 걸어가는 든든한 동반자가 되어야 합니다. '너의 몸과 마음은 세상 무엇보다 소중하며, 그것을 지킬 권리가 너에게 있다'는 메시지를 반복해서 전해주세요.

아이들은 올바른 정보와 부모의 지속적 대화, 보호 속에서 자신을 지키는 힘을 키웁니다. 부모가 함께 배우며 디지털 규칙을 나누고 실천하면, 아이는 온라인 공간에서도 자기 몸과 마음, 그리고 사생활을 존중하고 지켜낼 힘을 배우게 됩니다.

아이가 랜덤 채팅과 SNS 채팅을 통해 새로운 세상을 탐험할 때, 부모의 관심과 지혜로운 안내는 아이를 위험에서 지켜주는 가장 강력한 보호막이 됩니다.

아들의 게임 채팅창이
야한 것투성이예요

Q "여자친구 해줄래?", "우리 방에서 만나자."

초등학교 6학년 아들이 로블록스 게임을 하던 중 채팅창에 이런 메시지가 계속 올라오는 걸 봤습니다. 아이는 "그냥 장난이에요. 친구들도 다 받아요"라고 했지만, 요즘 친구들과 '꼴리다', '몸매 좋다' 같은 말을 아무렇지 않게 쓰는 걸 보면 걱정됩니다. 어디서 배웠냐고 물으니 '게임에서 다들 쓰는 말'이라고 하네요.

A 아이들의 게임 속 채팅창에서 성적인 대화가 오가는 것은 이제 일부 아이들의 '장난'으로만 치부할 수 없는 심각한 문제입니다. 오늘날 아이들에게 온라인 게임은 단순한 오락거리를 넘어 자신을 표현하고 관계를 맺는 중요한 사회적 공간이 되었지만, 이 디지털 놀이터에는 부모들이 미처 알지 못하는 위험이 도사리고 있습니다.

아바타와 채팅창에 숨어 있는 위험

사용자가 만든 위험한 콘텐츠: 로블록스나 마인크래프트 같은 게임은 누구나 맵이나 게임을 만들 수 있습니다. 일부 사용자들이 성적 행위를 묘사하거나 암시하는 콘텐츠를 제작하면서, 겉보기엔 평범해 보여도 아이들이 감당하기 어려운 내용이 숨어 있을 수 있습니다.

아바타로 시작되는 성적 노출: 캐릭터 꾸미기는 아이들에게 큰 재미지만, 선정적인 의상이나 포즈를 선택할 수 있는 옵션들이 무분별하게 제공되면서 과도한 성적 이미지에 노출되기도 합니다.

채팅창에서 오가는 위험한 대화: 실시간 채팅은 게임의 재미를 높이는 기능이지만, 동시에 성적 농담, 유혹적인 메시지, 부적절한 만남 제안 등이 자연스럽게 오가며 아이들이 이를 그대로 받아들이거나 따라 하게 됩니다.

놀이로 포장된 가상 연애: '커플 되기', '가상 결혼하기' 같은 역할극은 순수한 놀이처럼 보이지만, 점차 성적인 내용으로 발전하면서 사랑과 친밀감에 대한 왜곡된 인식을 심어줄 수 있습니다.

게임 속 성적 위험이 만연한 이유

이런 문제는 단순히 일부 사용자의 일탈 때문만은 아닙니다. 게임 구조 자체에도 원인이 있습니다. 게임업체들은 더 많은 사용자를 확보하기 위해 연령 확인 절차를 형식적으로만 운영하고, 콘텐츠 검열도 제한적입니다. 실시간으로 쏟아지는 대화와 콘텐츠를 일일이 모니터링하기는 어렵고, '자유로운 표현'이라는 이유로 성적 콘텐츠의 경계가 모호해지고 있습니다.

또한 익명성이 보장되는 온라인 환경에서는 현실보다 부적절한 행동에 대한 심리적 제약이 낮아, 성인들이 아동에게 접근하는 때도 있습니다.

놀이처럼 시작된 자극이 아이에게 미치는 영향

발달 단계에 맞지 않는 성적 자극에 너무 이르게 노출되면, 성에 대한 올바른 이해가 자리 잡기 전에 왜곡된 인식이 먼저 형성될 수 있습니다. 이는 성을 단순한 자극이나 놀이로 받아들이게 만들고, 관계 속에서 책임감이나 상호 존중의 개념을 희미하게 합니다.

또한 반복적인 노출은 외모를 성적으로 평가하거나 자신과 타인을 성적 대상으로 인식하게 만들 수 있습니다. 원치 않는 성적 메시지나 상황에 노출된 아이는 불안, 수치심, 혼란을 겪을 수 있으며, 이를 혼자 감당하려 할 경우 심리적 후유증으로 이어질 수 있습니다.

아이의 행동 변화에 유의하세요

많은 부모는 게임을 단순한 놀이로 인식합니다. 아이가 집에서 안전하게 게임을 하고 있으니 별다른 위험이 없다고 생각하기 쉽죠. 하지만 온라인 게임은 수많은 사람이 실시간으로 상호작용을 하는 사회적 공간입니다. 그 안에서는 성적인 대화나 부적절한 콘텐츠가 자연스럽게 오갈 수 있습니다.

부모 세대와 자녀 세대 간의 디지털 경험 차이도 큽니다. 최신 게임은 기능이 다양하고 구조도 복잡해 직접 해보지 않으면 그 안에서 어떤 일이 벌어지는지 파악하기 어렵습니다.

게다가 아이들은 부모의 간섭을 피하려는 경향이 있습니다. 부끄럽거나 문제가 될 만한 상황을 겪었을 때는 더 숨기려 하죠. 이런 이유로 부모는 아이가 겪는 위험을 제때 알아채지 못할 수 있습니다.

주의해야 할 행동 변화

- 갑자기 게임 시간을 숨기려 하거나 화면을 가리는 행동
- 게임 관련 대화를 피하거나 예전보다 말수가 줄어드는 경우
- 갑자기 성적인 단어나 표현을 사용하기 시작하는 경우
- 친구들과의 현실 관계보다 게임 속 관계에 더 몰입하는 모습

아이를 지키기 위해 이렇게 하세요

아이의 디지털 세계 이해하기

아이가 즐기는 게임을 직접 경험해보세요. 어떤 기능이 있는지, 채팅은 어떻게 이루어지는지 확인하는 것이 아이의 안전을 위한 첫걸음입니다.

게임을 주제로 대화하기

"오늘 게임에서 재미있는 일 있었어?"처럼 가벼운 질문이나, "혹시 누가 너를 불편하게 하거나 이상한 말을 한 적은 없었니?"처럼 구체적인 질문이 좋습니다. 아이가 언제든 이야기할 수 있다는 신뢰를 쌓는 것이 중요합니다.

성적 자기 결정권과 경계 존중 가르치기

온라인에서도 '싫다'고 말할 권리가 있다는 점을 분명히 알려주세요. 원하지

469

않는 아바타 포즈나 채팅, 만남 요청은 단호히 거절할 수 있어야 합니다. 누군가 불편하게 하거나 성적인 요구를 한다면 즉시 부모에게 알려야 한다는 점도 함께 교육해야 합니다.

개인정보나 사진을 온라인상에서 절대 공유하지 않도록 구체적인 안전 수칙도 반복적으로 강조해주세요.

기술적 보호막 설치하기

대부분의 게임과 기기에는 채팅 기능 제한, 이용 시간 설정, 부적절한 콘텐츠 차단 등의 보호 기능이 마련되어 있으니 적극 활용하세요. 기술적 장치가 모든 문제를 해결하지는 않지만, 기본적인 보호막 역할은 할 수 있습니다.

게임을 금지하기보다 함께하는 게 더 중요해요

게임은 창의성과 협력, 회복탄력성을 키우는 긍정적인 도구가 될 수 있습니다. 핵심은 '차단'이 아니라 '동행'입니다. 아이들이 걷고 있는 디지털 세계를 진심으로 이해하려 노력하고, 일상에서 자연스럽게 대화가 흐르는 관계를 만들어가야 합니다.

부모는 세상을 향한 문을 걸어 잠그는 존재가 아니라, 그 세계를 함께 탐험하며 위험을 알려주고, 넘어졌을 때 손을 내밀어주는 든든한 동반자입니다.

아이가 게임 속 성적인 콘텐츠에 노출됐을 때, 부모가 함께 이해하고 동행해주는 태도가 아이의 안전을 지켜줍니다.

아이가 음란 채팅을 했는데, 학교에서 '변태'로 소문이 났어요

Q 초등학교 6학년 아이가 온라인에서 음란한 채팅을 주고받았고, 그 대화가 캡처돼 친구에게 전달된 뒤 SNS에 퍼졌습니다. 학교 전체에 소문이 퍼지면서 아이는 방에 틀어박혀 등교를 거부하고 있습니다. 성에 대한 생각을 어디서부터, 어떻게 바로잡아야 할지 모르겠습니다.

A 이런 사건은 디지털 성 문제의 대표적인 사례입니다. 코로나 이후 디지털 기기가 아이들의 일상에 깊이 들어왔지만, 부모 세대는 그 속도를 따라가지 못하고 있습니다. 과거엔 성이 숨겨야 할 주제였다면, 지금 아이들은 훨씬 개방된 성문화 속에서 자라고 있습니다.

따라서 단순히 혼내는 방식으로는 해결되지 않습니다. 아이가 어떤 위험에 노출됐는지, 부모가 얼마나 지키고 싶은 마음인지 솔직하게 이야기하는 것이 시작입니다. 부모도 함께 배우는 자세로 접근해야 아이에게 실질적인 도움이 됩니다.

디지털 성 문제의 흔한 발생 경로

이 사례는 '음란 채팅 → 캡처(동의 없는 기록) → 유포(2차 가해)'라는 디지털 성 문제의 전형적인 경로를 보여줍니다. 온라인 공간은 익명성, 쉬운 접근, 빠른 확산이라는 특징으로 아이들의 호기심을 자극하면서도 큰 위험을 안고 있습니다.

음란 채팅은 대부분 음란물 노출에서 시작됩니다. 처음엔 단순한 호기심이지만, 점차 수위가 높아지면서 성적 대화나 사진 요구 등으로 이어질 수 있습니다. 이런 자극은 아이의 성 가치관과 자존감에 장기적으로 영향을 줄 수 있습니다.

아이들은 '이 정도는 괜찮겠지'라고 생각하지만, 실제로는 성범죄에 연루되거나 깊은 상처를 받을 위험이 큽니다. 특히 왜곡된 성 인식은 인간관계 방식과 자존감에 지속적인 영향을 미칠 수 있습니다.

혼내기보다 먼저 해야 할 일

감정을 그대로 쏟아내면 아이는 마음을 닫고 더 깊이 숨게 됩니다. 이미 두려움과 수치심 속에 위축된 아이에게 가장 필요한 것은 '부모는 여전히 내 편'이라는 확신입니다. "그때 어떤 마음이었니?", "지금은 어떤 기분이니?", "앞으로는 어떻게 하고 싶니?"처럼 열린 질문을 건네보세요.

행동은 잘못되었지만, 존재 자체는 소중하다는 메시지를 분명히 전해야 합니다. 초등학교 6학년이라면 자신의 행동이 다른 사람에게 어떤 영향을 주는지, 그에 대한 책임은 무엇인지 배워야 할 나이입니다. 이해와 공감은 아이가 행동의 의미를 깨닫고 책임 있는 주체로 성장하도록 돕는 토대가 됩니다.

이후에는 환경을 바꾸는 실질적인 조치가 필요합니다. 아이의 성 관련 콘텐츠 접근 경로를 파악하고, 기기 사용 시간과 장소를 함께 정하세요. 단순히 "하지 마"라고 막는 것보다 운동, 취미, 가족과의 시간을 통해 아이의 에너지가 건강한 방향으로 흐르도록 돕는 것이 훨씬 효과적입니다.

아이가 피해자이자 가해자인 경우 할 일

이 사례에서 아이는 부적절한 대화를 했지만, 동시에 동의 없이 대화 내용이 캡처되고 유포된 피해자이기도 합니다. 디지털 성 문제는 가해와 피해가 교차하는 경우가 많습니다.

먼저, 아이가 한 행동에 대한 책임을 인정하는 것부터 시작해야 합니다. 아이 스스로 짧고 명확하게 사과와 견해를 밝히는 연습을 해보세요. 예를 들어, "내가 잘못했어. 반성하고 있어. 다시 안 할게. 불편하게 해서 미안해. 그런데 소문이 너무 과장됐어, 나도 힘들어"처럼 말할 수 있습니다.

동시에, 동의 없이 대화 내용을 캡처하고 유포한 것은 명백한 2차 가해입니다. 이미 유포된 내용이 있다면, 증거를 보존하고 해당 SNS나 플랫폼에 삭제를 요청해야 합니다. 필요하다면 학교 상담교사나 전문 기관의 도움을 받을 수 있습니다.

상황이 심각하다면 법적 절차를 밟아야 합니다. 초등생의 경우 부모가 대리 신고할 수 있으며, 청소년 보호법이 적용될 수 있으니 전문가 상담을 우선으로 하세요. 아이가 원치 않는다면 강요하지 말고, 왜 이런 조치가 필요한

지 차분하게 설명하고 설득하는 과정이 필요합니다.

또한, 대화 상대와 소문을 퍼뜨린 친구들도 같은 또래 아이들이라는 점을 기억해야 합니다. 이들 역시 디지털 공간에서의 적절한 행동과 경계를 배우는 과정에 있습니다. 가능하다면 학교와 협력하여 학부모 상담, 학급 단위 교육, 또래 관계 회복 프로그램 등을 통해 관련된 모든 아이가 이번 사건을 통해 배울 수 있도록 하는 것이 좋습니다.

이 사건을 '성장 경험'으로 바꾸려면

부모가 아이에게 전해야 하는 메시지는 이것입니다.

"네가 한 행동은 잘못되었지만, 너라는 사람의 가치는 변하지 않아. 실수는 누구에게나 일어나는 일이고, 진짜 중요한 것은 이 경험을 통해 어떤 사람으로 성장하느냐야."

이 메시지를 바탕으로 단계별 접근이 필요합니다.

- 첫 번째, 아이가 자기 행동이 가진 의미와 영향을 분명히 이해하고, 진심으로 돌아볼 수 있도록 돕습니다.
- 두 번째, 피해를 본 측면에 대해서는 적절한 조치를 취하고, 아이에게도 보호받을 권리가 있음을 알려줍니다.
- 세 번째, 건강한 성 가치관과 디지털 환경에서의 올바른 시민의식을 함께 배우고 키워갑니다.
- 네 번째, 친구 관계를 회복하고 학교생활에 다시 적응할 수 있도록 꾸준히 곁에서 응원하고 지지합니다.

이번 경험을 통해 아이가 책임감을 배우고 성숙한 가치관을 세워간다면, 이 사건은 위기를 넘어 성장의 계기가 될 수 있습니다. 부모는 아이의 잘못을 바로잡아주는 안내자이면서도, 힘들 때 언제든 기댈 수 있는 든든한 안식처가 되어주어야 합니다.

아이가 디지털 성 문제로 상처받았을 때, 부모의 이해와 동행이 아이를 다시 일으켜 세우는 힘이 됩니다.

사진 한 장이 범죄가 되는 시대, 디지털 성교육은 어떻게 해야 할까요?

Q 아이가 학원에서 본인의 생식기 사진을 찍어 친구에게 전송했다고 합니다. 사진을 받은 친구의 부모가 학원에 연락하면서 상황이 알려졌고, 사진을 찍을 때 다른 친구들도 함께 있었다고 합니다. 아이들은 다 같이 웃고 장난치는 분위기였다고 하는데, 도대체 이해되지 않습니다. 다른 친구들이 보는 앞에서 생식기를 찍다니요….

A 이런 일은 실제로 우리 주변에서 벌어지고 있습니다. 부모는 "이건 범죄야!"라며 화를 내지만, 정작 아이들은 왜 잘못된 것인지 정확히 이해하지 못합니다. 그렇다면 부모는 어떻게 해야 할까요?

디지털 네이티브 세대에게 성교육이 더 어려운 이유

초등학생의 96% 이상이 스마트폰을 사용하고 있으며, 알파 세대에게 디지털 기기는 숨 쉬듯 자연스러운 존재입니다. 얼굴을 마주하고 대화하기보다 SNS, 메시지, 사진으로 소통하는 것이 더 익숙하죠. 문제는 이 '자연스러움'이 아이들을 법적 위험에 노출하고, 되돌릴 수 없는 상황을 만들 수 있다는 점입니다.

아동은 성장 과정에서 신체 변화에 대한 호기심을 갖습니다. 과거에는 이러한 호기심이 제한적으로 드러났지만, 지금 아이들은 디지털 기기를 통해 즉각적이고 시각적으로 표현합니다. 장난처럼 찍은 사진 한 장이 인터넷 공간에 올라가는 순간, 그것은 단순한 놀이가 아닌 평생 지울 수 없는 기록으로 남게 됩니다.

디지털 환경에서 장난의 무게

아이들은 신체 호기심을 '그저 장난'으로 표현하지만, 디지털 환경에서 그 장난의 무게는 훨씬 심각합니다. 한 번 전송된 사진은 완전히 통제할 수 없으며, 당사자가 아닌 제3자가 불편을 느낀다면 그것만으로도 폭력이 될 수 있습니다.

서울의 한 초등학교 3학년 여학생이 친구에게 자기 몸 사진을 보냈다가, 그 사진이 유포되어 극심한 수치심 끝에 전학까지 가야 했던 사례가 있습니다. 이 사진은 중학교에 진학한 후에도 다시 떠돌았고, 한순간의 장난이 아이의 여러 해를 망쳐버렸습니다.

화를 내기보다 제대로 알려주세요

부모가 화부터 내면, 아이는 '왜 잘못했는지'보다 '혼난 기억'만 남기게 됩니다. 그 결과 문제를 숨기고 같은 실수를 반복할 가능성이 커집니다.

"엄마가 화낸 건 놀라고 걱정돼서야. 네가 나쁜 아이여서가 아니야. 하지만 꼭 알아야 할 게 있어"처럼 대화를 시작해보세요. 아이의 방어심이 풀리고, 부모와 함께 문제를 정리할 수 있습니다.

성 관련 장난, 언제 어디서든 절대 금지입니다

친한 친구 사이에서도 성과 관련된 장난이나 놀이는 상황과 관계없이 명확하게 금지되어야 합니다. 아이들은 이론적으로는 알고 있지만, 실제 상황에서는 분위기에 휩쓸려 판단이 흔들릴 수 있습니다.

중요한 것은 이런 장난이 '어떨 때는 괜찮고 어떨 때는 안 되는 것'이 아니라, 언제 어디서나 명확한 금지 사항이라고 반복적으로 알려주는 것입니다.

상황별로 달라지는 부모의 대응 방법

우리 아이가 사진을 보낸 경우

순간적인 호기심이나 장난일 수 있지만, 이는 심각한 범죄 행위가 될 수 있음을 명확히 알려주어야 합니다. 아이를 무조건 비난하기보다 왜 이 행동이 피해를 주는지 차분히 이해시키고, 재발되지 않도록 상황을 온전히 정리해주는 것이 필요합니다.

우리 아이가 사진을 받은 경우

아이가 어떤 감정을 느꼈는지 먼저 물어보고, 불편했다면 그 감정이 정당하다는 것을 알려주세요. 즉시 삭제하고, 필요하다면 상대 부모와 대화할 수 있음을 알려줍니다.

우리 아이가 목격한 경우

웃고 있었더라도 실제로는 불편할 수 있었음을 인정해주고, 다음에 비슷한 일이 생기면 어른에게 알리는 것이 용기 있는 행동임을 알려줍니다.

아이에게 꼭 던져야 할 질문과 전달해야 할 메시지

질문: "그 순간 함께 있던 친구들이 모두 괜찮다고 느꼈는지 어떻게 확신할 수 있을까? 괜찮다고 말했지만, 속마음은 달랐을 수도 있지 않을까?"

네 가지 핵심 메시지

- 성기 사진을 찍거나 보내는 것은 법으로 금지된 행동이며, 때에 따라 법적 처벌을 받을 수 있다.
- 자기 몸을 찍은 사진이나 영상은 누구에게도, 가장 친한 친구에게도 절대 공유해서는 안 된다.
- 디지털 공간은 장난의 장소가 아니며, 사진과 영상은 한 번 전송되면 되돌릴 수 없다.
- 궁금한 것이 생기면 인터넷 대신 부모나 믿을 수 있는 어른에게 물어보면 안전하게 알 수 있다.

연령별로 달라지는 성교육 접근법

초등 저학년

친구가 웃고 있다고 해서 반드시 기분이 좋은 것은 아니라는 점을 알려주세요. 겉으로 보이는 모습이 전부가 아닐 수 있음을 설명하고, "만약 이런 일이 생긴다면 어떻게 해야 할까?"처럼 다양한 상황을 가볍게 던져주며 미리 생각해볼 기회를 주세요.

초등 고학년

타인의 감정보다 자신의 이미지와 평판에 더 민감해지는 시기입니다. "이런 행동을 한 아이라고 소문나면 친구들이 너를 어떻게 볼까?", "나중에 중학교에 가서 이 일이 알려지면 어떨 것 같아?"처럼 구체적으로 이야기해주세요.

가정에서 실천할 수 있는 디지털 성교육 예방 전략

예방은 교육과 관리가 함께 이루어질 때 효과적입니다. 먼저 가정 내에서 기기 사용 규칙을 세우는 것이 필요합니다. 사용 시간과 목적, 대상을 정하고, 사진이나 영상을 촬영할 때는 부모 허락을 받도록 합니다. SNS나 메신저의 사용 대상도 제한하며, 사용 후에는 어떤 활동을 했는지 간단히 확인하는 습관을 들입니다.

성교육은 사건이 생겼을 때만 하는 것이 아니라, 일상에서 반복적으로 이뤄져야 합니다. 몸의 사적 영역, 좋은 터치와 나쁜 터치, 개인정보와 사진 사용의 안전 수칙 등을 주제별로 나누어 주기적으로 알려주는 것이 좋습니다.

상대 부모와 함께 문제를 해결하는 방법

이런 일이 발생했을 때 상대 부모와의 대화는 최대한 차분하게, 사실 위주로 전달해야 합니다. "아이들이 장난으로 신체 사진을 주고받았습니다. 우리 아이가 먼저 제안했지만, 두 아이 모두 교육이 필요하다고 생각합니다"처럼 말하면 불필요한 오해를 줄이고 협력적인 분위기를 만들 수 있습니다. 그 후에는 사진이 완전히 삭제되었는지, 클라우드나 단체 채팅방 등에 저장된 것은 없는지 확인하고, 가능하다면 두 가정이 함께 학교 상담실이나 전문 상담 기관을 통해 후속 교육을 받는 것도 좋습니다.

아이 스스로 안전한 선택을 할 수 있도록 도와주세요

성교육은 아이가 위험을 인식하고 안전한 선택을 하도록 돕는 것입니다. "왜 그랬니?", "다른 사람은 어떻게 느꼈을까?", "앞으로는 어떻게 해야 안전할까?"와 같은 질문을 통해 아이가 스스로 답을 찾게 해주세요.
이후에는 친구에게 사과하도록 돕되, 아이가 과도한 죄책감을 느끼지 않도록 세심히 배려해야 합니다. 호기심은 성장 과정의 자연스러운 일부입니다. 그러나 그 호기심이 위험과 만나지 않도록 부모가 안전한 탐구의 길을 열어주는 것이 진짜 성교육입니다.

디지털 성교육은 아이가 장난과 범죄의 경계를 인식하고, 스스로 책임 있는 행동을 선택할 수 있도록 돕는 부모의 꾸준한 대화와 안내로 이루어져야 합니다.

'내 휴대전화는 내 것'이라는 아이, 어디까지 개입해야 할까요?

Q 초등학교 4학년이 된 아이에게 스마트폰을 사주었습니다. 그런데 아이는 '내 휴대전화는 내 것'이라며 비밀번호를 알려주지 않고, 혼자 방에서만 사용하려 합니다. 아이의 프라이버시를 존중해야 한다는 생각은 들지만, 부모로서 어디까지 개입하고 어떻게 관리해야 할지 기준을 잡기가 어렵습니다. 아이와 갈등 없이 스마트폰을 안전하게 관리할 수 있는 명확한 원칙과 실천 방법이 궁금합니다.

A 이런 고민은 많은 부모가 겪는 공통된 문제입니다. 결론부터 말하자면, 초등학생 시기에는 '완전한 프라이버시'보다 '안전한 사용 습관 형성'이 우선입니다. 특히 온라인 공간에서는 성적 콘텐츠 노출이나 사이버 위험이 쉽게 발생할 수 있어, 부모의 적극적인 관리가 필요합니다. 스마트폰은 아이의 개인 물건이 아니라, 함께 관리해야 할 사회적 도구라는 인식을 갖는 것이 중요합니다.

스마트폰은 함께 관리하는 사회적 도구입니다

많은 부모가 스마트폰을 아이의 '개인 소유물'로 여기지만, 스마트폰은 다양한 콘텐츠와 사람을 연결하는 사회적 도구입니다. 단순한 소유를 넘어선 만큼, 부모가 명확한 기준 없이 아이에게 전적으로 맡긴다면 디지털 위험에 쉽게 노출될 수 있습니다.

기기를 건네줄 때는 편리함뿐 아니라 규칙과 책임도 함께 가르쳐야 합니다. "스마트폰은 가족이 함께 관리하는 도구야"라는 인식을 분명히 하고, 아이와 신뢰를 기반으로 대화해야 합니다. 이는 통제가 아니라 부모와 아이가 함께 배우고 성장하는 과정입니다.

'내 휴대전화는 내 것'이라고 주장하는 아이에게는 이렇게 말해보세요.

"네가 안전하게 사용할 수 있다는 걸 보여주면, 우리도 점점 더 믿고 맡길 수 있어. 지금은 그 사용법을 배우는 시간이야. 책임감 있게 사용하는 모습을 보여주면, 나중에는 네가 원하는 대로 더 자유롭게 사용할 수 있을 거야."

프라이버시, 지금은 '책임 있는 사용'이 먼저입니다

아이들은 "내 휴대전화는 내 거야. 프라이버시를 존중해!"라고 말할 수 있습니다. 하지만 초등학생은 아직 자기 보호 능력과 판단력이 충분히 발달하지 않았기 때문에, 성인과 같은 수준의 프라이버시보다는 안전이 우선되어야 합니다.

온라인 공간에서는 성적 위험뿐 아니라 사이버 폭력, 과도한 사용 등 다양한 문제가 발생할 수 있습니다. 친구들 사이에서 욕설, 따돌림, 집단 괴롭힘이 온라인에서 쉽게 일어날 수 있고, 게임이나 SNS에 몰입하면서 수면 부족, 학습 태도 저하, 사회적 관계 단절 같은 부작용도 나타날 수 있습니다. 이런 위험은 아이 혼자 감당하기 어렵기 때문에, 부모의 적극적인 개입과 지도가 필요합니다. 프라이버시는 성장 과정에서 점차 넓혀가야 할 권리입니다. 초등 저학년 때는 부모가 항상 함께 사용하고, 고학년 때는 기본 규칙을 지키는 범위 내에서 점진적으로 자율성을 확대해나가는 것이 적절합니다.

부모가 기기 사용 내역을 확인하는 것은 사생활 침해가 아니라, 아이를 위험으로부터 보호하는 책임 있는 양육입니다. 진정한 프라이버시는 책임 있는 사용 습관을 익힌 이후에 비로소 누릴 수 있습니다.

부모가 비밀번호를 알고 있다는 것은 '감시'가 아니라 '안전장치'입니다. 스마트폰 사용을 허락하는 순간부터 최종 관리 권한은 부모에게 있어야 합니다. 이는 단순히 소유의 문제가 아니라, 사용 시간·앱 설치·인터넷 접속·친구 관계까지 안전장치를 마련한다는 의미입니다.

우리 가족 디지털 사용 규칙, 이렇게 세워보세요

항목	규칙 내용
사용 시간	숙제·독서·가족 대화가 우선이며, 평일 1시간, 주말 2시간 등 가족 상황에 맞게 설정
사용 장소	침실이 아닌 거실 등 공용 공간에서 사용
기기 점검	부모가 언제든 기기를 확인할 수 있으며, 비밀번호는 공유하고 앱 설치는 사전 승인 필요

온라인 태도	욕설·비하·따돌림 금지, 개인정보 보호, 낯선 접근·'비밀' 요구는 즉시 부모에게 알리기
부모-아이 약속	규칙은 함께 정하고, 가족회의로 결정하며, 서명하거나 포스터로 붙여 두면 효과적

부모는 사랑과 책임으로 권한을 행사해야 합니다

온라인 세계는 아이에게 많은 기회를 제공하는 동시에 여러 가지 위험도 안겨 줍니다. 부모는 '아이가 알아서 하겠지'라는 태도를 버리고, 책임 있는 보호자의 역할을 해야 합니다.

부모가 아이의 기기를 관리하고, 함께 규칙을 만들어 지켜나갈 때 아이는 점차 자기 주도적이고 책임감 있는 디지털 시민으로 성장합니다. 무엇보다 중요한 것은 성적 위험 상황에 대비한 '안전 대화'를 꾸준히 이어가는 것입니다.

예를 들어 "누군가 내 몸 사진을 요구하면 어떻게 해야 할까?", "불쾌한 성적 농담을 들으면 누구에게 알려야 할까?"와 같은 질문을 통해 아이가 스스로 대처법을 익히도록 돕는 것이 필요합니다. 이러한 대화는 아이가 실제 상황에서 흔들리지 않고 안전하게 대응하는 힘을 길러줍니다.

이러한 노력을 통해 아이는 단순히 스마트폰을 관리하는 법뿐 아니라, 건강한 관계를 맺고 자신을 보호하는 법을 배우게 됩니다. 부모의 관심과 일관된 실천이 아이를 안전한 디지털 세상으로 안내할 것입니다.

아이의 스마트폰 사용은 '프라이버시'보다 '책임감'이 먼저입니다.

아이가 여학생 다리를 몰래 찍었대요

Q 초등학교 4학년 아들이 단체 톡방에 여학생의 다리 사진을 올렸습니다. 학교에서는 학교폭력대책자치위원회까지 열렸고, 부모로서 충격과 당황스러움을 감출 수 없었습니다. 아이에게 이유를 묻자, 온라인에서 본 걸 따라 했다고 말합니다. 앞으로 어떻게 교육해야 할지 고민이 깊어집니다.

A 아이들은 아직 사회적 규범, 타인에 대한 배려, 성에 대한 올바른 가치관을 충분히 배우지 못한 상태에서 인터넷을 사용하고 있습니다. 이런 상황에서 아이는 온라인에서 본 자극적인 행동을 무심코 따라 할 수 있고, 그것이 누군가에게 깊은 상처를 주는 사건으로 이어질 수 있습니다. 부모로서는 충격과 당혹감이 클 수밖에 없지만, 이러한 사건은 아이에게 깊이 있는 교육을 할 수 있는 결정적 순간이기도 합니다. 부모가 상황을 어떻게 다루느냐에 따라, 사건은 단순한 실수로 끝날 수도 있고, 아이가 책임과 존중을 배우는 인생의 중요한 배움으로 전환될 수도 있습니다.

성적 호기심과 뇌 발달 사이의 간극

초등 고학년은 아동에서 청소년기로 접어드는 과도기입니다. 이 시기 아이들은 신체적·정서적·인지적으로 큰 변화를 겪으며 성에 대한 호기심도 자연스럽게 생겨납니다. 하지만 아직 충동을 조절하거나 행동의 결과를 깊이 예측하는 능력은 부족합니다. 전두엽은 만 25세까지 발달하므로, 지금은 판단보다 모방이 쉽게 일어나는 시기입니다.

특히 성적인 내용은 금기시되는 만큼 더 강한 자극으로 받아들여지고, 그로 인해 충동 조절이 어려워질 수 있습니다. 문제는 이 행동이 누군가에게 성적 수치심을 주는 '디지털 성희롱'이라는 점입니다.

아이의 장난? 법적으로는 범죄일 수 있습니다

지금 아이들은 언제 어디서든 사진을 찍고 공유할 수 있는 환경에 살고 있습니다. 하지만 디지털 공간 역시 사회적 규범과 법의 테두리 안에 있습니다.

타인의 신체를 동의 없이 촬영하고 공유하는 행위는 단순한 장난이 아닌, 명백한 불법 행위입니다. 공유하지 않고 혼자 소지하는 것만으로도 문제가 될 수 있으며, 피해자가 성적 수치심을 느꼈다면 이는 '디지털 성희롱'으로 간주해 성폭력범죄처벌법 등의 적용 대상이 될 수 있습니다.

아이들에게는 '디지털 경계'라는 개념이 낯설 수 있습니다. 한 번의 설명으로 끝내지 말고, 반복적으로 알려주며 구체적인 사례를 통해 어떤 행동이 잘못된 것인지 명확히 설명해야 합니다. 상대의 동의 없이 사진을 찍는 것은 단순한 '몰래카메라'가 아니라 명백한 불법 촬영임을 알려주세요. 또한 온라인에서 배운 편집 기술로 성적인 이미지를 합성하는 것은 딥페이크 범죄에 해당하며, 이것 역시 불법이라는 점을 분명히 인식시켜야 합니다.

부모가 아이의 사진이나 영상을 동의 없이 SNS에 올리는 '셰어런팅' 역시 바람직하지 않습니다. 부모가 먼저 디지털 공간에서 경계를 존중하고 예절을 실천하는 모범을 보여 주세요.

디지털 기기 교육, 이렇게 시작하세요

초등 저학년에게는

- 유해 콘텐츠 차단 앱과 자녀 보호 기능을 활용해 기본적인 보호막을 설치하세요.
- 정해진 장소와 시간에만 사용할 수 있도록 규칙을 세우세요.
- 문제가 되는 콘텐츠를 발견하면 즉시 부모에게 알리고, 신고·삭제·차단하는 방법을 함께 익히세요.
- 온라인에서 어려운 상황이 생기면 언제든 부모에게 도움을 요청할 수 있도록 가르치세요.

초등 고학년에게는

- 통제보다 보호의 관점에서 접근하세요.

  "네가 믿을 수 없어서가 아니라, 온라인 환경 자체가 위험할 수 있어서야."
- 다음과 같은 질문을 통해 사고력을 키워주세요.

  "이 사진이 찍히는 입장이라면 어떤 기분일까?"

  "네가 좋아하는 친구가 이런 행동을 하면 너는 어떻게 느낄까?"

"이게 친구 관계에서 도움이 될까, 아니면 해가 될까?"

- 디지털 기기 사용을 갑작스럽게 제한하기보다는, 아이가 몰입할 수 있는 건강한 활동을 함께 찾아주세요.

실수를 책임지는 법, 부모가 먼저 보여주세요

아이의 잘못된 행동으로 인해 학교나 또래 관계에서 어려움을 겪을 수 있고, 아이 자신도 큰 죄책감과 수치심을 느낄 수 있습니다. 이때 부모의 역할이 매우 중요합니다.

아이의 존재와 행동을 분리해서 생각하세요. 행동에는 책임이 따르지만, 그 행동만으로 아이 자체를 부정하거나 비난해서는 안 됩니다. 아이의 자아상 형성에 부정적인 영향을 미치고 문제의 재발을 막는 데도 도움이 되지 않기 때문입니다.

부모는 지속적인 정서적 지지를 제공하면서 아이가 자기 행동을 돌아볼 수 있는 분위기를 만들어야 합니다. 왜 그런 행동을 했는지, 상대방 처지에서 어떤 기분이었을지를 생각하게 하고 진심으로 뉘우칠 수 있도록 도와주세요.

또한 부모가 피해자에게 책임감 있게 사과하는 모습을 보이는 것은 큰 교육적 의미가 있습니다. 아이는 '부모가 나와 함께 책임지고 있구나'라는 신뢰를 통해 용기를 내고, 책임지는 태도를 배우게 됩니다.

아이의 잘못된 행동은 분명 걱정스럽고 당황스러운 일입니다. 하지만 이를 통해 디지털 시대에 꼭 필요한 경계 존중과 타인에 대한 배려를 배울 기회로 만들 수 있습니다.

중요한 것은 아이를 비난하기보다 함께 문제를 해결해나가며, 앞으로 더 성숙한 사람으로 성장할 수 있도록 돕는 것입니다. 부모의 따뜻한 지지와 동시에 분명한 경계 설정은 아이가 건강하고 안전한 디지털 시민으로 자라도록 돕는 핵심입니다.

디지털 성희롱은 단순한 장난이 아니라, 아이가 책임을 배우고 성장해야 할 중요한 교육의 순간입니다.

우리 아이가
그루밍 범죄 피해자가 되었어요

Q 초등학교 6학년 아이의 스마트폰에서 노골적인 몸 사진을 전송한 흔적을 발견했습니다. 아이는 "상품권을 줄게"라는 말에 사진을 보냈고, 이후 '학교에 사진을 퍼뜨리겠다'는 협박을 받으며 계속 사진을 보내야 했다고 털어놓았습니다. 지금 부모로서 무엇을 어떻게 해야 할까요?

A 사건의 본질은 '온라인 그루밍'입니다. 가해자는 또래로 가장해 접근하고, 비밀·선물·칭찬으로 신뢰를 쌓은 뒤 성적 요구를 합니다. 이후 받은 자료를 빌미로 협박하며 아이를 통제합니다. 아이가 사진을 전송한 사실은 그루밍이 설계한 결과일 뿐, '동의'가 아닙니다. 부모가 가장 먼저 기억해야 할 것은 단 하나, 책임은 오직 가해자에게 있다는 점입니다. 이 출발점이 흔들리면 부모의 말은 비난으로 들리고, 아이는 침묵하게 됩니다. 아이에게는 이렇게 말해주세요. "넌 잘못이 없어", "지금부터 우리가 지킬게"라는 이 두 문장이 수치심·죄책감·고립감을 덜어내는 안전망입니다.

그루밍은 어떻게 아이를 조종하는가?

그루밍은 갑작스러운 폭력으로 시작되지 않습니다. 다음과 같은 단계로 아이를 조종합니다.

접근: 게임 채팅이나 SNS에서 또래를 가장해 "취미가 같다", "너는 특별하다"는 말로 친밀감을 형성합니다.

신뢰와 비밀 만들기: 고민을 들어주고 칭찬하며 작은 선물을 주고, '부모님께는 비밀'이라는 합의를 끌어냅니다.

성적 요구의 시작: 농담이나 퀴즈처럼 수위를 점차 높이며 사진·영상·만남을 요구합니다.

통제와 착취: 받은 자료를 빌미로 협박하고 지시를 따르게 합니다. 거절할수록 '네 탓'이라는 죄책감을 주입합니다.

아이에게 '나를 이해해주는 단 한 사람'이라는 느낌을 주는 것이 통제의 핵심입니다. 그래서 단순한 지식 전달만으로는 막기 어렵고, 관계 중심의 예방이 필요합니다.

우리 아이가 보내는 위험 신호

그루밍 피해는 겉으로 드러나지 않지만, 다음과 같은 행동 변화로 감지할 수 있습니다.

대화 상대를 묻는 말에 얼버무린다: "그냥 친구야"라고만 말하며 구체적인 정보를 숨깁니다.

스마트폰 사용 중 주변을 의식한다: 화면을 재빨리 끄거나 표정을 감추며 눈치를 봅니다.

감정 기복이 심해진다: 혼자 웃다가 갑자기 긴장하거나 찡그리는 등 표정 변화가 큽니다.

부모가 모르는 고가의 물건이나 현금이 생긴다: 출처를 묻는 말에 대답을 피하거나 얼버무립니다.

스마트폰에 과도하게 집착한다: 부모가 폰을 만지려 하면 강하게 거부하고 예민하게 반응합니다.

피해를 발견했을 때, 24시간 행동 계획

대응할 때는 순서가 중요합니다.

안심 선언: "넌 잘못이 없어. 우린 네 편이야"를 반복하며 아이의 속도에 맞춰 대화하세요.

사실 확인: 언제, 어디서, 누구와, 무엇을 주고받았는지 간결하게 묻고 경청하세요. 추궁은 금물입니다.

증거 보존: 대화 내용, 파일, 닉네임·아이디·전화번호, 계좌·상품권 코드·입금 내역을 삭제하지 말고 보관하세요. 스크린숏·녹화본은 원본을 훼손하지 않도록 별도로 저장하세요.

차단의 순서: 증거 백업 → 목록 작성 → 차단 순으로 진행하세요. 성급한 삭제는 추

적을 어렵게 만듭니다.

알림 관리: 기기를 비행기 모드로 전환하거나 알림을 제한해 아이의 불안을 줄여주세요.

보이지 않는 마음의 상처를 돌봐주세요

겉으로 드러난 상처가 없어도, 마음의 상처는 깊습니다. 악몽, 예민함, 학업 저하, 특정 앱이나 장소 회피 등 다양한 증상이 나타날 수 있습니다.

판단 없이 듣기: 하루 10~15분, 묻지 않고 가르치지 않으며 아이가 꺼내는 만큼만 듣는 시간을 정해주세요. 말하기 어려워하면 그림이나 글, 놀이를 통해 우회하세요.

감정의 온도 조절: 아이 앞에서는 눈물이나 분노를 삼가고, 따뜻하면서도 단단한 목소리로 반응하세요. 아이는 부모의 안정된 태도에서 회복의 힘을 얻습니다.

예측 가능성 제공: 오늘과 내일 할 일을 작은 단위로 알려주며 통제감을 되찾게 해주세요.

아이에게는 짧고 반복적으로 전해주세요.

"부끄러운 건 범죄자의 행동이야."

"넌 잘못이 없어."

"우리가 지킨다."

"모든 절차는 너를 위한 거야."

부모가 꼭 기억해야 할 문장들

- "그건 우리 둘의 비밀이야"라는 말을 들었다면, 위험 신호야. 바로 말해줘.

- 누가 사진·영상을 요구하면 거절하고 차단해. 그리고 네가 잘못한 게 전혀 아님을 기억해.

- 모르는 사람이 만나자고 하면 절대 만나면 안 돼. 곧바로 알려줘.

- 불편·두려움이 느껴지면 즉시 멈추고 도움을 요청하는 게 용기야.

Tip
그루밍 피해, 이렇게 신고하고 보호하세요

① 신고는 즉시, 망설이지 마세요
- 112 또는 관할 경찰서(여성청소년 수사 부서)에 바로 신고하세요.
- 시간 순서와 증거 목록(대화, 파일, 아이디, 계좌 등)을 정리해 제출하세요.
- 디지털 성범죄 피해자 지원센터(02-735-8994)를 통해 삭제·차단 요청도 가능해요.

② 아이에게 예측 가능성을 주세요
- 진행 상황을 짧고 명확하게 알려주세요.
  "신고했고, 확인하고 있고, 지우는 중이야."
- 아이는 절차를 이해할 때 불안을 덜 느낍니다.

③ 학교와는 최소한의 정보만 공유하세요
- 협박에 '학교'가 언급되었다면, 담임 또는 상담교사에게 필요한 정보만 전달
- 요청할 수 있는 사항: 교내 2차 피해 방지, 안전한 등·하교 및 학교생활 지원, 또래 학생들에게 사건이 퍼지지 않도록 정보 관리
- 공개 범위는 아이의 의사를 반영해 최소화하고, 사건이 호기심의 대상으로 소비되지 않도록 교내 소통을 엄격히 관리

부모의 지지와 대응이 아이를 다시 자기 자리로 돌아오게 합니다.

아이가 몸캠 피싱을 당했어요

Q 아들이 갑자기 울면서 안방으로 들어왔습니다. '큰 잘못을 했다'며 50만 원을 달라고 했습니다. 놀라서 이유를 묻자, 어떤 누나가 시킨 대로 했는데 돈을 안 주면 영상을 유포하겠다고 협박하고, 부모님 전화번호도 알고 있다고 했습니다. 말로만 듣던 몸캠 피싱을 당한 겁니다. 제 휴대전화로도 협박 문자가 왔습니다. 경찰서에 신고는 했지만, 정말 영상이 퍼지면 어떻게 해야 할까요?

A 스마트폰을 자유롭게 사용하는 아이들이 늘어나면서, 우리가 예상하지 못한 위험이 현실이 되고 있습니다. '몸캠 피싱'은 그 대표적인 디지털 범죄입니다.

범죄자들은 아이들의 순수함과 호기심을 악용합니다. 게임 아이템을 미끼로 삼거나, 친근한 또래인 척 접근해 함정을 만듭니다. 디지털 기기와 함께 자란 아이들이 온라인에서 자유롭게 소통하는 것은 자연스러운 일이지만, 그만큼 새로운 형태의 위험도 함께 따라옵니다.

몸캠 피싱이란

'몸캠 피싱'은 영상통화를 유도해 성적인 행동이나 신체 노출을 하게 만든 뒤, 이를 녹화해 협박하는 범죄입니다. 주로 SNS, 게임, 채팅 앱을 통해 접근하며, 녹화된 영상으로 금품을 요구하거나 가족·학교에 유포하겠다고 위협합니다.

특히 남자아이들도 피해자가 될 수 있지만, '남자도 피해자가 될 수 있나?'라는 편견 때문에 신고나 대처가 늦어지는 경우가 많습니다. 범죄자들은 이러한 사회적 인식을 악용하기도 합니다.

이 범죄의 특징은 다음과 같습니다.

빠른 진행: 짧은 시간 안에 신뢰를 쌓고 행동을 유도

광범위한 정보 수집: 아이와 부모의 연락처까지 확보

심리적 압박과 협박: 유포 위협으로 아이를 통제

몸캠 피싱의 수법

범죄자들은 다양한 방식으로 아이에게 접근합니다. 게임 친구나 SNS 팔로우를 통해 친밀감을 쌓고, "너만 특별해", "우리만의 비밀이야" 같은 감정적 문구로 경계를 무너뜨립니다. 최근에는 '영상 유출 방지용 앱'이라며 특수 앱 설치를 유도하는 방식도 등장했습니다. 피해자가 범인을 안심시키려는 심리를 역이용하는 수법입니다.

영상이 유포될 경우

부모가 가장 두려워하는 것은 '영상이 실제로 퍼지지 않을까' 하는 불안입니다. 하지만 현실적으로는 협박만 하고 실제 유포까지 이어지지 않는 경우가 많습니다. 영상이 퍼지는 순간 경찰 수사가 강화되고, 범죄자로서도 추적 위험이 커지기 때문입니다.

몸캠 피싱으로 연락처가 해킹된 경우, 아이의 연락처 목록에 있는 사람들에게 즉시 단체 문자나 메시지로 피해 사실을 먼저 알리면, 가해자의 협박 효과를 크게 떨어뜨리고 추가 피해를 예방할 수 있습니다.

만약 유포되더라도 피해자는 법적으로 확실하게 보호받습니다. 청소년 영상 유포는 「아동·청소년의 성보호에 관한 법률」에 따라 중대한 범죄로 간주하며, 플랫폼 사업자도 즉시 삭제 및 추적 절차를 진행해야 합니다. 디지털 성범죄 피해자지원센터를 통해 삭제를 요청할 수도 있습니다.

아이에게 꼭 전달해야 할 메시지

네 잘못이 아니야: 범죄자는 심리를 조종한 것이며, 피해자는 이용당한 것입니다.

너는 혼자가 아니야: 부모와 사회가 함께 지지하고 보호한다는 사실을 알려주세요.

내 몸은 내가 결정해: 성적 행동이나 이미지에 대한 결정권은 아이에게 있으며, 강요는 범죄임을 명확히 하세요.

이건 배우는 과정이야: 이번 경험을 통해 온라인에서 자신을 보호하는 방법을 배울 수 있습니다.

디지털 시대의 새로운 성교육

몸캠 피싱은 아이의 잘못이 아닙니다. 이것은 범죄입니다. 만약 우리 아이가 이런 일을 당했다면, 가장 먼저 해야 할 일은 아이를 꼭 안아주는 것입니다. "네가 용기 내서 말해줘서 고마워"라고 전해주세요. 부모의 반응은 아이의 회복 과정 전체를 결정합니다.

이 일이 평생 상처로 남는 건 범죄자 때문이 아니라, 혼자 고통받게 내버려두었을 때입니다. 부모가 옆에서 함께 이겨내며 "괜찮아질 거야. 우리가 함께 있잖아"라고 말해줄 때, 아이는 이 경험을 딛고 일어설 수 있습니다. 디지털 시대를 살아가는 아이들에게 필요한 것은 완벽한 보호가 아니라, 위험에 부딪혔을 때 부모에게 달려올 수 있다는 믿음입니다.

몸캠 피싱 피해를 막고 아이를 지키는 가장 중요한 방법은, 아이가 위험을 느낄 때 부모에게 먼저 말할 수 있다는 믿음을 심어주는 것입니다.

아이가 딥페이크 피해를 봤습니다

Q 익명 제보로 알게 되었는데, 우리 아이가 같은 학원에 다니는 남학생에 의해 딥페이크와 지인능욕 피해를 봤습니다. 아이는 자신의 얼굴이 합성된 성적인 영상과 대화 내용을 보고 큰 충격을 받았고, 이후 잠을 이루지 못하고 식사도 거르는 등 심각한 불안 증상을 보여 정신과 진료를 예약한 상태입니다. 부모로서 어떻게 대응해야 할지 막막합니다.

A 딥페이크와 지인능욕은 디지털 기술을 악용한 심각한 성폭력입니다. 특히 청소년 사이에서 빠르게 확산되고 있으며, 피해자는 존재 자체가 왜곡되고 모욕당하는 극심한 고통을 겪습니다. '가짜인데 왜 힘들어할까?'라는 오해는 피해자의 고통을 더 깊게 만듭니다. 부모는 아이의 회복을 위해 감정적으로 안정된 지지자가 되어야 하며, 아이의 속도에 맞춰 신중하게 대응해야 합니다.

'가짜'의 탈을 쓴 진짜 폭력, 딥페이크와 지인능욕

딥페이크는 인공지능 기술을 이용해 특정인의 얼굴이나 신체를 성적인 영상에 합성하는 범죄입니다. 지인능욕은 아는 사람의 사진이나 정보를 성적으로 모욕하는 행위로, 단체 사진이나 SNS 이미지를 활용해 성적 환상을 공유하거나 조롱하는 방식으로 이루어집니다.

이 두 범죄는 종종 함께 발생하며, 피해자의 일상 사진을 딥페이크 영상으로 변형해 온라인에 공유하는 방식으로 성적 대상화가 이루어집니다.

가해자는 '어차피 가짜'라며 죄의식 없이 행동하지만, 피해자는 다음과 같은 고통을 겪습니다.

- 조작된 자신의 모습이 온라인에 떠돌 수 있다는 공포
- 그것을 막을 방법이 없다는 절망감
- 가짜 모습이 진짜로 오해받을 수 있다는 불안
- 자신이 저급한 존재로 그려졌다는 수치심

디지털 공간의 특성상 피해는 언제든지 반복될 수 있으며, 피해자는 멈출 수도 끝낼 수도 없는 무력감 속에 살아가게 됩니다.

부모의 감정부터 다스려야 합니다

아이의 피해 사실을 접한 부모는 공포, 분노, 죄책감에 휩싸이기 쉽습니다. 그러나 아이 앞에서 감정이 흔들리면, 아이는 '내 문제로 부모님까지 힘들

게 한다'는 죄책감을 느끼거나 '이건 부모도 해결 못 하는 문제'라는 절망에 빠질 수 있습니다.

부모는 흔들리지 않는 '안정된 기둥'이 되어야 합니다. 차분한 목소리, 담담한 태도, "네 잘못이 아니다"라는 확신 어린 말이 아이에게 회복의 출발점이 됩니다. 부모의 안정감은 아이의 회복력으로 이어집니다.

사실 확인은 신중하게, 아이의 속도에 맞춰서

피해 상황을 정확히 파악하기 위해, 부모 중 한 명은 영상을 직접 확인하는 것이 좋습니다. 아이가 이미 본 영상이라면, 부모가 내용을 알고 있어야 아이의 충격을 공감하고 오해를 막을 수 있습니다. 다만, 감당이 어렵다면 전문가의 도움을 받는 것이 바람직합니다.

연령별 맞춤 대응법

초등 저학년

피해 의식이 크지 않을 수 있지만, 사춘기에 다시 상처로 떠오를 수 있습니다. 사건을 과장하거나 반복하지 말고, 있는 그대로 인정하며 부모의 안정된 태도로 아이를 지지하세요.

초등 고학년

아이는 상황의 심각성을 인지하고 있을 가능성이 큽니다. '이 문제를 어떻게 해결할 수 있을지 함께 알아보자'는 태도로 접근하세요.

삭제 요청, 신고, 법적 대응 등 구체적인 선택지를 제시하고, 각 과정이 어떤 의미를 가지는지 설명해주세요. 예상치 못한 결과도 함께 준비하면 불안을 줄일 수 있습니다.

또한 앞으로 개인정보와 신상정보가 악용될 위험이 있다는 점을 인식하도록 돕고, 이를 안전하게 관리하고 사용하는 방법에 대해 스스로 고민하도록 이끌어주세요.

회복에는 시간이 필요합니다

디지털 성폭력 피해는 단기간에 해결되지 않습니다. 아이의 불안을 꾸준히 달래주고, 상황의 진행과 남은 절차를 계속 설명해주세요. "힘들 수 있지만 너는 강한 아이고, 무너지지 않는다"는 메시지를 일관되게 전달해주세요. 부모의 대응 방식은 아이의 회복에 결정적인 영향을 미칩니다. 심리적 안정과 발달 단계에 맞는 섬세한 지원이 필요합니다.

딥페이크 피해를 겪은 아이에게 가장 필요한 것은, 부모가 끝까지 믿고 함께해준다는 확신입니다.

모범생인 줄 알았던 아들이
딥페이크 가해자래요

Q 아들은 초등학교 내내 반장을 맡을 만큼 모범적이었고, 사춘기 없이 지나가는 듯했습니다. 그런데 또래 여자아이 사진을 텔레그램에 올리고, 인공지능을 이용해 성적인 가짜 영상을 만들어 공유했다고 합니다. 이번이 처음이 아닐 수도 있다는 사실에 더 큰 충격을 받았습니다. 이제부터 어떻게 이끌어야 할지 막막합니다.

A 아이가 평소 성실하고 모범적인 모습만 보여왔다면, 이번 사건은 부모에게 더 큰 충격으로 다가올 수밖에 없습니다. 그러나 이 일은 단순한 일탈이 아니라, 아이의 내면에 자리 잡은 왜곡된 성 인식과 책임감 부족이 드러난 결과입니다. 부모는 '그럴 리 없다'는 부정을 멈추고, 아이의 행동을 냉정하게 직시해야 합니다. 분노보다 중요한 것은, 아이가 다시 배우고 변화할 수 있도록 이끌어주는 부모의 태도입니다. 지금 필요한 것은 완벽한 아들을 되돌리는 것이 아니라, 잘못을 인정하고 책임을 배우는 사람으로 성장하도록 돕는 것입니다.

부모가 알 수 없는 영역이 생겼습니다

디지털 시대에 들어서면서 부모가 아이를 온전히 이해하기 어려운 영역이 생겼습니다. 바로 온라인 세상입니다. 아이들은 초등학교에 들어서자마자 디지털 환경에 빠르게 적응하며, 곧 부모의 디지털 활용 능력을 앞지릅니다. 태어날 때부터 스마트폰과 인터넷이 있는 환경에서 자란 아이들은 '디지털 원주민'이라 불리고, 성인이 되어서야 기술을 접한 부모 세대는 '디지털 이주민'이라 불립니다.

이 디지털 격차는 자연스러운 현상이지만, 온라인 공간은 익명성과 사생활 보호를 내세워 아이들만의 독립적인 세계가 되었고, 그 안에서 예상치 못한 위험이 발생할 수 있습니다. 결국, 부모가 경험하지 못한 이 새로운 세계야말로 오늘날 양육에서 가장 큰 과제가 되고 있습니다.

모범생이기 때문에 더 위험할 수 있습니다

상담 현장에서는 '성실하고 모범적'이라고 평가받는 아이들이 디지털 성폭력 가해자로 드러나는 경우가 적지 않습니다. 왜 현실과 온라인에서의 모습이 이렇게 다를까요?

온라인 공간은 윤리와 규범이 흐려지는 무대입니다. 특히 익명성은 현실의 경계를 무너뜨리고, 억눌린 욕구를 거리낌 없이 드러내게 합니다. 현실에서 충동을 억제하던 아이일수록 온라인에서는 통제력을 잃고 충동을 분출할 가능성이 큽니다.

모범생이라 해서 성적 호기심이나 충동이 없는 것은 아닙니다. 오히려 억제된 욕구가 온라인에서 폭발할 수 있습니다. 또한 정보 습득 능력이 뛰어난 아이일수록, 체계적인 성교육이 부족하면 잘못된 정보를 그대로 받아들일 위험이 큽니다. 타인의 인정을 갈망하는 성향은 온라인 집단의 압력에 쉽게 휘말리게 만들기도 합니다.

'모범생'이라는 외적 이미지는 부모와 교사의 경각심을 무디게 만들 수 있습니다. 그러나 바로 그 아이들이, 억눌린 욕구나 익명성과 결합하면서 디지털 성폭력의 가해자 혹은 피해자가 될 수 있다는 점을 간과해서는 안 됩니다.

다른 모습도 가진 아이

"내가 알던 아들이 사실은 가짜였던 것 같습니다."

부모가 느끼는 이 감정은 자연스럽습니다. 하지만 아이가 '가짜'였던 것이 아니라, 성장 과정에서 부모가 미처 알지 못했던 다양한 모습이 드러난 것임을 이해해야 합니다. 초등 고학년은 자아 정체성을 탐색하며 부모의 예상 범위를 벗어나는 시기입니다.

이번 사건은 단순한 호기심이나 우발적 실수가 아닙니다. 이는 타인의 권리와 인격을 무시하는 성 가치관의 왜곡입니다. 핵심 문제는 다음과 같습니다.

타인 대상화: 사람을 단순한 이미지로 소비하며 인격체로 보지 않음

책임 회피: 온라인 행동은 현실과 무관하다는 무책임한 인식

왜곡된 성 인식: 성을 관계와 존중이 아닌 재미와 과시의 수단으로 여김

이러한 인식이 굳어질수록 행동은 반복적인 범죄 습관으로 이어질 수 있습니다. 부모는 이번 일을 단순한 일탈로 치부하지 말고, 아이 내면의 가치관 문제로 직시해야 합니다.

어떻게 신뢰를 회복하고 변화를 이끌 수 있을까?

충격적인 행동 앞에서 부모의 분노와 실망은 당연합니다. 그러나 이 위기를 변화의 기회로 삼아야 합니다. '우리 아이는 그럴 리 없다'는 부정을 멈추고 현실을 냉정히 직시해야 합니다.

대화할 때는 아이의 행동과 인격을 분리하세요. "너는 나쁜 아이야"가 아니라 "네 행동은 명백히 잘못되었어"라고 말해야 아이가 마음을 닫지 않고 변화를 받아들일 수 있습니다.

단기 목표는 아이가 잘못을 인정하고 진심으로 반성하도록 돕는 것입니다. 중기적으로는 올바른 성 가치관과 타인 존중 의식을 기르고, 장기적으로는 건강한 인간관계를 맺는 성숙한 어른으로 성장시키는 것입니다. 이 과정에서 아이의 자존감을 무너뜨리지 않으면서도 행동에 책임을 지게 해야 합니다.

아이가 반드시 배워야 할 성의 본질

성은 단순한 신체적 행위가 아니라 관계와 책임의 영역입니다. 타인에 대한 존중과 신뢰 속에서 이루어져야 하며, 이를 이해하지 못하면 성 지식도 의미가 없습니다.

- **'동의'와 '책임'의 교육:** 상대가 원하지 않는 모든 행위는 폭력이며, 성적 맥락에서 동의 없는 행위는 명백한 범죄입니다.

- **건전한 해소와 공감 훈련:** 성적 욕구는 자연스럽지만, 안전한 해소 방법과 피해자의 관점에서 상황을 바라보는 공감 능력을 함께 교육해야 합니다.

Tip

아이와 대화할 때 이렇게 진행해보세요

1단계: 사실 확인
"학교에서 연락이 왔어. 네가 한 일에 대해 들었는데, 먼저 차분히 네 입으로 설명해줄래?"
→ 피해야 할 말: "어떻게 이런 짓을 할 수 있니!"
　　　　　　　　 "너 때문에 얼굴을 못 들고 살게 생겼다!"

2단계: 감정 표현
"엄마는 지금 많이 놀랐고 실망스러워. 하지만 이 문제를 외면하지 않을 거고 너를 포기하고 싶지는 않아."
→ 피해야 할 말: "너 같은 아들 낳은 게 부끄럽다."
　　　　　　　　 "이제 널 믿을 수 없어."

3단계: 행동의 의미 설명
"네가 한 행동이 다른 사람에게 어떤 심각한 피해를 주는지 알고 있니?"
"만약 네 사진이 그렇게 이용당한다면 기분이 어떨 것 같니? 네가 만든 영상 속 친구는 어떤 마음일까?"

4단계: 앞으로의 계획
"우리는 이 문제를 함께 해결할 거야. 하지만 네가 진심으로 뉘우치고 변하려는 의지를 보여야 해. 엄마 아빠가 널 도울 거야."

부모가 끝까지 믿고 함께하겠다는 태도는 아이를 다시 배우고 성장하게 합니다.

아이의 메타버스 속 아바타가 성추행을 당해서 괴로워해요

Q 초등학교 5학년 아이가 사용하는 메타버스에서 아바타를 향한 성희롱과 성추행이 있었다고 합니다. 순간 화와 속상함이 치밀어 올라 표정이 굳어졌는데, 아이가 "아빠, 제가 잘못했어요"라고 말하는 순간 정신이 번쩍 들었습니다. 아이를 꼭 안고 "네 잘못이 아니야. 그 사람이 잘못한 거야. 괜찮아"라고 다독였습니다. 메타버스를 아예 못 하게 하는 것은 해결책이 아닌 것 같은데, 어떻게 대처해야 할까요?

A 아이가 힘든 경험을 털어놓았을 때 부모가 어떤 태도를 보이느냐는 아이의 심리에 깊은 영향을 줍니다. 순간의 분노를 억누르고 "네 잘못이 아니야"라는 확신 어린 말과 따뜻한 포옹은 아이에게 꼭 필요한 안전감이었습니다. 디지털 성폭력 피해 아동은 폭력 자체보다 부모의 반응에 더 큰 두려움을 느끼기도 합니다. 아이가 안심하고 이야기할 수 있는 환경을 만들어주는 것이 회복의 첫걸음입니다.

메타버스, 아이들에게는 또 하나의 현실입니다

메타버스는 가상과 현실이 결합된 디지털 공간으로, 아이들은 이곳에서 아바타를 통해 친구를 만나고 자신을 표현하며 사회적 관계를 맺습니다. 로블록스, 제페토, 마인크래프트 등이 대표적인 예입니다.

디지털 기술과 인공지능이 결합된 새로운 환경에서는 성 문화 역시 디지털 방식으로 확장되고 변화하고 있습니다. 또 다른 디지털 자아로 활동하는 메타버스와 AI 활용의 시대는 편리함을 주는 동시에, 우리 모두에게 더 높은 성 의식과 책임 있는 사용을 요구합니다. 이런 역량이 디지털 기술을 안전하게 이끄는 '성적 메타인지'입니다.

아바타는 단순한 캐릭터가 아니라 아이 자신의 또 다른 모습입니다. 따라서 아바타를 향한 성적 괴롭힘은 아이 자신에게 향한 것으로 받아들여지며, 심한 수치심과 두려움, 무력감을 남깁니다. '아바타일 뿐'이라는 어른들의 인식은 아이의 고통을 이해하지 못하게 만들 수 있습니다.

AI를 사용할 때도 유해한 결과물이 나오지 않도록 안전하게 설정하고 학습시키는 것이 중요합니다. 챗GPT 같은 인공지능은 검색 과정에서 청소년에게 부적절한 콘텐츠가 노출되지 않도록 보호 체계를 설정할 수 있으며, 이용자가 청소년일 수 있다는 점을 지속적으로 인지하도록 명령어를 관리하는 것이 도움이 됩니다.

아이의 회복을 돕는 부모의 역할

감정 확인과 공감

아이가 느낀 감정을 차분히 물어보고, "무서웠겠다", "속상했겠다"와 같은 말로 감정을 인정해주세요. 감정에 이름을 붙여주는 과정은 아이가 경험을 정리하고 이해하는 데 도움이 됩니다.

죄책감 해소

"네 잘못이 아니야"라는 메시지를 반복적으로 전달해주세요. 이는 단순한 위로가 아니라, 아이가 자신을 탓하지 않도록 돕는 핵심 과정입니다.

온라인 안전 규칙 만들기

낯선 사람과 대화할 때 주의할 점, 불쾌하거나 무서운 일이 생겼을 때 부모에게 알리는 원칙을 함께 정하세요. '차단하기', '신고하기', '나가기' 기능을 익히는 것도 중요합니다.

전문 기관 안내

디지털 성범죄 피해자 지원센터, 청소년 상담전화, 경찰청 사이버수사대 등 전문 기관의 역할을 설명하고, 필요시 부모가 직접 연결해주세요.

사용 규칙 함께 정하기

메타버스를 무조건 금지하기보다, 사용 시간과 공간에 대한 규칙을 아이와 함께 정하세요. (예: 하루 몇 시간만 접속, 부모가 곁에 있을 때만 이용, 사용 후 경험

공유 등)

아이와 나눠야 할 핵심 대화

몸과 아바타는 연결되어 있다

"아바타를 향한 성적 괴롭힘은 결국 너를 괴롭히는 거야. 불쾌하거나 수치심을 느꼈다면 그것은 성폭력이야."

경계 설정의 중요성

"싫다고 말할 권리가 있어. 불편하면 '그만해'라고 말해도 되고 자리를 피해도 돼."

온라인에서도 현실과 같은 원칙이 적용된다는 점을 알려주세요.

책임 소재 명확화

"성희롱이나 성추행은 가해자의 잘못이야. 피해자인 네가 부끄러워할 일은 전혀 없어."

Tip

메타버스 성폭력 피해, 이렇게 대응하세요

- 아이가 피해 사실을 털어놓으면 즉시 안심시키고, "네 잘못이 아니야. 우리가 함께 해결할 거야"라고 말해주세요.
- 가해자의 닉네임을 찾아 즉시 차단하고, 아이가 더 이상 해당 계정을 보지 않도록 도와주세요.
- 피해 장면(아바타 모습, 채팅 내용, 닉네임 등)을 스크린숏이나 영상으로 저장해 증거를 확보하세요.
- 메타버스 플랫폼에 해당 계정을 신고하고, 아이와 함께 신고 과정을 지켜보며 사회적 정의를 교육하세요.
- 디지털 성범죄 피해자 지원센터, 1388 청소년 상담전화, 경찰청 사이버수사대 등 전문 기관에 문의해 법적 조치와 심리 상담을 연결하세요.
- 모든 외부 대응은 아이가 심리적으로 안정되고 동의한 후 진행하세요. 아이의 회복 속도를 존중하는 것이 중요합니다.

메타버스 속 성폭력도 아이에게 실제 상처를 남기지만, 부모의 믿음과 지지로 아이를 다시 안전한 세계로 이끌 수 있습니다.

아들이 자는 누나의 몸을 만졌습니다

Q 초등학교 5학년 아들이 누나 방에 들어가 잠든 누나의 몸을 만졌습니다. 딸 말로는 이런 일이 여러 번 있었다고 하며, 동생이 보기 싫고 말하기도 싫다며 울었습니다. 아들은 충전기를 가져가려다 실수로 몸에 닿았다고 하지만, 상황을 보면 의도적인 행동으로 보입니다. 너무 충격적이고, 어떻게 대처해야 할지 몰라서 답답합니다.

A 사랑하는 아이가 가해자가 되었다는 사실은 부모에게 큰 충격입니다. 자책과 막막함, 가족의 미래에 대한 불안이 한꺼번에 밀려올 수 있습니다. 특히 피해자가 형제자매일 경우, 두 아이 모두를 지켜야 한다는 책임감이 더 크게 느껴집니다.

하지만 지금 가장 중요한 것은 이 사건을 단순한 갈등으로 축소하지 않고, 피해자인 딸의 안전과 회복을 최우선으로 고려하는 것입니다. 동시에 아들에게는 책임 인식과 성교육을 통해 재발을 막는 방향으로 접근해야 합니다.

딸의 감정에 먼저 귀 기울여주세요

딸은 반복적인 피해 경험으로 인해 깊은 상처를 입었습니다. 특히 가해자가 가족이라는 사실은 딸에게 더 큰 혼란과 고립감을 안겨줍니다. 지금 딸에게 필요한 것은 "너는 잘못이 없어"라는 확신과, 부모가 끝까지 자신을 지지해 줄 것이라는 믿음입니다.

심리적 안전 확보: 아들과의 접촉을 최소화하고, 생활 공간을 분리하거나 부모의 감독하에 활동 시간을 구분해주세요.

감정 표현의 자유 보장: 딸이 자신의 감정과 요구를 자유롭게 말할 수 있는 분위기를 조성하세요.

외부 지원 연계: 학교 상담교사, 또래 지지 모임, 아동·청소년 심리상담 기관 등 외부 자원을 적극 활용하세요.

딸이 '보기 싫고 말하기도 싫다'고 말한 것은 단순한 분노가 아니라, 자신의 안전이 위협받았다는 신호입니다. 부모의 일관된 지지와 배려는 딸의 상처를 치유하고, 가족 간 신뢰를 회복하는 첫걸음이 됩니다.

아들에게는 단호하면서도 회복 중심의 접근이 필요합니다

아들의 행동은 단순한 실수가 아니라, 타인의 신체를 침범한 성폭력입니다. 지금은 꾸짖거나 낙인찍기보다, 책임을 인식하고 변화할 수 있도록 돕는 개입이 필요합니다.

행동의 의미 설명: "네 행동은 누나에게 큰 상처를 준 성폭력이야. 가족 사이에서도 지켜야 할 경계가 있어."

책임 인식 교육: "이 일은 단순한 장난이 아니야. 지금 가족 모두가 힘들어하고 있고, 너도 이 상황을 바로잡아야 해."

심리적 원인 탐색: 성적 호기심, 충동 조절 문제, 잘못된 정보 노출 등 행동의 배경을 함께 살펴보고, 필요시 전문가 상담을 연계하세요.

낙인 대신 변화의 기회 제공: "너는 잘못했지만, 지금부터 책임지고 다시 배우면 달라질 수 있어. 우리가 함께 도울 거야."

아이가 자기 행동을 진심으로 돌아보고, 다시는 같은 일을 반복하지 않도록 돕는 것이 부모의 역할입니다.

성교육, 지금부터 다시 시작해야 합니다

이 사건은 단순한 규칙 위반이 아니라, 성에 대한 왜곡된 인식과 타인에 대한 존중 부족에서 비롯된 문제입니다. 따라서 성교육은 단순한 지식 전달이 아니라, 인격과 관계, 책임에 대한 교육으로 접근해야 합니다.

아들에게는 다음의 핵심 내용을 중심으로 꾸준하고 일관되게 교육하세요.

피해자의 감정 공감하기: 피해자가 느끼는 불안, 두려움, 분노를 이해하고, 타인의 몸과 마음의 경계를 침범해서는 안 된다는 점을 강조하세요.

왜곡된 성 인식 바로잡기: 미디어나 온라인에서 접한 잘못된 성 정보가 있다면 바로잡고, 건강한 성 가치관을 교육하세요.

가족 간 경계 인식시키기: 가족이라도 사적인 공간과 신체는 존중받아야 하며, 허락 없는 접촉은 절대 해서는 안 된다는 점을 분명히 알려주세요.

성폭력의 의미와 관계 예절 가르치기: 동의 없는 행위는 모두 성폭력이며, 상대가 거절하면 즉시 멈춰야 한다는 기본 원칙을 반복적으로 교육하세요.

건강한 관계 맺기 훈련: 타인을 존중하고 배려하는 관계가 왜 중요한지 이야기해 주세요.

스스로 책임지는 법 배우기: 부모가 대신 책임지거나 회피하게 하지 말고, 아이가 직접 잘못을 인식하고 책임지는 과정을 경험하게 해주세요.

가볍게 넘길 수 없는 문제입니다

이 사건은 단순한 형제 간의 다툼이나 사소한 해프닝으로 볼 수 없습니다. 피해자인 딸의 온전한 회복과 가족의 신뢰 회복을 위해서는, 사건의 무게를 회피하지 않고 직시하는 것이 필요합니다.

부모가 지금 단호하고 일관되게 개입하지 않으면, 딸은 깊은 상처를 안고 살아갈 수 있고, 아들은 자기 행동의 심각성을 깨닫지 못한 채 성장할 수 있습니다. 그러나 지금 올바르게 대응한다면, 딸은 지지와 회복을 경험하고, 아들은 책임과 존중을 배우며 건강한 관계를 형성할 기회를 얻을 수 있습니다.

이처럼 어려운 상황일수록 부모 혼자 감당하려 하지 말고, 반드시 아동 심리 전문가나 성 상담 전문 기관의 도움을 받아야 합니다. 전문가와 함께, 이 위기를 가족이 성장하는 계기로 바꾸어야 합니다.

- 아들이 자기 잘못을 인정하지 않거나, 비슷한 행동을 반복하는 경우
- 딸의 심리적 상태가 악화되어 일상생활에 어려움을 겪는 경우
- 가족 관계가 회복 불가능할 정도로 악화한 경우
→ 아동·청소년 심리상담센터, 성폭력 전문 기관, 정신건강의학과 등 전문가와의 상담을 반드시 연결해주세요.

부모의 단호하면서도 따뜻한 개입이 아이들의 회복과 성장의 방향을 결정합니다.

아이에게 친족 성폭력이 있었던 걸 알게 되었어요

Q 초등학교 6학년 딸이 학교 성폭력 예방 교육 시간에 들은 사례를 통해, 자신이 어릴 적 친척 오빠에게 당한 일이 성폭력이었다는 사실을 깨달았다고 말했습니다. 아이는 그 일이 무엇인지조차 몰랐고, 저희는 전혀 알아채지 못했습니다. 가족 모임도 자주 있었고 늘 함께했는데, 부모로서 너무 괴롭고 죄책감이 큽니다.

A 아이가 오랜 시간 혼자 감당해온 고통을 털어놓았을 때, 부모는 충격과 죄책감에 휩싸이기 쉽습니다. 하지만 지금 가장 중요한 것은 과거를 자책하는 것이 아니라, 아이가 용기를 내어 말한 이 순간부터 어떻게 도와줄 것인가입니다. 부모의 반응은 아이의 회복에 결정적인 영향을 줍니다.

왜 친족 성폭력은 늦게 드러날까?

아동 성폭력은 대부분 가해자가 아는 사람이며, 그중 친족 간 성폭력의 비중이 높습니다. 특히 아이가 아주 어릴 때 발생하는 경우가 많아, 아이는 그 경험을 단순한 친밀감으로 착각하거나 혼란 속에 넘기곤 합니다. 이번 사례처럼 학교 교육을 통해 자신이 겪은 일이 성폭력이었다는 것을 뒤늦게 인식하는 경우도 적지 않습니다.

더욱이 친척이라는 관계는 아이가 부모에게 털어놓기 어렵게 만듭니다. 그런 상황에서도 부모에게 말했다는 것은 아이가 진심으로 도움이 필요하다는 강력한 신호입니다. 이때 부모는 반드시 먼저 이렇게 말해야 합니다.

"말해줘서 정말 고마워. 절대 네 잘못이 아니야."

아이의 고백에 어떻게 반응해야 할까?

침착함 유지

부모의 감정이 폭발하면 아이는 자신의 고백이 부모를 힘들게 했다는 죄책감을 느낄 수 있습니다. 깊게 숨을 고르고, 아이 앞에서는 흔들리지 않는 모습을 보여주세요.

경청이 우선

아이가 말을 꺼내면 중간에 끊지 말고, 사실 확인보다 감정에 초점을 맞춰 들어야 합니다. 아이가 울거나 화를 내거나 말을 더듬을 수 있습니다. 그 모든 반응을 판단 없이 받아들이며, "그때 얼마나 무섭고 혼란스러웠을까",

"이제야 말할 용기를 내느라 얼마나 힘들었니"처럼 감정을 읽어주는 표현을 사용해주세요. 특히 "왜 그때 말하지 않았니?"라는 질문은 절대 해서는 안 됩니다.

사실 확인은 전문가와 함께

가해자나 사건의 구체적인 경위에 대한 사실 확인은 아이에게 2차 피해를 줄 수 있습니다. 부모가 직접 조사하려 하지 말고, 전문 상담 기관이나 해바라기 센터와 상의하여 전문가의 도움을 받아야 합니다.

가족보다 아이의 안전이 먼저입니다

친족 간 성폭력은 가족 간 이해관계와 감정이 얽히면서 사건을 은폐하거나 덮으려는 방향으로 흐르기 쉽습니다. 그러나 이는 가장 약자인 아이에게 고통을 떠넘기는 것이며 또 다른 폭력이 됩니다. 아이의 피해를 인정하지 않고 가족 모임을 지속하거나 가해자와의 접촉을 방치하면 2차 가해로 이어질 수 있습니다.

가해자와의 접촉은 완전히 차단해야 하며, 가족 모임 여부는 아이의 의견을 최우선으로 고려해야 합니다. "참석하지 않아도 괜찮아. 네 감정을 존중할게"라는 부모의 지지는 아이에게 큰 힘이 됩니다. 반대로 "그래도 가족인데…"라는 말은 피해자에게 또 다른 상처가 됩니다.

가해자의 부모나 가족이 불편해하거나 관계 회복을 요구할 수 있습니다. 그러나 이때 부모가 기억해야 할 것은, 가족 간 화합보다 아이의 안전과 회복이 훨씬 더 우선이라는 점입니다.

아동 성폭력 경험은 단순한 사건으로 끝나지 않습니다. 아이의 정서, 신체, 대인 관계 전반에 심각한 영향을 주며 평생 마음의 상처로 남을 수 있습니다. 특히 초등 고학년 시기는 정서적 혼란이 쉽게 발생하는 시기이므로 반드시 아동 전문 상담 기관을 찾아 상담을 통해 치유해야 합니다.

죄책감보다 지지가 필요합니다

부모는 '왜 몰랐을까' 하는 죄책감을 느끼기 마련입니다. 그러나 이 죄책감은 아이의 회복에 도움이 되지 않습니다. 부모는 과거를 자책하기보다 아이의 용기를 칭찬하고, 미래를 지지하는 역할에 집중해야 합니다.

아이에게 "네 고통을 알아채지 못해 미안해. 하지만 이 일의 책임은 오직 가해자에게 있어"라고 말하고, 앞으로의 지지에 집중해주세요. 부모도 힘들다면 아이와 함께 심리 상담을 받고 감정을 건강하게 다스리는 방법을 배우는 것이 좋습니다. 일상적인 대화, 산책 등을 통해 몸과 마음을 회복할 수 있는 시간을 충분히 가져야 합니다. 사건에 대해 반복적으로 확인하지 말고, "지금 힘든 건 당연한 감정이야"라며 서로의 마음을 어루만져주세요.

아이는 자신을 믿고 지지해주는 단 한 사람이 있다는 사실만으로도 회복을 시작할 수 있습니다. 부모와 아이가 서로에게 그런 존재가 되어야 합니다. 이 과정은 부모와 아이 모두에게 더 단단해지는 전환점이 될 수 있습니다.

아이의 고백은 회복을 향한 첫걸음이며, 부모의 지지는 그 길을 함께 걷는 힘이 됩니다.

성 정체성, 다양성을 알려주세요

아이가 성 정체성에 대해 고민할 때 어떻게 반응해야 하나요?

Q 아이가 학교에서 들은 이야기를 집에서 자주 꺼냅니다. 며칠 전에는 "우리 반 친구가 자기는 남자지만 여자처럼 느껴진대"라며 그게 무슨 뜻인지 물었습니다. 순간 어떻게 설명해야 할지 막막했고, 아이가 너무 이른 시기에 이런 이야기를 접하는 건 아닌지 걱정도 들었습니다.

최근에는 "가끔 내가 남자인 게 어색하게 느껴지고, 여자였으면 더 좋겠다고 생각할 때도 있어"라고 말했습니다. 아이가 성 정체성에 대해 고민을 시작한 건 아닐까 걱정되는데, 부모로서 어떤 태도로 반응하고 어떻게 도와주는 게 좋을까요?

A 아이가 성 정체성에 관한 고민이나 질문을 털어놓는 순간, 부모는 당황하거나 불안해질 수 있습니다. 한 번도 깊이 생각해본 적 없는 주제이기에 염려가 뒤따르는 것은 자연스러운 반응입니다. 당장 해결해야 할 문제가 아니더라도, 부모 스스로 성 정체성을 발달학적 · 생물학적 · 사회적 관점에서 미리 살펴보고 생각을 정리해두는 과정이 필요합니다.

아이의 질문은 용기의 표현입니다

한국 사회에서 아이들은 학교와 학원을 오가며 또래와 긴 시간을 함께 보냅니다. 여전히 '남자답게', '여자답게'라는 말은 일상에 깊이 자리하고 있으며, 학년이 올라갈수록 외모와 행동에 대한 성별 기대가 강해집니다. SNS를 통해 또래의 시선은 24시간 이어지고, '다르다'는 이유만으로 따돌리기도 합니다.

이런 환경 속에서 아이가 성 정체성에 관한 질문을 꺼낸다는 것은 그만큼 큰 용기가 필요합니다. 그렇기에 부모는 집에서만큼은 "너는 있는 그대로 괜찮아"라는 메시지를 전해주어야 합니다. 가정은 아이가 세상의 시선에서 벗어나 자유롭게 쉴 수 있는 가장 안전한 공간이 되어야 합니다.

부모의 반응이 아이의 탐색을 결정짓습니다

무엇보다 중요한 것은, 아이가 질문을 던질 때 부모가 '이 질문을 해도 안전한 사람'이라는 신뢰를 주는 태도로 대화하는 것입니다. 닫힌 반응을 보이면 아이는 이후 중요한 이야기를 나눌 기회를 잃게 되고, 이는 곧 수치심과 위축감을 불러 탐색 과정에서 불필요한 불안을 키울 수 있습니다.

반대로 "엄마(아빠)는 언제나 네 편이야"라는 태도는 아이에게 가장 큰 힘이 됩니다. 열린 태도는 아이가 자유롭게 탐색하고 표현할 수 있는 환경을 보장하며, 부모의 지지는 아이로 하여금 "나는 혼자가 아니구나"라는 깊은 안도감을 느끼게 합니다.

일시적인 감정일 수도, 더 깊은 탐색의 시작일 수도 있습니다

사춘기 초입에는 정체성에 대한 감각이 깨어나기 시작합니다. 아이는 '나'라는 존재를 탐색하며, 다양한 감정과 상황 속에서 자신에 대해 질문을 던집니다. 또래 친구와의 대화를 통해 자신과 다른 감각을 느끼거나, 고정된 성 역할에 대한 혼란을 정체성의 문제로 오해하기도 합니다.

이 시기의 정체성에 관한 질문은 일시적인 탐색 과정일 수 있으며, 고정되거나 결정적인 것은 아닙니다. 그러나 이러한 탐색은 발달 과정에서의 필수적인 단계임을 부모가 이해해야 합니다. 섣부른 판단이나 지나친 걱정보다는, 열린 마음과 안정적인 태도로 아이의 여정을 함께하는 것이 필요합니다.

성별은 이분법이 아닌 스펙트럼입니다

성 정체성은 생물학적 성과 반드시 일치하지 않습니다. 인간은 생물학적, 심리적, 사회적 요인들이 복합적으로 작용하며 발달합니다. 성 정체성은 그중 개인이 자신을 '나는 누구인가'라고 인식하는 고차원적 자아 정체성의 일부입니다.

성별이 단순히 둘로 나뉘지 않는다는 것은 생물학적으로도 입증된 사실입니다. 염색체, 호르몬, 뇌 구조 등 여러 요소가 복잡하게 상호작용하며 성 발달이 이루어지며, 이는 개인마다 다양하게 나타납니다. 실제로 전 세계 신생아의 약 0.05~1.7%는 간성(intersex) 상태로 태어나며, 이는 성별이 단순히 남녀로만 구분되지 않음을 보여주는 명확한 증거입니다.

뇌과학 연구에서도 트랜스젠더의 뇌 구조가 자신이 인식하는 성별과 유사한 특성을 보인다는 결과가 있습니다. 성 정체성은 마음속의 생각을 넘어 생물학적 기반이 있을 수 있으며, 성적 지향과 성 정체성은 유전, 호르몬, 신경학적 요인들의 복합적 작용으로 형성됩니다.

성 정체성은 전염되거나 학습되는 게 아닙니다

일부 부모는 '아이가 성별을 바꾸겠다고 하면 무조건 지지해야 하나?', '이런 흐름이 동성애를 퍼뜨리는 건 아닐까?'라는 우려를 하기도 합니다. 그러나 이러한 걱정은 성 정체성의 형성과정에 대한 오해에서 비롯됩니다.

성적 지향과 성 정체성은 전염되거나 학습되는 것이 아닙니다. 이성애자 부모 밑에서 자란 성소수자가 존재하고, 성 다양성을 억압해온 시대에도 성소수자가 계속 존재해왔다는 역사적 사실은 이를 뒷받침합니다.

다양성은 사회의 건강성과 창의성을 높이는 자원이기도 합니다. 성 다양성을 포용한 사회는 더 안정적이고 창의적인 문화를 발전시켜왔습니다.

아이의 탐색을 지지하는 조력자여야 합니다

아이의 혼란은 잘못된 성 역할 고정관념이나 미디어 정보에서 비롯될 수도 있습니다. "남자는 울면 안 돼", "여자는 공대에 어울리지 않아" 같은 메시지를 반복적으로 들으면, 감정을 억누르거나 혼란을 느낄 수 있습니다.

부모는 아이의 고민이 '내면의 진지한 탐색'인지, 혹은 '외부 정보로 인한 일시적 영향'인지 조심스럽게 살펴야 합니다. 그러나 중요한 것은 섣부른 판단이 아니라, 아이가 스스로 감정을 이해할 수 있도록 돕는 대화입니다. "왜 그런 생각이 들었을까?", "그 이야기를 듣고 어떤 기분이 들었어?"와 같은 열린 질문은 큰 도움이 됩니다.

긍정적인 부모-자녀 관계와 정서적 지지는 청소년의 자아정체성 형성에 핵심적 기반이 됩니다. 반대로 거부적 태도는 우울감과 불안을 높이고 자살 위험을 증가시킵니다. 부모의 한마디 반응이 아이의 마음에 깊은 영향을 남긴다는 점을 잊지 않아야 합니다.

이것은 긴 여정입니다

정체성에 대한 질문은 아이만의 문제가 아니라, 부모의 질문이기도 합니다. "내가 아이를 잘 키우고 있는 걸까?", "이런 이야기를 듣고도 평정심을 유지해야 하나?" 이런 질문들은 부모가 아이를 얼마나 사랑하는지를 보여주는 증거입니다.

이 시기가 정체성을 탐색하는 여정의 일부라는 점을 기억해주세요. 사춘기 아이들은 자신을 탐색하며 여러 감정과 개념을 시도하고 질문하는 존재입니다. 그 여정이 반드시 한 방향으로 귀결되는 것은 아니며, 시행착오를 거치며 '나다움'을 찾아가게 됩니다.

부모의 역할은 지금 당장 '정답'을 알려주는 것이 아니라, 아이가 스스로 답을 찾을 수 있도록 기다려주고 지지해주는 것입니다. 아이의 정체성을 정해주는 것이 아니라, 아이가 자기 자신을 알아가는 여정을 해치지 않도록 곁에서 조용히 등을 밝혀주는 것입니다.

만약 아이가 고민 끝에 "나는 내 생물학적 성과 다른 정체성을 가지고 있어"라고 말한다면, 그때 부모가 할 수 있는 가장 중요한 역할은 존중과 지지입니다. 정체성은 강요나 설득으로 바뀌는 것이 아니며, 그것을 부정하거나 바꾸려 할 때 아이는 자기 자신을 거부당했다는 깊은 상처를 입게 됩니다. 이 과정에서 부모 또한 혼란스럽고 두려울 수 있습니다. 그럴 때는 주저하지 말고 도움을 요청하세요. 아이도 부모도 혼자일 필요는 없습니다.

친구의 이야기를 꺼낼 때

아이: "우리 반 친구가 자기는 남자지만 여자처럼 느껴진대. 그게 무슨 말이야?"

부모: "정말 궁금했겠다. 어떤 사람은 몸은 남자지만 마음은 여자처럼 느껴질 수 있어. 그런 감정을 느끼는 사람이 실제로 있단다. 궁금한 건 언제든지 이야기해줘."

성 역할 고정관념과 혼동하는 질문

아이: "나는 공주놀이가 더 재밌는데 친구들이 '여자 같다'고 놀려. 나 이상한 걸까?"

부모: "그런 거 좋아할 수 있지. 누구나 좋아하는 게 다 달라. 여자, 남자랑은 상관없어. 너다운 걸 좋아하는 거니까 이상한 게 아니야."

성 정체성과 성 지향성을 혼동하는 질문

아이: "TV에서 어떤 남자가 다른 남자를 좋아한대. 그러면 그 남자는 여자야?"

부모: "사람마다 좋아하는 사람이 다를 수 있어. 어떤 사람은 같은 성별을 좋아하기도 해. 그건 나쁜 것도, 이상한 것도 아니야. 지금 궁금한 건 당연한 거야."

자기 자신에 대한 조심스러운 표현

아이: "나 가끔 내가 여자였으면 좋겠다고 느낄 때도 있어. 이런 생각 하면 안 돼?"

부모: "그럴 수도 있어. 지금은 자신에 대해 여러 가지 생각이 들 때야. 그런 마음을 솔직하게 말해줘서 고마워. 네가 어떤 감정을 느끼든, 언제나 네 편이야."

아이의 성 정체성 고민은 성장 과정의 일부이며, 부모의 지지와 열린 태도가 아이의 마음을 안전하게 지켜줍니다.

동성애에 관해 아이에게
어떻게 이야기해줘야 할까요?

Q 초등학교 5학년 아들이 "친한 친구랑 나중에 결혼하고 같이 살 거야. 아이는 없어도 되잖아"라고 말했습니다. 처음엔 웃으며 넘겼지만, 혹시 동성을 좋아하는 건 아닌지 걱정이 되더라고요. 중학생 딸도 "우리 반에 여자 친구를 좋아하는 애가 있는데 그게 나쁜 건 아니지?"라고 물었습니다. 겉으론 아무렇지 않게 반응했지만, 속으로는 어떻게 설명해야 할지 고민됐습니다.

A 아이가 던진 질문은 단순한 호기심을 넘어, 부모에게 세상을 어떻게 바라보고 어떤 가치로 살아갈지를 묻는 질문이기도 합니다. 당황스럽고 걱정되는 건 자연스러운 반응입니다. 하지만 아이가 안전하게 자신의 감정을 표현할 수 있도록 돕는 것이 무엇보다 중요합니다.

아이는 사랑과 우정을 어떻게 느낄까?

아이들은 순수한 시선으로 세상을 바라봅니다. 초등학생이 친구와 결혼하고 싶다고 말할 때, 그 안에는 성적인 의미보다 함께하고 싶은 애정이 담겨 있습니다. 중학생이 동성을 좋아하는 친구에 관해 묻는 것도 세상의 다양함을 접하며 생긴 자연스러운 궁금증입니다.

사춘기를 전후한 아이들은 자아 정체성을 탐색하며 관계와 감정의 의미를 배워갑니다. 동성에 대한 호기심이나 감정도 이 성장 과정의 일부입니다. 중요한 것은 아이에게 '정답'을 주는 것이 아니라, 어떤 감정도 안전하게 표현할 수 있다는 믿음을 주는 것입니다.

부모의 걱정을 스스로 성찰해보세요

부모가 당황하는 것은 자연스러운 반응입니다. 그 안에는 사회적 편견, 낯선 감정, 자녀의 미래에 대한 걱정이 담겨 있습니다. 하지만 그 감정을 성찰하고, 아이에게 필요한 것이 무엇인지 돌아보는 것이 중요합니다.

부모의 말과 표정, 태도는 아이에게 그대로 전달됩니다. "그건 이상해"라는 반응은 아이에게 두려움을 심어줄 수 있고, 열린 태도는 다양성을 자연스럽게 받아들이는 힘이 됩니다.

동성애는 질병이 아닙니다

동성애는 질병이나 교정의 대상이 아닙니다. WHO를 비롯한 전 세계 의학계는 동성애를 인간 다양성의 자연스러운 한 형태로 인정하고 있습니다. 성적 지향은 개인 정체성의 일부이며, 외부 영향으로 쉽게 바뀌지 않습니다. 동물 세계에서도 1,500여 종에서 동성 간 유대가 관찰됩니다. 이는 동성 간 관계가 자연계에서도 존재하는 보편적인 현상임을 보여줍니다.

아이에게 사랑의 본질을 알려주세요

아이에게 전해야 할 핵심은 '동성'이 아니라 '사랑'의 본질입니다. 사랑은 성별과 관계없이 존중, 배려, 신뢰를 바탕으로 해야 합니다. 건강한 관계는 서로의 마음을 헤아리고 책임감을 느끼는 데서 시작됩니다.

아이에게 이렇게 이야기해보세요.

"사람을 좋아하는 감정은 누구에게나 있어. 중요한 건 그 마음이 얼마나 진실하고 서로를 존중하는지야."

"건강한 관계는 상대방이 남자든 여자든 상관없이, 서로를 아끼고 배려하는 게 가장 중요해."

"어떤 관계든 상대방의 마음을 헤아리고, 상처 주지 않으려고 노력하는 게 진짜 사랑이야."

아이와 이렇게 대화하세요

아이의 질문에 움찔하거나 당황하지 말고, "그게 궁금했구나"라고 자연스럽게 받아주세요. "그런 생각을 하게 된 이유가 있어?"라고 물으며 아이의 진짜 마음을 이해하려는 태도가 중요합니다.

"남자가 남자를 좋아하는 게 이상해?"라는 질문에는 "누군가를 좋아하는 마음은 성별과 상관없이 자연스러운 감정이야"라고 답해주세요. "네가 어떤 감정을 느끼든 괜찮아. 궁금한 게 있으면 언제든 이야기해줘"라는 말도 함께 건네주세요.

아이 스스로 성 정체성에 대해 혼란스러워한다면, 서두르지 말고 "지금은 감정을 알아가는 시간이야. 천천히 탐색해봐도 괜찮아"라고 말해주세요. 아이가 안전하다고 느끼는 것이 가장 중요합니다.

편견을 넘는 부모의 역할

우리 사회에는 동성애에 대한 다양한 시각이 존재합니다. 종교, 문화, 가족관 등 배경에 따라 관점은 다를 수 있지만, 아이의 행복과 안전이 최우선이라는 점은 모든 부모가 공감할 수 있습니다.

성소수자 청소년의 우울증과 자살 시도율이 높다는 통계는 가족의 지지와 수용이 얼마나 중요한지를 보여줍니다. 아이가 살아갈 미래는 지금보다 더 다양한 사람들이 함께 어우러지는 세상입니다. 그 속에서 편견 없는 시선으로 다름을 받아들이는 사람이 되도록 돕는 것이 부모의 역할입니다.

결국, 사랑이 답입니다

결국 모든 답은 사랑에 있습니다. 아이를 향한 무조건적인 사랑, 세상을 향한 존중과 이해가 가장 근본적인 가치입니다.

동성애는 잘못된 것이 아닙니다. 그것은 인간이 가진 자연스럽고 본능적인 감정의 한 형태이며, 사랑이 지닌 다양한 빛깔 중 하나입니다. 우리가 아이에게 전해야 할 것은 성별에 따라 사랑을 구분하는 것이 아니라, 모든 사랑이 존중과 배려 위에 세워져야 한다는 사실입니다.

아이가 어떤 모습으로 자라든, 누구를 사랑하게 되든, 건강한 관계를 맺고 행복하게 살아갈 수 있도록 곁에서 지켜주는 것이 부모의 가장 큰 책무입니다. 그 첫걸음은 아이의 질문을 따뜻하게 맞아주고, 열린 마음으로 이야기를 나누는 데서 시작됩니다.

부모의 편견 없는 사랑은 편견 없는 세상을 만드는 씨앗입니다.

성소수자 커뮤니티에 가입한 아이, 어떻게 대응해야 할까요?

Q 초등학교 6학년 아이가 성소수자 커뮤니티에 가입해 친구들과 대화를 나누고 있었습니다. 동성 간 연애를 다룬 글과 사진도 본 것 같아 걱정이 큽니다. 중학교 2학년 딸은 예전부터 여성이 좋다고 말해왔고, 최근엔 동성애 관련 커뮤니티에 가입해 활동 중입니다. 고등학생과의 만남까지 이어진 상황에서, 부모로서 어떻게 대응해야 할지 고민됩니다.

A 부모가 당황하는 이유는 아이의 성적 지향 자체보다, 아이가 혼자 감당하기 어려운 상황에 노출되고 있다는 불안감 때문입니다. 온라인에서 위험한 사람들과 접촉하거나, 정서적으로 상처받을까 걱정되는 마음은 매우 자연스럽습니다.

청소년기의 정체성 탐색, 어떻게 이해해야 할까?

청소년기는 자아와 성적 정체성을 탐색하는 시기입니다. 초등학생은 순수한 호기심으로 세상을 탐색하고, 중학생은 감정적 끌림과 성적 호기심이 커지며 또래와의 유대감을 온라인에서 찾기도 합니다. 이 모든 과정은 성장의 일부이며, 커뮤니티 가입이 곧 성적 지향의 확정은 아닙니다.

행동으로 이어질 때, 무엇을 경계해야 할까?

관심과 호기심을 넘어 실제 행동으로 이어질 경우, 다음과 같은 위험이 존재합니다.

- 성인과의 부적절한 접촉
- 이른 성적 경험으로 인한 혼란과 정서적 상처
- 신원 불명의 상대와의 오프라인 만남
- 성적 착취나 그루밍의 위험
- 개인정보 유출 및 디지털 성범죄 노출

이런 행동은 정서적 결핍이나 존재 확인 욕구에서 비롯될 수 있습니다. 감정을 억누르기보다, 그 의미를 이해하고 위험 요소를 명확히 알려주는 것이 중요합니다.

온라인 커뮤니티, 소속감과 위험 사이

성소수자 커뮤니티는 정보와 공감, 소속감을 제공하는 긍정적인 공간이 될 수 있습니다. 하지만 모든 온라인 공간에는 성적 착취, 개인정보 유출 등 공통된 위험이 존재합니다. 부모는 커뮤니티 자체를 부정하기보다, 아이가 디지털 공간에서 자신을 지킬 수 있도록 분별력과 안전 수칙을 가르쳐야 합니다.

성적 지향과 성적 행위는 다릅니다

동성애는 감정과 관계 맺음의 방식이며 존중받아야 합니다. 반면, 온라인에서의 무분별한 접촉은 성별과 관계없이 위험합니다. 부모는 정체성을 존중하되, 행동에는 분명한 경계를 설정해야 합니다.

부모의 교육 원칙

- 정체성은 존중하되, 위험한 행동과는 선을 긋는다.
- 금지보다 '왜 위험한지'를 설명한다.
- 발달 단계에 맞춰 정보의 깊이와 범위를 조절한다.
- 일회성 훈계가 아닌 지속적인 대화 구조를 만든다.

4단계로 대화하세요

1단계: 감정 수용

"이런 이야기 꺼내기 어려웠을 텐데, 솔직히 말해줘서 고마워."

2단계: 상황 파악

"그 커뮤니티에서 네가 찾고 싶은 것이 무엇이었는지 말해줄 수 있을까?"

3단계: 위험성 교육

"누군가를 좋아하는 감정은 소중해. 하지만 안전하지 않은 만남이 너를 다치게 할 수도 있어서 걱정돼."

4단계: 경계 설정

"앞으로는 이런 일이 있을 때 먼저 이야기해주면 함께 안전한 방법을 찾을 수 있어."

거짓말이나 숨긴 행동이 있었다면, 처벌보다 신뢰 회복에 집중하고 명확한 기준을 함께 설정해야 합니다.

부모가 할 수 있는 가장 강력한 일

감시보다 동행: 무조건적인 감시는 아이를 숨게 하고, 무관심은 더 깊은 위험으로 이끕니다.

정서적 소통 습관화: 성에 관한 대화는 위기 상황이 아닌 평소에도 자연스럽게 이루어져야 합니다.

기준 설정: 온라인 활동에 대한 기준을 함께 정하고, 부모도 성적 지향과 청소년 심리에 대해 배워야 합니다.

지속적인 관계 구축: 일회성 대화가 아닌 정기적인 소통 채널을 유지해야 합니다.

경계를 알려주는 것이 중요합니다

이 상황은 단순한 호기심을 넘어선 행동의 국면일 수 있습니다. 부모는 아이의 감정이나 성향을 판단하기보다, 현재 맺고 있는 관계와 행동이 건강하고 안전한지를 기준으로 접근해야 합니다.

성 정체성 자체는 비난의 대상이 아닙니다. 하지만 모든 성적 관계는 나이에 맞는 판단력과 책임감, 정서적 안정 위에서 맺어져야 하며, 특히 온라인 만남은 많은 위험을 내포하고 있다는 점을 분명히 알려야 합니다.

집이라는 안전한 항구

청소년기는 사랑과 성적 끌림을 처음으로 마주하고 배우는 시기입니다. 부모는 감정을 억누르기보다, 안전하게 다루는 법을 알려주는 동반자가 되어야 합니다.

아이에게 반드시 전해야 할 두 가지 메시지

• 내가 잘못된 게 아니라는 걸, 부모가 알고 있다는 확신

• 내가 힘들 때 돌아갈 수 있는 안전한 집이 있다는 믿음

이 두 가지가 있을 때, 아이는 자신을 이해하고 위험을 구분할 힘을 갖게 됩니다. 부모의 지혜로운 태도가 아이의 성장을 지켜주는 가장 든든한 울타리가 됩니다.

발견의 순간은 위기가 아니라, 더 깊은 신뢰로 나아가는 시작점이 될 수 있습니다.

우리 아이 성교육,
'숙제'가 아니라 '대화'입니다

우리가 성교육을 어렵게 느끼는 이유는 '성'을 너무 거창하거나 민망한 것, 즉 '성행위(섹스)'로만 좁게 생각하기 때문입니다. 부모(양육자)가 '성'을 바라보는 관점을 조금만 바꿔보세요. 성교육은 아이에게 지식을 주입하는 '숙제'가 아니라, 사람 대하는 태도를 가르치는 '대화'입니다. 그래서 가정에서 부모가 해야 합니다.

막상 부모가 직접 성교육을 시도해 보면, 머릿속으로 준비한 말이 잘 나오지 않거나 아이의 엉뚱한 질문과 반응에 당황해 말문이 막히기도 합니다. 그럴 때 '내가 잘하고 있는 걸까?' 하는 불안과 부담이 생기죠. 이런 마음을 덜어 주고, 아이의 성적 호기심을 건강한 성장 신호로 이해하도록 돕는 안내서가 꼭 필요합니다.

『초등 부모 성교육 대백과』는 바로 그런 부담을 덜고, 부모와 아이가 함께 웃으며 성을 이야기할 수 있도록 돕기 위해 만들었습니다. 이 책에 담긴 지침과 실제 사례들은 '숙제를 풀듯 정답을 가르치는 성교육'이 아니라, '우리 아이에게 맞게 말과 태도를 조정해 나가는 성교육'을 할 수 있도록 부모님의 곁에서 든든한 길잡이가 되어 줄 것입니다.

너무 완벽하게 가르치려 애쓰지 않아도 괜찮습니다. 조금 서툴러도 아이와 눈을 맞추고 솔직하게 이야기하려는 부모의 노력 자체가 최고의 교육입니다. 『초등 부모 성교육 대백과』는 '모든 상황에 통하는 완벽한 정답'을 주고자 하는 것이 아니라, 부모님이 자신과 아이의 성향, 가정의 분위기에 맞게 말을 고르고 태도를 조정해 갈 수 있도록 돕는 동반자 역할을 하고자 합니다.

성을 행위가 아닌 '사랑과 존중'으로 가르치는 이 여정, 부모님의 따뜻한 관심이 우리 아이를 몸과 마음이 건강한 어른으로 키워낼 것입니다. 여기서 우리 '아우성'의 글은 끝나지만, 이제 비로소 부모님의 성교육이 시작됩니다. 오늘의 작은 한 걸음이 내일의 더 단단한 대화로 이어지길 바라며, 두렵지만 용기 내어 시작하는 그 여정을 진심으로 응원합니다.

푸른아우성 드림

성교육 관련 기관

신뢰할 수 있는 성교육 기관 정보 사이트

푸른아우성 : https://aoosung.com/

아우성교육원 : https://edu.aoosung.com/

탁틴내일 : https://www.tacteen.net/intro/tacteennaeil

서울시립아하성문화센터 : https://ahacenter.kr/

성평등가족부 : https://www.mogef.go.kr/index.do

한국양성평등교육진흥원 : https://www.kigepe.or.kr/kor/index.do

디지털성범죄(딥페이크) 신고, 유포, 피해 지원 사이트

중앙디지털성범죄 피해자지원센터: 02-735-8994 https://d4u.stop.or.kr/

방송통신심의위원회 : 국번없이 1377번 http://www.kocsc.or.kr/

청소년1388 : 지역번호+1388 https://www.1388.go.kr/ind/YTOSP_SC_IND_01

여성긴급전화 : 지역번호+1366 https://www.mogef.go.kr/cc/wcc/cc_wcc_f001.do

디지털성범죄예방 디클 : 031-936-5900 https://dicle.kigepe.or.kr/kigepe/intro.do

한국사이버성폭력대응센터 : 070-7717-1079 https://www.cyber-lion.com/

사이버경찰청 사이버범죄신고범죄시스템 : 112 https://ecrm.police.go.kr/minwon/main

해바라기센터 : 지역별 상이 https://www.sunflowercenter.or.kr/

성범죄자 알림E : https://www.sexoffender.go.kr/indexN.nsc

성교육 관련 추천 도서

엄마 아빠와 함께 읽는 유아 추천 그림책

도서 제목	지은이	출판사
구성애와 뽀로로가 함께하는 유아 성교육 그림책 시리즈	구성애, 조선학	올리브M&B
엄마가 알을 낳았대!	배빗 콜	보림
곧 수영 대회가 열릴 거야!	니콜라스 앨런	위즈덤하우스
나는 나를 지켜요	다카하마 마사노부, 하야시 유미	피카주니어
소중해 소중해 나도 너도	엔미 사키코, 가와하라 미즈마루	주니어RHK
마음샘	조수경	한솔수북
난 내가 좋아	낸시 칼슨	보물창고
아가야, 안녕!	제니 오버렌드, 줄리 비바스	사계절
엄마 아빠 결혼 이야기	윤지회	사계절
내 동생이 태어났어	정지영, 정혜영	비룡소
세 살부터 알아야 해! 내 몸 네 몸	박소영, 조성우, 이서영	물주는아이
나와 너의 소중한 몸 이야기	엔미 사키코, 사사키 카즈토	을파소

눈높이에 맞춘 초등 추천 도서

초등 저학년

도서 제목	지은이	출판사
별별궁금증: 어린이 성교육	아이들나라, 사물궁이 잡학지식	메가스터디북스
왜 먼저 물어보지 않니?	이현혜, 김주리	천개의바람
좋아서 껴안았는데, 왜?	이현혜, 이효실	천개의바람
동의	레이첼 브라이언	아울북
엄마는 왜 고추가 없어?	노지마 나미	비에이블
좋아서 그런건데	황진희, 조아영	교육과실천
궁금해요 우리 몸	심은희, 김마늘	삼성당

초등 고학년

도서 제목	지은이	출판사
푸른이와 우성이의 성장일기	푸른아우성	올리브M&B
나는 멋지게 자라고 있어	이충민	머핀북
아우성 빨간책(요즘 사춘기 아들을 위한)	푸른아우성	이너북
아우성 빨간책(요즘 사춘기 딸들을 위한)	푸른아우성	이너북
사춘기 탐험대	이충민	리틀포레스트
우리몸 탐험대	이충민	리틀포레스트
소녀와 소년: 멋진 사람이 되는 법	윤은주, 이해정	사계절
여자아이를 위한 성교육 배움 노트	조현아, 심상희, 송정혜, 이혜진, 이효실	한솔수북
남자아이를 위한 성교육 배움 노트	조현아, 심상희, 송정혜, 이혜진, 이효실	한솔수북

부모가 먼저 읽는 성인 추천 도서

도서 제목	지은이	출판사
니 잘못이 아니야	구성애	올리브M&B
성교육 어떻게 할까	이충민	마인드빌딩
어떻게 말해줘야 할까	오은영	김영사
화내지 않고 내 아이 키우기	고자키 야스히로	경향미디어
우리에겐 절망할 권리가 없다	김누리	해냄
양성평등 자녀 교육법	멜리타 발터	바이북스
유튜브 쫌 아는 10대	금준경	풀빛
안전하게 로그아웃	김수아	창비
내 아이를 위한 감정코칭	존 가트맨	한국경제신문사
청소년 감정코칭	최성애, 조벽	해냄
부모와 아이 사이	하임 G.기너트	양철북
부모가 알아야 할 청소년기의 뇌 이야기	S. 페인스타인	지식의날개
스마트 러브	윌리엄 J. 피퍼, 마사 하이네만 피퍼	나무와숲
초등 디지털 미디어 리터러시	김지훈	파란자전거
미디어 리터러시- 챗GPT 인공지능 시대 철저 대비법	이현주, 이현옥	북스타
현직 교사가 알려주는 자녀 성교육 안내서, 찬성	조혜린	한사람북스
눈물도 빛을 만나면 반짝인다	김영서	이매진
우리 아이 게임 절제력	권장희	마더북스
사춘기 엄마가 모르는 아이의 비밀	김영화	경향에듀
10대의 뇌	프랜시스 젠슨, 에이미 엘리스 넛	웅진지식하우스
아들의 뇌	곽윤정	이포레스트북스
포경은 없다	방명걸, 김대식	올리브M&B
엄마 성교육의 힘	한혜선	별내리
거침없는 아이 난감한 어른	한국성폭력상담소	문학동네

초등 부모 성교육 대백과

난감한 순간부터 민감한 질문까지,
50만 상담 사례에서 뽑아낸 초등 성교육 결정판!

초판 1쇄 인쇄 2025년 12월 15일
초판 1쇄 발행 2025년 12월 25일

글 　　　푸른아우성
펴낸곳 　메가스터디(주)
펴낸이 　손은진
개발 책임 김문주
개발 　　김숙영, 서은영, 민고은
디자인 　디자인 해
마케팅 　엄재욱, 김상민
제작 　　이성재, 장병미

주소 서울시 서초구 효령로 304(서초동) 국제전자센터 24층
대표전화 1661-5431　　**출판사 신고 번호** 제 2015-000159호
홈페이지 http://www.megastudybooks.com
출간 제안/원고투고 메가스터디북스 홈페이지 〈투고 문의〉에 등록

ISBN 979-11-297-1536-4 03590

메가스터디BOOKS
메가스터디북스는 메가스터디㈜의 교육, 학습 전문 출판 브랜드입니다.
초중고 참고서는 물론, 어린이/청소년 교양서, 성인 학습서까지
다양한 도서를 출간하고 있습니다.